Ruberg

Statistik im Groß- und Einzelhandelsbetrieb

Professor Dr. Carl Ruberg

Statistik

im Groß- und Einzelhandelsbetrieb

Betriebswirtschaftlicher Verlag Dr. Th. Gabler, Wiesbaden

ISBN 978-3-663-03992-1 ISBN 978-3-663-05438-2 (eBook)
DOI 10.1007/978-3-663-05438-2

Verlags-Nr. 271

Softcover reprint of the hardcover 3rd edition *1965*

Vorwort

Im Groß- und Einzelhandel bestimmen nicht allein betriebswirtschaftliche Überlegungen die Entwicklung der Betriebsformen sowie die Organisation, den Geschäftsablauf und die Erfolgsgestaltung in den Betrieben. Vielmehr wirken in hohem Grad Kräfte, die von außen, von Käufern und Konkurrenten, ausgehen und die teilweise als zufällig, wirtschaftsfremd oder gar wirtschaftsfeindlich charakterisiert werden können.

Darauf müssen sich Handelskaufleute einstellen; daraus erwachsen die Schwierigkeiten der Unternehmungs- und Betriebsführung. Diese Tatsache gibt die Erklärung, daß im ganzen die Rationalisierung als Ausgang einer merklichen Kostensenkung im Handel trotz der Bemühungen von Wirtschaftsverbänden und Forschungsinstituten und trotz deutlicher äußerer Wandlungen der Techniken des Warenabsatzes in Teilbereichen kaum Fortschritte gemacht hat. Der Hinweis von Julius Hirsch in einer Fachtagung der Forschungsstelle für den Handel im Jahr 1931 (Schriften der FfH, Nr. 1), „daß die Frage der sogenannten Handelsspanne nicht nur in Deutschland eine ständig diskutierte wirtschaftswissenschaftliche und wirtschaftspolitische Ideenreihe ist, sondern auch in beinahe allen anderen Ländern", gilt heute noch in gleichem Maße nach mehr als dreißig Jahren.

Überwälzungen von Handelsfunktionen auf andere Glieder in der Absatzkette, auf Lieferanten oder Käufer, sind zwar Mittel, Betriebskosten auf einer Stufe des Handels zu senken, aber das ist nicht die Lösung des Problems der Senkung von Vertriebskosten im ganzen. Entsprechendes gilt auch von dem Druck auf Einstandspreise über ein Maß hinaus, das durch Kosteneinsparungen im Lieferbetrieb bei Einkaufskonzentration bestimmt wird.

Großunternehmungen des Handels haben organisatorisch die Wege gefunden, das Betriebsgeschehen allseitig und laufend so zu überwachen, daß Schwächen in der Organisation, ungünstige Wirkungen der außerbetrieblichen Kräfte, Quellen von anomalem Aufwand, aber auch günstige Betriebsvorgänge kurzfristig erkannt werden können. Dabei konnten diese Unternehmungen die Erfahrungen der Organisationsstellen in modernen Industrieunternehmungen mit ausnutzen.

Klein- und Mittelbetriebe des Groß- und Einzelhandels stehen demgegenüber aber immer noch zurück. Das hat persönliche und sachliche Gründe, die auch dort nicht ganz ausgeschaltet werden können, wo eine Gemeinschaftsarbeit dieser Unternehmungen Verfahren der Kontrolle zuläßt, die für einzelne Betriebe zu kostspielig sind. Klein- und Mittelbetriebe sind also gezwungen, in einfacher Form das Betriebsgeschehen zu überwachen. Das kann aber nicht nach einer schematischen Technik geschehen. Vielmehr müssen die Betriebsverantwortlichen Kenntnis von Art und Gebrauch der Werkzeuge besitzen, die sie anwenden können, um die einzelnen Aufgaben der Betriebsdurchleuchtung, des Erfassens von Stärken und Schwächen bei den getroffenen betriebsorganisatorischen Maßnahmen zu lösen.

Dieses Buch, das die bisherigen Arbeiten des Verfassers über die Betriebsführung im Groß- und Einzelhandel ergänzt, soll auch eine Erkenntnisquelle für Handelskaufleute in der Praxis sein. Sie sollen angeregt werden, aus der verständigen Analyse der Geschäftsabläufe, auch wenn sie unübersichtlich sind, klare Urteile und dadurch gesicherte Unterlagen für ihre unternehmerischen und betrieblichen Entscheidungen zu gewinnen sowie ihre Kenntnisse über den Geschäftsgang nicht nur aus der oberflächlichen Erfahrung zu schöpfen, sondern weitgehend aus der nachweisenden Zahl.

Diese Schrift gilt als dritte Auflage des Buches „Statistik in Handels- und Industriebetrieben".

Die Begrenzung der Blickrichtung auf Handelsbetriebe allein erschien vorteilhaft, weil so die für Betriebspraktiker entscheidend wichtigen statistischen Verfahren planmäßig ausgewählt werden konnten. Hinzu kam die Überlegung, daß für einen eng begrenzten Wirtschaftsbereich mit gleichartigen organisatorischen Aufgaben in den Betrieben und Unternehmungen die vielseitige Verwendung statistischer Zahlen und deren Auswertungsmöglichkeiten deutlicher zu zeigen waren als in einem Zuge für mehrere Wirtschaftsgruppen.

Bei der Neufassung der Schrift sollten Erkenntnisse auch der rein theoretischen und mathematischen Statistik, die in den letzten Jahrzehnten einen sehr beachtlichen Aufschwung genommen hat, für Kaufleute in Handelsbetrieben anwendbar gemacht werden. Deshalb ist an mehreren Stellen dieses Buches darauf verwiesen, ohne im einzelnen die ins Auge gefaßten Probleme vollständig zu beleuchten. Das entspricht der Anlage der Schrift und ihren soeben gekennzeichneten Aufgaben. Trotzdem ist in einem sehr begrenzten Rahmen gezeigt, wie die mathematische Statistik aufzufassen ist und daß auch sie für die Betriebspraxis großen Erkenntniswert besitzt, wenn sie da zu Rate gezogen wird, wo einfachere Methoden nur zu groben Ergebnissen führen können. Das geschieht zusammenfassend in einem angefügten Aufsatz von Professor Dr. Walter Thimm, Universität Bonn, dem ich für diese Mitarbeit zu besonders großem Dank verpflichtet bin.

Der Verfasser hatte Gelegenheit, in akademischen Übungen und in Unterredungen mit Praktikern Einzelprobleme zu besprechen und zu vertiefen. Er dankt herzlich für den Gedankenaustausch und die dabei empfangenen Anregungen. Mein Dank gilt ferner Frau Diplom-Volkswirt Hildegard Ehmanns für ihre bereitwillige Mitarbeit bei der Materialsammlung und beim Korrekturlesen.

B o n n, den 28. Juni 1965

Carl Ruberg

Inhaltsverzeichnis

A. Statistik als Werkzeug der Betriebssteuerung
(Einleitung)

Groß- und Einzelhandelsbetriebe arbeiten heute in durchaus unterschiedlichen äußeren Formen, bei mannigfaltigem innerem Aufbau, bei ungleichen organisatorischen, finanziellen und wirtschaftlichen Abhängigkeiten. Trotzdem sind einheitliche Grundzüge in ihren Lebensäußerungen zu erkennen, die einheitliche und allgemein geltende betriebswirtschaftliche Überlegungen rechtfertigen.

Das dürfte folgendermaßen zu erklären sein: Alle Handelsbetriebe sind in ihren eigentlichen Betriebsleistungen: Beschaffung, Lagerung und Absatz, an vorgelagerte und nachgeschaltete Wirtschaftseinheiten gebunden. Sie können ihre Umsatztätigkeit nur ausführen, wenn es gelingt, andere Betriebe oder außenstehende Menschen zu veranlassen, die in deren Verfügungsgewalt befindlichen Güter zu verkaufen bzw. die von Handelsbetrieben zum Verkauf angebotenen Güter zu kaufen. Für den Betriebsverantwortlichen in einem Produktionsbetrieb gelten solche Bindungen nicht in gleichem Maße. Er kann sich nach seinen Plänen zur Betriebsleistung entschließen, wenn auch sein Planen auf Beschaffung und Absatz Rücksicht nimmt; er kann Leistungen – wenn notwendig – auf Lager nehmen. Das ist im Handelsbetrieb nicht möglich. Wenn sich hier kein Nachfrager zum Kauf und kein Anbieter zum Verkauf entscheidet, dann kann weder im Groß- noch im Einzelhandelsbetrieb umgesetzt, also geleistet werden. Das bedingt die Unsicherheit der Betriebstätigkeit in allen Handelsbetrieben; die unübersehbaren Entscheidungen Außenstehender bewirken die vielfachen und unterschiedlichen Risiken in Handelsbetrieben. Diese Ungewißheiten bergen die Gefahren, daß die geplanten Betriebsziele überhaupt nicht oder nur unvollkommen erreicht werden können. Solche Gefahren schweben dauernd über den Handelsbetrieben und wechseln wegen der unregelmäßig auftretenden Kräfte von außen Umfang, Stärke und Wahrscheinlichkeit ihres Wirksamwerdens. Die Folge ist, daß jeder Handelskaufmann laufend bemüht sein muß, Herkunft, Richtung und Macht äußerer Einflüsse auf die Entwicklung der Betriebsleistungen zu erfassen und zu beurteilen, um daraus Entschließungen für die Abstimmung betriebspolitischer Maßnahmen abzuleiten.

Betriebspolitische Entschließungen müssen der Eigenart der Handelsbetriebe entsprechend sehr häufig kurzfristig gefaßt werden, weil der Kapitalumschlag sich verhältnismäßig schnell vollzieht, weil Risiken und Chancen nahe beieinander auftauchen und weil die sachlichen und finanziellen Dispositionen unmittelbar miteinander verbunden sind.

Damit ist die Eigenart und die Gleichförmigkeit der Führungsaufgaben in allen Handelsbetrieben angedeutet. Teilweise können diese Aufgaben routinemäßig gelöst werden, weil Erfahrung besteht, wie auftretende Kräfteänderungen sich im Betrieb auswirken werden und wie ihnen zu begegnen ist. Das ist aber nicht immer so und wird in einer Zeit, in der allgemeine Wirtschaftsbewegungen sprunghaft, in rasch wechselndem Rhythmus und unter dem Einfluß unerwarteter Kräfte auftreten, immer seltener. Deshalb müssen die Betriebsverantwortlichen in Handelsbetrieben – ohne Zweifel in höherem Grade als in manchen anderen Betriebsgruppen – bemüht sein, Grundlagen für möglichst richtige Entscheidungen, trotz deutlicher Unsicherheiten, zu finden. Das verlangt eine planmäßige und genaue Beobachtung der Erscheinungen und Vorgänge im Betrieb und außerhalb des Betriebs, soweit sie auf das Wirtschaftsgeschehen einwirken. Bei den verantwortlichen Personen im Handelsbetrieb müssen Vorstellungen nicht nur von Einzeltatsachen, sondern auch von Zusammenhängen zwischen Anordnungen und Handlungen, zwischen Planungen und Entschlüssen, zwischen Ursachen und Wirkungen entstehen.

Die Form der Darstellung solcher Beobachtungsergebnisse, soweit sie äußerlich erkennbar wird, reicht von der in Worte gekleideten mündlichen oder schriftlichen Berichterstattung bis zum Zahlenausdruck und zur Zahlenauswertung, also von der allgemeinen Darstellung von Eindrücken bis zu zahlenmäßig begründeten und gesicherten Urteilen. So ist die besondere Bedeutung der Statistik, des Bereichs zahlenfundierter Erkenntnisse, als qualifiziertes Werkzeug der Leistungskontrolle und der Betriebslenkung für die große Gruppe von Handelsbetrieben zunächst allgemein gekennzeichnet.

B. Teilbereich der Statistik im Betrieb

I. Statistik im allgemeinen

Das Wort Statistik ist abgeleitet von dem lateinischen Wort status = Zustand.

Lange Zeit hindurch wurde das Wort auch mit Staat in Verbindung gebracht. Statistik wurde dann als Staatsbeschreibung oder auch Staatskunde gedeutet; „die Statistik wurde überhaupt zu einer Wissenschaft von den gesellschaftlichen Zuständen“ [1]).

Die Vorstellung von der Statistik als Zustandslehre für die Wirtschaft im Staate gilt auch heute noch weitgehend. Bedenkt man aber, daß die Statistik sich in allen Erkenntnisbereichen verwerten läßt, in denen Erscheinungen in Zahlen zu beschreiben sind, dann muß man dem *engen* Begriff der Staats- oder Wirtschaftskunde den *weiteren* Begriff gegenüberstellen: Dieser Begriff umfaßt *alle Maßnahmen, um die Zahlen für Massenerscheinungen zu erfassen, zu gliedern und zu deuten.* Mit einmaligen Vorgängen und Erscheinungen beschäftigt sich die Statistik nicht. Erst wenn die Fälle gehäuft und in Zahlen ausdrückbar sind, kann die statistische Arbeit einsetzen. Diese erstreckt sich einmal auf die *Beschaffung des Zahlenmaterials,* also auf das Befragen, das Suchen, das Auszählen, zum zweiten auf die *Gruppierung der anfallenden Zahlen,* also auf die Zuordnung von Zahlen zu den Einzelerscheinungen (z. B. Zahlen für Einkäufe, für Verkäufe, für Kosten usw.) und schließlich auf die *Auswertung der Zahlen zur Beantwortung* der verschiedensten Fragen, die jeweils von Interesse sind, z. B. die Frage nach den *Ursachen* oder den *Wirkungen* der in Zahlen dargestellten Erscheinungen, die Frage nach der *gesetzmäßigen Wiederkehr von Vorgängen,* die Frage nach den *Zusammenhängen irgendwelcher Zustände* usw.

So kann die Statistik ihr Anwendungsgebiet in allen menschlichen Erkenntnisbereichen finden: Überall, wo der Mensch Häufungen von Erscheinungen, Vorgängen und Zuständen in Zahlen zu bannen vermag, kann er sich der Statistik bedienen, um sein Wissen zu erweitern und zu sichern. *Die Statistik kann aber niemals selbst etwas beweisen.* Infolgedessen kann sie auch *nicht lügen,* wie das oft behauptet wird. Es ist ungerecht und falsch, wenn man die Statistik dadurch in Mißkredit bringt, daß man behauptet,

---

[1]) Wagemann, Ernst, Narrenspiegel der Statistik, Hamburg 1935, S. 41.

mit ihr ließe sich das Widerspruchsvollste beweisen. Die Statistik ist nämlich nur ein *Werkzeug für den Menschen*, der Erkenntnisse sucht; sie erleichtert das Auffinden von Zusammenhängen, bietet Maße, verdeutlicht bestimmte Gedankengänge. Von der Fähigkeit des Menschen, der die Statistik als Hilfsmittel zum Suchen der Wahrheit benutzt, hängt es ab, ob sie tiefe Einblicke in Zusammenhänge ermöglicht oder ob sie auf Irrwege führt[2]).

II. Betriebsstatistik - betriebswirtschaftliche Statistik

Wie in jedem Wirtschaftsbetrieb, so vollziehen sich auch im Handelsbetrieb wiederkehrende wirtschaftliche Vorgänge: Einkauf, Lagerhaltung, Verkauf, Zahlung, Kreditgewährung, Kreditinanspruchnahme usw. Durch die Wiederkehr gleicher Erscheinungen und Vorgänge entstehen in gewissen Zeitabschnitten Häufungen von Tatbeständen, von Veränderungen, von Bewegungen, die in ihrer *Massenhaftigkeit* erkennbar sind. Damit ist die *erste Voraussetzung* für die Anwendung einer Statistik gegeben. Solche Massenvorgänge und -erscheinungen sind auch zahlenmäßig zu erfassen: In Zahlen werden die Mengen und die Werte des Güteraufwandes und der Betriebsleistung, der Ausgaben und der Einnahmen, der Güterbewegung durch den Betrieb und der Güterlagerung im Betrieb, des Vermögenseinsatzes, der Vermögensbewegung, des Kapitalaufbaues und der Kapitaländerung ausgedrückt; in Zahlen werden Erfolg, Ertrag, Aufwand bei den Betriebshandlungen errechnet. So bilden *Zahlen* den Ausdruck für Massenerscheinungen und stellen die *zweite Voraussetzung* für die Verwendung der Statistik im Handelsbetrieb dar.

In den Betrieben und Unternehmungen des Handels sind sehr viele Vorgänge und Erscheinungen in Zahlen zu fassen und infolgedessen Anwendungsgebiete der Statistik. Deshalb ist die Begriffsbezeichnung *„Betriebsstatistik"* zu eng. Man müßte vielmehr von der *Betriebs-* und *Unternehmungsstatistik* sprechen. Dann wäre aber eine Mißdeutung des Begriffs nicht ausgeschlossen, weil man verleitet sein könnte, darunter auch die statistische Erfassung von Betrieben und Unternehmungen in einer Volkswirtschaft oder in einem anderen wirtschaftlichen oder regionalen Bereich zu verstehen (Darstellung der Zahl, der Größe, der regionalen Verteilung usw.)[3]).

---

[2]) Anderson, Oskar, Probleme der statistischen Methodenlehre in den Sozialwissenschaften, Würzburg 1954, S. 7.

[3]) Der Begriff „statistische Betriebslehre" sei der Vollständigkeit wegen erwähnt. Anderson, Probleme der statistischen Methodenlehre, S. 22, versteht darunter „die Lehre davon, wie man statistisch zu zählen hat".

Da es sich hier um die statistische Untersuchung des Innenlebens der Unternehmungen und Betriebe handeln soll, wird der Aufgabenkreis der *Betriebswirtschaftslehre* berührt. Mit Recht kann deshalb – um klare Begriffsabgrenzungen zu ermöglichen – die Statistik, die sich mit den Innenvorgängen der Betriebe und Unternehmungen befaßt, als *betriebswirtschaftliche Statistik* bezeichnet werden, eine Begriffsbezeichnung, die sich tatsächlich in weiten Kreisen der Betriebspraxis neben der Bezeichnung *Betriebsstatistik* durchgesetzt hat. Für den hier ins Auge gefaßten engeren Bereich des Handels kann dann von Betriebsstatistik des Groß- oder Einzelhandels gesprochen werden.

Die betriebswirtschaftliche Statistik soll den Betriebsverantwortlichen an Hand von Zahlen laufend einen *Überblick über das Leben des Betriebes* und der *Unternehmung* gewähren. Vor allem soll sie das im Betrieb anfallende *Zahlenmaterial* übersichtlich ordnen, um so den Wert der Betriebszahlen für die Betriebsdurchleuchtung zu erhöhen: sie soll *Entwicklungen zeigen* und auf Veränderungen in der Entwicklungsrichtung hinweisen; sie soll die Möglichkeit geben, *Zusammenhänge* in den Betriebserscheinungen zu erkennen und Unterlagen zu *vergleichenden Beurteilungen* der Wirtschaftserscheinungen zu bieten.

So wird die betriebswirtschaftliche Statistik im Zusammenhang mit den kaufmännischen Betriebs- und Unternehmungsaufgaben betrachtet.

Bei der Beurteilung der Betriebsstatistik im Handel ist die Frage nicht wichtig, wie das bei derjenigen in der Industrie gilt, ob die Betriebsstatistik auch das Gebiet der reinen *Technik* betrifft[4]). In Handelsbetrieben gibt es den Gegensatz zwischen Betriebswirtschaft als rein kaufmännische Betriebsverwaltung und Betriebstechnik als Stoffumwandlung nicht. Alle Leistung ist dort eine kaufmännische Leistung, der allerdings auch eine reine Technik, z. B. beim Transport, bei der Verbuchung, zugeordnet wird. Deshalb kann das *Gesamtergebnis der betrieblichen Statistik* in Handelsbetrieben zur Betriebsstatistik im Sinne der betriebswirtschaftlichen Statistik gerechnet werden.

Aber nicht jede zahlenmäßige Erfassung irgendwelcher Erscheinungen und Vorgänge im Betrieb und in der Unternehmung gehört zur Betriebsstatistik. Wird der zahlenmäßige Ausdruck eines Lagereingangs auf dem Konto des Lagerbestandes in der Buchhaltung erfaßt, dann handelt es sich nicht um eine Zahl für eine Massenerscheinung; infolgedessen geht es nicht um eine statistische Zahl. Die zahlenmäßige Einzelgröße kann wohl in eine statistische Zahl einmünden, wenn die Lagerzugänge in einem Zeitraum oder bei den verschiedenen Warengruppen quantitativ ausgewertet werden.

---

[4]) Lehmann, M. R., Grundfragen und Sachgebiete der industriellen Betriebsstatistik. Essen 1953.

Gleiche Überlegungen gelten für die *Buchhaltung* im ganzen und für die *Stückrechnung.* Aufgabe dieser Rechnungsarten im Betrieb ist nicht die zahlenmäßige Bearbeitung von Massenerscheinungen. Nicht das Vorkommen von Zahlen in den Vorgängen bestimmt den Begriff der Statistik oder der betriebswirtschaftlichen Statistik; vielmehr entscheiden *Sinn* und *Zweck der Beschaffung und Auswertung* bestimmter Zahlen für die begriffliche Zuordnung.

Auch für die Betriebsstatistik im Handel gilt, daß die Wirtschaftskenntnisse, die dort gewonnen sind, nicht einseitig nur den Einzelbetrieben und deren privaten Interessen dienen dürfen. Sie hat vielmehr auch den Ausgang für *volkswirtschaftliche Einsichten* zu bilden: Aus ihr erwächst Zahlenmaterial, das in regelmäßigen oder einmaligen Meldungen den staatlichen Behörden und den Selbstverwaltungsorganen der Wirtschaft zur Verfügung zu stellen ist. Wird dieses Ziel bei der Organisation der Statistik im Betrieb mit ins Auge gefaßt, so sind nicht für jeden einzelnen eingeforderten Bericht umständlich Erhebungs- und Feststellungsarbeiten notwendig, über deren zusätzliche Kosten immer geklagt wird.

Auf der anderen Seite müssen die Zentralen statistischer Erhebungsstellen bei der Abfassung der Fragebogen auf die Eigenarten des betrieblichen Rechnungswesens Rücksicht nehmen. Sie müssen bei möglichst langfristigen Planungen den Betrieben Gelegenheit geben, sich auf die Beschaffung des Zahlenmaterials organisationsmäßig einzustellen, damit die den Betrieben zuzumutende zusätzliche Arbeit bei der Zusammenstellung der Angaben auf ein Mindestmaß beschränkt wird.

Bei der betriebswirtschaftlichen Statistik handelt es sich um eine *einmalige Feststellung* oder um die Beobachtung von *Veränderungen.* Zu den einmaligen Feststellungen gehört z. B. die Ermittlung der Umsatzgröße oder der Höhe des Gehalts der Angestellten in einem Zeitabschnitt, die Erhebung von Kosten und Kostenbestandteilen in den Filialen eines Warenhausunternehmens.

Viel wichtiger als solche einmaligen Ermittlungen ist für die disponierenden Betriebsverantwortlichen die *laufende Beobachtung* der Bewegungen und Entwicklungen im Betriebsgeschehen. Dann werden die für einen bestimmten Zeitpunkt geltenden Zahlen in zeitlichen Abständen miteinander verglichen. So läßt sich aber nur die Entwicklung gegenüber der Vergangenheit feststellen. Ein objektiver Maßstab ist damit nicht gegeben, wird auch für das Betriebsgeschehen nicht zu finden sein. Auch der Vergleich der Zahlen aus dem eigenen Betrieb mit denen aus anderen Betrieben oder aus einem Durchschnittsbetrieb bedeutet kein Messen an objektiven Maßen. Werden die dem Vergleich zugrunde liegenden Durchschnittszahlen aus einer großen Menge von Betrieben gewonnen, so können sie höchstens für die entsprechende Zeit als typische Zahlen angesprochen werden, die den objektiven Maßzahlen vielleicht nahekommen.

III. Betriebswirtschaftliche Statistik im Rahmen des betrieblichen Rechnungswesens

1. Aufgabe des betrieblichen Rechnungswesens

Die betriebswirtschaftliche Statistik hat in der Hauptsache der *Betriebskontrolle* und der *Betriebsdurchleuchtung* zu dienen und übernimmt so besondere Aufgaben neben den übrigen Teilen des Rechnungswesens.

Zum betrieblichen Rechnungswesen gehören alle diejenigen organisatorischen Einrichtungen und Maßnahmen sowie Arbeiten im Betrieb und in der Unternehmung, durch die an Hand von Betriebszahlen das Betriebsgeschehen erfaßt wird. *Die Aufgabe des betrieblichen Rechnungswesens* besteht also darin, die *Betriebsgebarung laufend zu überprüfen* und gesicherte *Unterlagen für die planmäßige Unternehmungs- und Betriebsführung* zu gewinnen. Damit können betriebswirtschaftliche und gesamtwirtschaftliche Ziele gleichzeitig erreicht werden.

In diesem so gekennzeichneten Aufgabenbereich kommt den einzelnen Teilgebieten des betrieblichen Rechnungswesens jeweils eine Sonderstellung je nach den anzuwendenden Verfahren zu.

2. Zeitrechnung

Die *Buchhaltung* hat den Fluß der Werte durch den Betrieb in dem zeitlichen Nacheinander zu erfassen. Sie ist aus innerbetrieblichen Notwendigkeiten zur Beurteilung des erreichten Betriebszieles erwachsen. In denjenigen Betrieben, in denen das Bedürfnis zur Beurteilung des Werteflusses durch den Betrieb überhaupt nicht besteht, z. B. in Haushaltsbetrieben, oder in denen man glaubt, den Überblick über den Wertefluß in einfacherer Weise, z. B. durch die gefühlsmäßige Urteilsbildung oder durch unsystematische Aufzeichnungen, erhalten zu können, wurde bisher die Buchhaltung stark vernachlässigt. Das gilt vor allem für Kleinbetriebe des Handwerks und des Einzelhandels. Seit etwa zwei Jahrzehnten ist darin aber vor allem unter dem Zwang der Steuerbehörden ein deutlicher Wandel eingetreten. Dieser Zwang hängt mit der Ausweitung der Buchführungspflicht und den Buchführungsvorschriften in den §§ 160 ff der Reichsabgabenordnung sowie mit den Bestimmungen der Einkommensteuer-Durchführungsverordnung über *ordnungsmäßige Buchführung* als Voraussetzung für die Inanspruchnahme von Steuervergünstigungen zusammen.

Unterstützt wurden diese Einflüsse der Steuergesetzgebung durch weitere obrigkeitliche Ordnungen und durch den Erziehungseinfluß der Wirtschaftsverbände.

Einen bedeutsamen Wendepunkt in der Entwicklung stellt der Erlaß des Reichs- und Preußischen Wirtschaftsministers und des Reichskommissars für die Preisbildung betreffend „Richtlinien zur Organisation der Buchführung" vom 11. 11. 1937 dar. Damit wurde den Betrieben die Richtschnur zur Beurteilung der Ordnungsmäßigkeit der Buchhaltung gegeben, d. h. der planmäßigen und lückenlosen Erfassung der Mengen- und Wertebewegungen in Betrieb und Unternehmung.

Als nach dem zweiten Weltkrieg infolge der Neuordnung der wirtschaftlichen Verwaltungsorganisation in der Bundesrepublik Deutschland und der Änderung der Rechtsstruktur der Wirtschaftsverbände die Buchführungsrichtlinien von 1937 außer Kraft gesetzt wurden, erarbeitete in den fünfziger Jahren ein Fachausschuß des Bundeswirtschaftsministeriums „Neue Grundsätze für das Rechnungswesen" [5]).

Die Aufgaben der Buchführung werden dort folgendermaßen gekennzeichnet: Die Buchführung soll „Stand und Veränderung des Anlage- und Umlaufvermögens, des Eigen- und Fremdkapitals fortlaufend und systematisch" verzeichnen und „Aufwendungen, Erträge und Ergebnisse" ermitteln.

Diese neuen Grundsätze sind nicht in gleicher Weise für die Betriebe verbindlich wie die entsprechenden Anordnungen der dreißiger Jahre. Aber sie werden von den Wirtschaftsgruppen als Grundlage für die Ordnung des Rechnungswesens in den zugehörigen Unternehmungen anerkannt.

Kernstück der Grundsätze für die Buchführung stellen die „Anforderungen an eine geordnete Buchführung" dar. Nach diesem Muster sind im Einverständnis des Groß- und Einzelhandels sowie des Deutschen Genossenschaftsverbandes Überlegungen über Richtlinien des Rechnungswesens in *Handelsbetrieben* angestellt worden [6]).

Im ganzen gelten für die Organisation der Buchhaltung die Forderungen, die von der Betriebswirtschaftslehre entwickelt worden sind.

Die Buchhaltung soll so organisiert sein, daß alle *wirtschaftlichen* und *rechtlichen Vorgänge* in der Unternehmung, die auf Vermögen und Kapital einwirken, erfaßt werden können. Sie soll Zahlen zur Ermittlung des *richtigen Erfolges* in längeren und kürzeren Zeitabschnitten zur Überwachung der *Leistung*, der *Wirtschaftlichkeit*, der *Betriebsgebarung* und der *Kostengestaltung* sowie zur Durchführung von *Betriebs-* und *Zeitvergleichen* bereitstellen.

Durch die von den Handelsbetrieben aller Größengruppen erkannte Notwendigkeit des planmäßigen Ausbaus einer Buchhaltung, die den Forderungen nach

---

[5]) Veröffentlicht vom Betriebswirtschaftlichen Ausschuß des Bundesverbandes der Deutschen Industrie am 11. 11. 1952.

[6]) Ziegler, Franz, Grundsätze und Gemeinschaftsrichtlinien für das Rechnungswesen, Ausgabe Handel, Frankfurt/M. 1952.

Ordnungsmäßigkeit entspricht, ist hier für die Zukunft eine betriebswirtschaftliche Statistik gesichert.

Einen beachtlichen Ausbau der Betriebsstatistik hat heute schon den Großbetrieben des Handels, für die eine geordnete Buchhaltung aus Gründen der Überwachung des Betriebsgeschehens eine Selbstverständlichkeit ist, die Entwicklung der automatischen Buchhaltung gebracht.

3. Stückrechnung

Die zweite Sparte des betrieblichen Rechnungswesens, *die Stückrechnung* oder *Kostenrechnung,* weist in Handelsbetrieben gewisse Eigentümlichkeiten in bezug auf die statistische Auswertung auf. Sie ist hier durch die Natur der Kosten als überwiegend *fixe Gemeinkosten* bedingt. Das gilt vor allem für die *Personalkosten,* die in Groß- und Einzelhandelsbetrieben im ganzen rund ein Drittel der Betriebskosten ausmachen, für die Kosten der *Lagerhaltung* sowie des *Kapitals.* Wegen der geringen Elastizität der Kosten sind die Verlustquellen in Handelsbetrieben ganz besonders ergiebig und drängen zu einer planmäßigen Kontrolle, bei der die Statistik einen großen Raum einnehmen müßte. Diese Kontrolle wird aber bei dem überwiegenden Teil der Betriebskosten deshalb ungenau, weil deren schlüsselmäßige Umlegung auf Kostenträger und -stellen nur im Rahmen einer Schätzung möglich ist. Hinzu kommt, daß die Zurechnung der Kosten zu den Betriebsleistungen in Groß- und Einzelhandelsbetrieben in der Hauptsache nur eine *zeitliche Verrechnung* sein kann, aus der ein zahlenmäßiges Kostenbild ensteht, das durch die Ungewißheit der Betriebsabläufe weitgehend bestimmt wird.

Aus allem folgt, daß die Kostenrechnung in Handelsbetrieben *nicht ganz selbständig* sein kann; sie baut dort auf der *Zeitrechnung* auf. Nach den buchhaltungsmäßig erfaßten Aufwandszahlen werden Kalkulationsspanne und Kosten des Betriebs, der Abteilung und des Sortiments für die Zukunft geschätzt. Ausgedrückt werden dabei die Kostengrößen in der Regel in Relationszahlen zum Einstands- oder Verkaufspreis des Umsatzes. Schwanken diese in der Kalkulationsperiode, dann wird der geschätzte Kostensatz falsch. Verstärkt wird die Abweichung von der Wirklichkeit, wenn dazu noch die Aufwandsteile selbst oder das Leistungsvolumen sich ändern. Dann besitzen die vorgegebenen Kostenzahlen keine Aussagekraft mehr für die statistische Betriebsüberwachung. Diese muß vielmehr auf die Aufwandszahlen in der Zeitrechnung zurückgreifen. Es werden dann die Aufwandsbeträge zu den Betriebsleistungen der Periode in Beziehung gesetzt.

Die Betriebsleistung des Handelsbetriebs besteht in seiner Mitwirkung an der Wertschöpfung für die einzelnen Umsatzgüter durch die Ausübung notwendiger wirtschaftlicher Funktionen. Die zahlenmäßige Erfassung der so gekennzeichneten Betriebsleistung ist in Handelsbetrieben aber kaum möglich. *Nur Handelsspannen als Betriebsspannen und Stückspannen* können errechnet werden, aber sie sind nur Preisspannen, keine Wertspannen und umschließen auch den positiven oder negativen Erfolg. Dennoch haben die Preisspannen einzelwirtschaftlich eine gewisse Bedeutung für die Beurteilung der Betriebsleistung im Handelsbetrieb, weil sie in der freien Marktwirtschaft von der Käuferschaft durch den Kauf der Waren mindestens stillschweigend gebilligt werden und deshalb wohl als Ausdruck der Wertspanne anerkannt sind. Die Kostenrechnung hat somit die Aufwandsposten aus der Zeitrechnung als Teile der Handelsspannen [7]) zu erfassen, wenn sie Kosten der Leistung zeigen soll.

Das wäre eine bedeutsame Rechnung, wenn Einstandspreise als gleichbleibende Gegebenheiten zu gelten hätten. Das ist aber nicht der Fall. Sie schwanken und können durch die Käufer je nach ihrer Marktposition gegenüber ihren Vorstufen beeinflußt werden. Das Interesse der Betriebsverantwortlichen in Handelsbetrieben richtet sich deshalb nicht allein auf die innerbetrieblichen Kostengestaltungen, sondern auf die gesamten *Selbstkosten:* Einstandspreise und Betriebskosten zusammen. Die Kostenrechnung folgt so dem Aufbau der Absatzpreise. *Das ist keine Leistungsrechnung,* keine Verrechnung von Kosten auf Leistungseinheiten. Man kann aber dennoch von *Stückrechnung* sprechen, wenn die Kostenteile auf die Stücke umgelegt werden. Das ist allerdings selten. Im allgemeinen wird eine wertmäßige Einheit des Umsatzes als Verrechnungsbasis gewählt. Dann müßte man von einer Umlegung der Kosten auf Verkaufsbeträge, auf Betragseinheiten des Umsatzes oder des Erlöses sprechen.

Aus allem geht hervor, daß es für Handelsbetriebe nicht leicht ist, die Probleme der betrieblichen Kostenrechnung so zu lösen, daß die Erfordernisse der Betriebspraxis bei der Preisstellung hinreichend berücksichtigt und gleichzeitig Betriebs- und Kostenkontrollen ermöglicht werden.

Wie für die Zeitrechnung, so sind auch für die Kostenrechnung in den letzten Jahrzehnten Grundsätze entwickelt worden, die in amtlichen Normen und in Empfehlungen von Wirtschaftsverbänden ihren Niederschlag gefunden haben. Sie haben verhältnismäßig einheitliche Auffassungen über die Kosten auch in Handelsbetrieben herauskristallisiert und in begrenztem Rahmen die Voraussetzungen für eine Kostenstatistik geschaffen.

Die „Allgemeinen Grundsätze der Kostenrechnung" vom 16. 1. 1939 bilden den Ausgang der verwaltungsmäßigen Regelung von Kostenrechnungen. Dort sind die Kostenbegriffe definiert und gegen die Begriffe der Aufwendungen und Ausgaben abgegrenzt worden. Die Grundsätze enthalten Anweisungen zur Durchführung der *Kostenarten-, Kostenstellen-* und *Kostenträgerrechnung.* Wenn auch

---

[7]) Sundhoff, Edmund, Die Handelsspanne, Köln und Opladen 1953.

in erster Linie dabei an die Verhältnisse in industriellen Fertigungsbetrieben gedacht ist, so konnten die Wirtschafts- und Fachverbände des Handels doch darauf aufbauend Richtlinien für Handelsbetriebe ausarbeiten.

Die „Neuen Grundsätze für das Rechnungswesen" von 1952 bauen auf den Ordnungen der dreißiger Jahre auf. Hier werden die Aufgaben der Kostenarten-, Kostenstellen- und Kostenträgerrechnung übersichtlich skizziert. Das Hauptkapitel: „Anforderungen an eine geordnete Kosten- und Leistungsrechnung" kann auch für Handelsbetriebe Wegweiser für eine Organisation der Kostenrechnung sein [8]).

Im Zusammenhang mit der Preisordnung im 2. Weltkrieg wurden auch obrigkeitliche Bestimmungen über die Kostenrechnung entwickelt: Leitsätze für die Preisermittlung auf Grund der Selbstkosten für öffentliche Auftraggeber (LSÖ) vom 15. 11. 1938 und entsprechende Leitsätze für Selbstkosten bei Bauleistungen (LSBÖ) vom 25. 5. 1940.

Beide Verordnungen regeln die Bestandteile der Kostenrechnungen, grenzen die Kostenbegriffe ab und bestimmen den Aufbau einer Kostenrechnung.

Der gewandelten Einstellung zur Preisbildung in einer freien und sozialen Marktordnung werden die neuen Leitsätze (LSP) vom 1. 1. 1954 gerecht. Diese konnten auf den LSÖ aufbauen und das Ziel anstreben, die Kostenerfassung zu verfeinern, nicht aber, sie objektiv genau werden zu lassen.

Im ganzen gelten diese Leitsätze verbindlich nur für einen begrenzten Teil der Wirtschaft; aber sie haben als *Normen* Ansehen erlangt und sind Grundlage für einheitliche Kostenauffassungen und damit für die Kostenstatistik geworden.

4. Planrechnung

Vernünftiges Wirtschaften setzt Planen voraus. Dieses kann in sehr unterschiedlichen Formen geschehen, mit oder ohne Zahlenbeurteilung, als „Vornehmen", als Ordnen von Arbeitsläufen, als Abwägen von vermutlichen Vor- und Nachteilen bei möglichen Verhaltensweisen. Dieses Planen in dem Sinne der Vorbereitung von unternehmerischen Entscheidungen oder auch des Wählens bei Entschlüssen ist dem betrieblichen Rechnungswesen nicht zuzuordnen.

In der eigentlichen betriebswirtschaftlichen Planrechnung werden *vorausschauend Zahlen* geschätzt, die ihre Grundlage in der Erfahrung haben oder für eine konstruierte zukünftige Wirklichkeit errechnet werden. Hier werden Zahlen gewonnen, nach denen das wirkliche Unternehmungs- und Betriebsgeschehen in einem engen oder weiteren Rahmen *ausgerichtet* werden kann und die später *Maß-*

[8]) Ziegler, Franz, Grundsätze und Gemeinschaftsrichtlinien für das Rechnungswesen, Ausgabe Handel, S. 29 ff.

stäbe für die Beurteilung der tatsächlich eingetretenen betriebswirtschaftlichen Erscheinungen abgeben können[9]).

In die Planrechnung können alle strukturellen und dynamischen Gestaltungen der Einzelwirtschaften einbezogen werden. Deshalb kann diese Rechnung über die Bereiche der bisher behandelten Zeit- und Stückrechnung hinausgehen. Z. B. kann sie die zukünftigen Leistungsmengen der arbeitenden Menschen im ganzen und in einzelnen Arbeitsabteilungen planen; in ihr können unter vorausschauender Beurteilung des Verhaltens der Käufer bei Einsatz bestimmter Werbemaßnahmen Absatzgrößen geplant werden. Entscheidend für den notwendigen Umfang der Planrechnung in der einzelnen Unternehmung sind die *vorhandenen Schwerpunkte,* von denen die Erreichung der Unternehmungsaufgaben abhängt, ferner die *gegenseitigen Abhängigkeiten* der Einzelerscheinungen und -vorgänge.

In Handelsbetrieben ist der Absatz von Waren einziges Leistungsziel. Der Absatzerlös kann den Rückfluß der Kosten in die Unternehmung und einen Unternehmungsgewinn sichern. Deshalb muß in Groß- und Einzelhandelsbetrieben die *Absatzplanung* im Mittelpunkt der Unternehmungsplanung stehen, einerlei, ob es sich um eine Strukturplanung oder um eine kurzfristige Bewegungsplanung handelt. Nach der Dringlichkeit folgt der *Einkaufs-* und *Lagerplan* für die einzelnen Zeitabschnitte, weil dann die wichtigsten Faktoren der Kosten- und Erfolgsgestaltung erfaßt werden können. Der *Aufwands-* und *Kostenplan* gewinnt vor allem Bedeutung in der *Strukturplanung,* weil dabei über die Höhe der fixen Kosten entschieden wird. Das Kostenverhältnis in kurzen Zeitabschnitten wird bei dem Hauptteil der Kosten durch die Umsatzentwicklung bestimmt. Die beiden Bewegungen bei Umsatz und Kosten sind automatisch miteinander verbunden. Die Kostenrelationen zum Umsatz im besonderen zu planen hat in Handelsbetrieben, in denen alle Funktionen ausgeübt werden, eine Bedeutung nur dann, wenn mit der relativen Kostenhöhe die *Kalkulationsspanne geändert* werden soll. Wenn aber bei Fortfall einzelner Funktionen in den Handelsbetrieben die Kostenstruktur nicht durch die fixen Kosten maßgeblich bestimmt wird, z. B. in Betrieben ohne Lagerhaltung und bei relativ geringem ständigen Personal, dann können die variablen Kosten, die hier verhältnismäßig größere Bedeutung haben, sehr ungleichmäßig anfallen. Darum ist hier der *kurzfristige Kostenplan* ebenso wichtig für die gesamte unternehmerische Vorausschau wie der Absatzplan für begrenzte Zeitabschnitte. Es kann nicht entgegengehalten werden, daß – worauf hingewiesen worden ist – Außenstehende einen Einfluß auf das Betriebsgeschehen nehmen und alle Pläne innerhalb der Handelsbetriebe durchkreuzen können. Dem widerspricht nämlich die Erfahrung: Charakteristisch für Handelsbetriebe ist, daß dort trotz aller Abhängig-

---

[9]) Schulz, C. E., Die Planungsrechnung und ihre Zukunftsaussichten, Ztschr. f. Betriebswirtschaft 1952/12, S. 695 ff.

keiten von den Entscheidungen der Käufer *bei den Leistungsbewegungen Gesetzmäßigkeiten* erkennbar sind. Fast allgemein sind auch *konjunkturelle und saisonbedingte* Abhängigkeiten, die ein größenmäßiges Planen erlauben, als typisch zu erfassen; erfahrungsmäßig gibt es in Handelsbetrieben auch Vorstellungen über die Wirkung absatzpolitischer Maßnahmen.

Bei der Vorbereitung und der Auswertung des Betriebsplanes hat die betriebswirtschaftliche Statistik *Hilfsdienste* zu leisten, indem sie Zahlengruppen bildet und Zahlenverhältnisse darstellt. So können auch auf der Grundlage des Betriebsplans die Betriebsentwicklung und das Betriebsgeschehen kontrolliert werden, wodurch die übrigen Kontrollen im Rahmen des Rechnungswesens ergänzt werden.

Die Planrechnung ist noch nicht so weit entwickelt wie Zeit- und Stückrechnung. Die bereits besprochenen Richtlinien - auch die „Neuen Grundsätze von 1952" - über das Rechnungswesen haben sich nur am Rande mit der Planrechnung befaßt.

5. Betriebsstatistik

Aus der bisherigen Darstellung der drei Teilgebiete des Rechnungswesens ergibt sich, daß diese in der Lage sind, sich gegenseitig bei der zahlenmäßigen Durchleuchtung der Unternehmungs- und Betriebsvorgänge bis zu einem gewissen Grad zu ergänzen. Aber die Grenzen dafür sind auch deutlich geworden: Die *Buchhaltung* ist in ein strenges System gepreßt, das in regelmäßigen Zeitabständen nur bestimmte Zahlengruppen abgibt und das der Zahlengewinnung in dem Streben nach Vollständigkeit eine gewisse Schwerfälligkeit aufzwingt. Die *Kostenrechnung* vermag nur solche Zahlen zur Betriebskontrolle zu liefern, die mit dem Gutsverzehr bei der Erstellung der Betriebsleistungen zusammenhängen. Da aber in Handelsbetrieben die relativ hohen fixen Gemeinkosten auf die Kostenträger nur schätzungsweise zu verteilen sind, ist diese Rechnung im ganzen sehr ungenau. Die betriebliche *Planrechnung* bietet Kontrollzahlen für das wirkliche Betriebsgeschehen, allerdings nur als Richtzahlen.

So bleiben *Lücken* in der Betriebsüberwachung, die von der betriebswirtschaftlichen *Statistik* nach Bedarf ausgefüllt werden können. Durch die betriebswirtschaftliche Statistik soll laufend der wirtschaftliche Zustand der Betriebe festgestellt werden, um die Gefahr eines absoluten oder relativen Rückgangs der betrieblichen Wirtschaftlichkeit rechtzeitig zu erkennen.

Dazu genügt nur in seltenen Fällen der *persönliche Eindruck* der Betriebsverantwortlichen. Vielmehr kann das nur planmäßig an Hand objektiver Zahlen geschehen. Die Statistik ist zur Erleichterung einer solchen Kontrolle befähigt, weil sie von *engen Bedingungen befreit* ist; sie kann das Beobachtungsfeld von Zeit zu Zeit verändern, kann über die Beurteilung von Einzelvorgängen hinausgehen, vermag die zeitlichen Kontrollabschnitte beliebig lang zu wählen und ist in der Lage, bei der Betriebsbeurteilung die Grenzen eines einzelnen Betriebs zu überschreiten. So ermöglicht sie im Betrieb eine *Übersicht* über alle Vorgänge, soweit die Erscheinungen in Zahlen faßbar sind. Sie kann für vielseitige *Kontrollen* ausgenutzt werden, sie beschafft Unterlagen zu planmäßigen *Betriebsdispositionen* und bietet Unterlagen für einen *Vergleich* der Vorgänge in der eigenen Unternehmung und im eigenen Betrieb mit denjenigen in anderen Wirtschaftszellen. Darüber hinaus dient die betriebswirtschaftliche Statistik noch der Beschaffung *gesamtwirtschaftlicher Urteilsunterlagen* und fördert wirtschaftswissenschaftliche Erkenntnisse.

IV. Anwendung der betriebswirtschaftlichen Statistik im Handelsbetrieb

Der betriebswirtschaftlichen Statistik werden auch in Handelsbetrieben von Wissenschaft und Praxis ganz verschiedene Hauptaufgaben zugewiesen: Sie soll entweder die Entwicklung der Unternehmung im ganzen oder in ihren Teilen darstellen oder soll die Wirtschaftlichkeitsgestaltung des Betriebes erkennen lassen oder soll die Kontrolle des Betriebsablaufs ermöglichen oder soll Unterlagen für die Selbstkostenrechnung abwerfen. Jede dieser Forderungen nach starker Betonung einer Teilaufgabe kann im Einzelfall berechtigt sein. Keine dieser so eingeschränkten Forderungen darf aber den ersten Rang für sich beanspruchen. Die *statistische Kontrolle* muß vielmehr *allseitig* sein.

Insbesondere muß die Statistik in allen ihren Teilen entsprechend der Eigenart von Groß- und Einzelhandelsbetrieben mit dazu beitragen, den bei Leistungsschwankungen drohenden *Betriebsleerlauf* und die damit zusammenhängenden *Leerlaufkosten* zu vermeiden.

Im Kleinbetrieb des Einzel- und Großhandels genügt oft die persönliche Überwachung des Betriebsablaufs, um nicht notwendige Leerlaufkosten zu verhindern; eine besondere statistische Betriebsüberwachung ist nicht angebracht. In Mittel- und Großbetrieben dagegen kann häufig die Betriebskontrolle mit dem Ziel der Verstopfung von Verlustquellen in vollem Ausmaß nur auf Grund einer planmäßig organisierten Statistik erfolgen.

In der Hauptsache werden in Handelsbetrieben Wertzahlen und nicht Mengenzahlen in der Statistik bearbeitet. Es geht dann um *einmalige Feststellungen* über Wertgrößen, z. B. Höhe des Umsatzes, Umfang des Einkaufs, Höhe des Betriebsaufwandes im ganzen oder in seinen Teilen während eines Zeitabschnittes; es interessieren die voneinander abhängigen Betriebserscheinungen, z. B. Kosten oder Lagerbestand im Verhältnis zum Umsatz.

Wichtiger noch als einmalige Feststellungen sind die statistischen Beurteilungen der *Entwicklungen* durch mehrere Zeitabschnitte. Dabei kann jede einzelne Betriebserscheinung von Bedeutung sein: Kapital- und Vermögensaufbau, Umsatz, Einkauf, Lagergröße, Kosten, Kreditverhältnisse. Ob die erkennbare Entwicklung als *normal* angesprochen werden kann, ist nach den Zahlen aus dem Einzelbetrieb nicht festzustellen. Deshalb muß der Blick der Betriebsverantwortlichen auf Betriebszahlen aus anderen Betrieben gerichtet sein, um so Vergleiche anstellen zu können: Entwicklung und Stellung des eigenen Unternehmens und Betriebs müssen gegenüber anderen, aber gleichartigen Wirtschaftseinheiten beurteilt werden. Das ist insbesondere dann möglich, wenn sich der Betrieb an einer *statistischen Gemeinschaftsarbeit* beteiligt. Zwar können in der Zusammenarbeit auch keine absoluten Maßstäbe zur Beurteilung des Geschehens im eigenen Betrieb gewonnen werden, doch können dort Hinweise auf typische oder durchschnittliche Betriebsverhältnisse empfangen werden. Voraussetzung für die verständige Aussagekraft der statistischen Vergleichsziffern ist die einheitliche Abgrenzung der den Zahlen zugrunde liegenden Begriffe. Diese Gleichartigkeit kann nur durch Richtlinien von Gemeinschaften, Verbänden oder Instituten erreicht werden.

Die so geforderte Beurteilung des Betriebsgeschehens durch die einzelbetriebliche Statistik und die Vergleichsrechnung kann sich im allgemeinen *nicht* auf ein *einzelnes Symptom* der Betriebsgestaltung stützen, weil die Gesamtaufgabe eines jeden Betriebs sich aus Teilaufgaben zusammensetzt, die in der Regel nicht in gleich vollkommener Form zu lösen sind.

So umfaßt beispielsweise die Gesamtaufgabe des Verkaufs von Waren in einem Handelsbetrieb die größeren Teilaufgaben der Kapital- und Vermögensverwaltung, der wirtschaftlichen Aufwands-(Kosten-)gestaltung, der Wertsteigerung beim Lagern von Waren im Betrieb. Jede größere Teilaufgabe ist wieder in kleinere zu zerlegen. Zur Kapitalverwaltung beispielsweise gehören die Beschaffung von Eigen- und Fremdkapital, die Aufnahme lang- und kurzfristiger Kredite, die Erfolgsrechnung; zur wirtschaftlichen Kostengestaltung gehören als Teilaufgaben die Organisation des Einkaufs und der Lagerhaltung, die Ordnung des Arbeitsablaufs usw. Je mehr Symptome zur Beurteilung des Betriebsablaufs in die Betriebskontrolle einbezogen werden, desto genauer wird das Bild des Betriebszustandes und bei laufender Kontrolle durch einen längeren Zeitabschnitt das Bild der Betriebsentwicklung.

Vielfach beschränkt sich allerdings die zahlenmäßige Betriebskontrolle *nur auf einzelne Vorgänge* des Betriebs, vor allem auf die Erfolgsgestaltung sowie das Absatzvolumen, weil eine weitere Ausdehnung der betrieblichen Statistik als zu kostspielig angesehen wird. Dabei müssen die Betriebsverantwortlichen sich aber im klaren sein, daß sie auf diese Weise *kein vollständiges Urteil* über den Betriebszustand und das Betriebsgeschehen erhalten. Das ergibt sich für die beiden bevorzugten Gegebenheiten, Kosten und Absatz, aus folgender Überlegung: Die aus der Buchhaltung für einen Jahresabschnitt oder für kürzere Zeitabschnitte hervorgehenden *Erfolgszahlen* gewähren nur einen Überblick über das *Wirtschaftsergebnis* und lassen ohne weiteres kein Urteil über die *Quellen* des Erfolges zu. Die *Absatzzahlen* auf der anderen Seite haben zwar für die Kostenkontrolle in Handelsbetrieben deshalb eine große Bedeutung, weil hier bei den verhältnismäßig hohen fixen Kosten aus der Veränderung der Betriebsleistung auf die Bewegung der anteiligen Kosten in der Handelsspanne geschlossen werden kann, doch bleibt auch diese Betriebskontrolle *einseitig*. Sie gibt keinen Aufschluß über die Teilfunktionen des Betriebs, über die Wirtschaftlichkeitsgestaltung der einzelnen Lebensäußerungen. Und das muß letzten Endes Ziel der Betriebsüberwachung sein. Die *schwachen* und die *starken* Stellen im Betriebsablauf müssen herausgefunden werden; es muß erkannt werden, in welchen Teilgebieten des Betriebs und in welchem Grad sich die Wirtschaftlichkeit auf Grund von Einzelmaßnahmen verändert. Das ist aber nur bei einer weitgehenden Analyse vieler Betriebsvorgänge möglich, so daß die zahlenmäßige Betriebsdurchleuchtung bis zu den Einzelheiten des Betriebsgeschehens vordringen kann.

Allgemeingültige Forderungen über den dadurch bedingten Umfang der betriebswirtschaftlichen Statistik lassen sich jedoch *nicht* aufstellen. Entscheidend für die Anlage und den Umfang der betriebswirtschaftlichen Statistik in Handelsbetrieben bleiben in erster Linie die Gefahren des betrieblichen Leerlaufs und die Möglichkeit von Störungen des Betriebsablaufs. Betriebliche Statistiken werden auch in Handelsbetrieben für eine unbegrenzte Dauer eingerichtet.

Von Fall zu Fall müssen ihre *besonderen Notwendigkeiten* überprüft werden, damit das Rechnungswesen nicht in unwirtschaftlicher Weise und unter zusätzlichen, aber vermeidbaren Kosten ausgedehnt wird. Insbesondere ist immer wieder zu überlegen, ob das Ziel der Betriebskontrolle nicht durch eine einfachere und weniger kostspielige Organisationsmaßnahme erreicht werden kann.

In diesen Ausführungen ist die Betriebsstatistik ausdrücklich als Teil des betrieblichen Rechnungswesens gekennzeichnet worden; sie hat ihren Platz im Rechnen sowohl der *Vorausschau* als auch der *Rückschau*. Im Grundsätzlichen wird diese Auffassung in der betriebswirtschaftlichen Literatur weitgehend vertreten. Ganz klar spricht Lorenz von dem „Herauswachsen“ der betriebswirtschaftlichen Statistik aus der Buchhaltung, von dem Dauerkontakt der beiden Rechnungsformen. Die „Belegbuchhaltung“ wird als „Ausgangs- und methodischer Ansatzpunkt“ für die „monographische Betriebsstatistik“ bezeichnet [10]).

---

[10]) Lorenz, Ch., Betriebswirtschaftsstatistik, Berlin 1960, S. 37.

Der Vollständigkeit wegen soll darauf hingewiesen werden, daß im Schrifttum die Ansicht vertreten wird, daß es Gründe gibt, auch das Zahlenwerk von Buchhaltung und Kalkulation in den Begriff der Statistik einzubeziehen. In diesem Buche ist zu einer solchen Auffassung bereits Stellung genommen (Seite 16). M. R. Lehmann arbeitet mit zwei Statistik-Begriffen: „Der erstere ist gegeben, wenn im Schrifttum die (betriebswirtschaftliche) Statistik der Buchhaltung und der Nachkalkulation als besonderer Zweig des Rechnungswesens gegenübergestellt wird, und man bedarf dieses *engeren* Statistik-Begriffs, wenn man sich mit der betriebswirtschaftlichen Statistik unter methodischen Gesichtspunkten beschäftigen will. „Hat man hingegen die sachliche Seite der betriebswirtschaftlichen Statistik bzw. speziell der industriellen Betriebsstatistik im Auge, so muß man gedanklich von dem *weiteren* Statistik-Begriff ausgehen, wenn man darstellerisch nicht in Schwierigkeiten geraten will, d. h. man muß neben der Statistik im engeren Sinne die Buchhaltung und die Nachkalkulation in den Statistik-Begriff einbeziehen“ [11]).

---

[11]) Lehmann, M. R., Grundfragen und Sachgebiete der industriellen Betriebsstatistik, Essen 1953, S. 14. Weitere Hinweise in: Lehmann, M. R., Methoden und Technik der Betriebsstatistik, Essen 1960, S. 13.

C. Statistische Zahlen im Dienste der Betriebsleitung

Da statistische Zahlen eine Betriebskontrolle ermöglichen und die Betriebsdispositionen erleichtern, sind auf solche Zahlen Betriebsangehörige angewiesen, die *Anordnungen für Betriebsmaßnahmen* geben. Dazu gehören alle *Instanzenträger,* deren Wirkungsfeld so groß ist, daß sie Einzelheiten, auf die sie ihr Augenmerk zu richten haben, nicht mehr persönlich überwachen können. Damit ist angedeutet, daß als Verbraucher von statistischen Zahlen nicht nur und nicht immer die sogenannten Mitglieder der Betriebs- und Unternehmungsleitung in Frage kommen. Die Regel wird allerdings sein, daß gerade diese die Einzelheiten des Betriebsgeschehens, auf die sie ihre Überwachung ausdehnen wollen und müssen, nicht mehr selbst erleben und damit ohne weiteres erkennen können. Da *muß ihnen die statistische Zahl den Überblick verschaffen.* Gelingt das nicht, tritt im Betrieb leicht Verschwendung ein. Diese äußert sich in dem Leerlauf von organisatorischen Einrichtungen, in einer Unterbrechung des Wertlaufs durch den Betrieb.

Zu berücksichtigen ist weiter, daß die Angehörigen der Betriebsleitung verantwortlich sind – in Großbetrieben mindestens in der großen Linie – für die *Richtung der gesamten Betriebstätigkeit.* Ihre Dispositionen können sie aber nur treffen, wenn sie die jeweilige *Lage* und die *Bewegungstendenzen* in dem Wirtschaftsraum, auf den sich ihre Entscheidungen beziehen, überschauen. Das ist in der Regel nur auf Grund statistischer Zahlen möglich.

Form, Umfang und Inhalt der Statistiken für die Betriebsleitung richten sich nach den *Leitungsaufgaben.* Wenn die Betriebsvorgänge, auf die sich das Interesse der Betriebsleitung erstreckt, sich gleichartig aneinanderreihen, kann die Bereitstellung der entsprechend notwendigen Zahlen für gleiche Zeitabstände angeordnet werden. Dazu gehört vor allem die Statistik der *Umsatz-* und *Lagerbewegung* im Gesamtunternehmen. In Großbetrieben des *Einzelhandels* richtet sich das Interesse der Unternehmungsleitung auf die einzelnen Abteilungen. Laufende statistische Betriebsüberwachungen beziehen sich in *Großhandelsbetrieben* in der Regel auf Umsätze bei einzelnen Warengruppen oder in einzelnen Bezirken, auf Verkaufserfolge der Reisenden, auf Auftragseingänge sowie gewisse Ausgaben- und Kostenpositionen, wie Transportkosten oder Provisionen.

In Großunternehmen, insbesondere des Einzelhandels, in denen mehrere Abteilungen und Filialen überwacht werden müssen, sind *tägliche* Zahlenübersichten notwendig. Bei geringerem Geschäftsumfang oder in Betrieben mit weitgehend gleichmäßigem Betriebsablauf können solche statistischen Zahlen auch nur *wöchentlich* oder gar *monatlich* bereitgestellt werden.

Die Zeitpunkte für *monatliche* Zusammenstellungen von statistischen Zahlen für die Betriebsleitung werden sehr häufig durch Meldetermine von *zentralen* Stellen bestimmt (Institute für Handelsforschung). Monatliche statistische Zahlenzusammenstellungen erwachsen weitgehend aus der kurzfristigen Erfolgsrechnung: Statistik des Aufwandes und der Kostenarten für den Gesamtbetrieb und die Kostenstellen, Statistik der Rentabilität. Aber auch genaue Zahlen über Lagerbestand und Lagerbewegung, über Außenstände und Schulden werden der Betriebsleitung häufig im Zusammenhang mit der kurzfristigen Erfolgsrechnung bereitgestellt.

Umfangreicher als diese kurzfristigen statistischen Zusammenstellungen sind in der Regel diejenigen, die *längere* Zeiträume umfassen. Das gilt schon für die Jahresstatistiken. Diese bauen weitgehend auf der Erfolgsrechnung auf. Man hat meistens auch keine Bedenken, für die jährlichen Zusammenstellungen, insbesondere bei Jahres-Abschlußprüfungen, einzelne Sonderarbeiten durchführen zu lassen, um die *Betriebslage* ganz klar zu erkennen und einen gesicherten Ausgang für die *Planung* von Vorhaben und für die Betriebsdurchführung im kommenden Jahr zu gewinnen.

Bei besonderen Anlässen müssen in *Einzelfeststellungen* statistische Zahlen gewonnen werden, die eine Entscheidung vorbereiten und sichern sollen, z. B. Planung von Betriebsumstellung zur Technisierung einzelner laufender Betriebsvorgänge, Planung der Neuordnung des Vertreternetzes im Großhandel, Planung einer Werbekampagne.

In der Regel wird mit der Zeit der Blick von Betriebs- und Unternehmungsleitern für die Beurteilung der vorgelegten statistischen Zahlen sehr geschärft. Sie erkennen bald die Stellen im Betrieb, an denen leicht Unstimmigkeiten entstehen können; es prägen sich Vorstellungen heraus von den entscheidend wichtigen Zahlen; sie besitzen ein feines Gefühl für die Leistungsfähigkeit der einzelnen Betriebspersonen in verantwortlicher Stellung.

Jeder Instanzenträger hat normalerweise für die statistischen Zahlen aus seinem Funktionsbereich ein Interesse, soweit ihm das Bild durch die laufende Berührung mit den Betriebsvorgängen nicht ohnehin klar vorschwebt. Das gilt jeweils in bezug auf gewisse Zahlen bis zu den untersten Instanzenträgern, also z. B. in *Großbetrieben des Einzelhandels* nicht nur bis zu den Filial- und Abteilungsleitern, sondern bis zu den Verkäufern, in *Großhandelsbetrieben* mit mehreren Vertretern nicht nur bis zum Leiter der Verkaufsabteilung, sondern bis zu den einzelnen verkaufenden Personen. Deshalb müssen den Betriebspersonen auch in *niederen Verantwortungsstellen* die Zahlen, die ihren Wirkungsbereich betreffen, bekanntgegeben werden. Dabei muß allerdings darauf Bedacht genommen werden, daß die ausführenden Organe des Betriebes durch statistische Zahlen nicht die lebendige Berührung mit dem Betriebsvorgang verlieren.

D. Herkunft statistischer Zahlen im Handelsbetrieb

I. Statistische Abteilung

Großunternehmen sind im deutschen *Großhandel* relativ selten; im *Einzelhandel* werden Großunternehmen in der Hauptsache bei Warenhäusern, bei Kleinpreis- und Filialunternehmungen für branchenübliche Betriebe angetroffen.

Auch in Großunternehmungen des Handels ist es durchaus möglich, daß in den verschiedenen *Abteilungen* der Häuser selbständig statistische Arbeiten durchgeführt werden. Sie erwachsen aus den anzuerkennenden Notwendigkeiten zur Betriebsbeurteilung durch die einzelnen Instanzenträger. Diese müssen Kontrollzahlen besitzen, um ihr Urteil über die Arbeit ihrer Abteilung zu klären und zu sichern. Außerdem wollen und müssen sie für die Anfragen ihrer Vorgesetzten, die jeden Augenblick zu erwarten sind, gewappnet sein.

Eine solche Dezentralisation der Statistik hat gewisse *Vorteile* für sich: Die Stellenleiter kennen die Gebiete ihres Arbeitsbereichs, auf die sich eine genauere statistische Kontrolle zu erstrecken hat; sie kennen die Quellen, aus denen die Zahlen am leichtesten gewonnen werden können. Wichtig ist auch, daß durch die statistischen Arbeiten Stunden des personellen Leerlaufs überwunden werden können. Dem stehen aber beachtliche *Nachteile* der Dezentralisation der Statistik gegenüber: In der Regel werden bei den einzelnen Instanzen des Betriebes nicht die für statistische Arbeiten vorgebildeten *Hilfskräfte* vorhanden sein. Dann schleichen sich leicht *Methodenfehler* ein, so daß die statistische Zahl wertlos oder gar gefährlich wird. Wichtig ist weiter, daß bei der Dezentralisation die statistische Arbeit *nicht immer zur vollen Wirkung* kommt. Die Zahlen erreichen nur eine Instanz, obschon sie für weitere Arbeitsstellen, insbesondere für die Unternehmungsleitung, notwendig wären. Endlich ist zu berücksichtigen, daß bei dieser Dezentralisation sehr häufig *Doppelarbeit* entsteht. Jede Betriebsstelle, die eine statistische Zahl einmalig oder laufend benötigt, beschafft sie gesondert und ordnet sie vielleicht neuen Zusammenhängen ein oder benutzt sie in der gleichen Form wie eine andere Stelle.

Um einen solchen Leerlauf bei der dezentralisierten Statistik zu vermeiden, ist es notwendig, daß die statistischen Arbeiten im Betrieb von einer *Zentrale* mindestens *planmäßig angeordnet* und einheitlich nach den Notwendigkeiten des Gesamtbetriebes gestaltet werden. Damit ist die Forderung zu verbinden, daß den verschiedenen Stellen des Betriebs, von denen anzunehmen ist, daß statistisches Material benötigt wird, eine Übersicht über die im gesamten Unternehmen durchgeführten statistischen Erhebungen und Auswertungen in die Hand gegeben wird und daß die Möglichkeit besteht, den anfordernden Stellen die statistischen Ergebnisse zuzuleiten.

Unter Würdigung der Vor- und Nachteile der Dezentralisation in der statistischen Arbeit ist in vielen Unternehmungen und Betrieben eine *statistische Zentrale* eingerichtet. Diese kann aber nur dann mit Vorteil für den ganzen Betrieb arbeiten, wenn sie mit der notwendigen Autorität und den nötigen Arbeitskräften ausgestattet wird, damit die gefaßten Pläne so durchgeführt werden können, wie es für die Bedürfnisse der Praxis erwünscht ist.

Bei einer Zentralisation der Statistik kann vor allem auch laufend der „Verknöcherung" der statistischen Betriebsüberwachung entgegengearbeitet werden, nämlich dem Übelstand, daß einmal eingerichtete und für besondere Zwecke vielleicht irgendwann durchaus notwendig gewesene Statistiken gewohnheitsmäßig weitergeführt werden, ohne daß sich irgend jemand um die Zahl kümmert. Entweder ist der *Grund für die Durchführung weggefallen*, oder die Zahlen sind *durch aufschlußreichere ersetzt* worden. Dadurch werden oft die Betriebe stark mit zusätzlichen Kosten belastet, und die Statistik wird deshalb kritisch beurteilt. Deshalb ist es notwendig, daß nach bestimmten Zeitabschnitten planmäßig die Anordnungen für alle statistischen Arbeiten in der Unternehmung und im Betrieb überprüft werden: ob sie aufrechterhalten werden müssen, ob sie nicht Zusammenstellungen bewirken, die lediglich einem „Zahlenfriedhof" zugeführt werden, ob sie neu organisiert werden müssen, damit die statistischen Zahlen den geltenden Kontrollbedürfnissen auch wirklich entsprechen. Es muß überlegt werden, ob der durch eine Statistik verursachte Aufwand noch in einem *tragbaren Verhältnis* zu dem *Wert* der dabei erzielten *Erkenntnis* steht. Sehr oft wird sich die Gelegenheit ergeben, unnötige statistische Arbeiten aufzugeben und Umwege in der Betriebskontrolle zu beseitigen. *Grundsatz bei der Organisation* einer statistischen Zentrale muß sein, diese so der Unternehmungsverwaltung einzubauen, daß sie an allen Stellen Unterstützung findet und daß Reibungen weitgehend vermieden werden. Das kann auf verschiedene Weise erreicht werden.

In *Mittel- und Großbetrieben* wird die Betriebsstatistik häufig dem kaufmännischen *Rechnungswesen* eingegliedert; sie bildet also ein gleichwertiges Glied neben der Buchhaltungs-, Bilanz-, Kalkulations-, Planungsabteilung. Das Ansehen der statistischen Abteilung hängt dann vielfach von dem Verständnis des Leiters der gesamten Rechnungsabteilung ab, vor allem davon, ob er sein Interesse gleichmäßig allen Unterabteilungen zuwendet. Eine solche abteilungsmäßige Zusammenfassung der Zweige des Rechnungswesens hat besonders den Vorteil, daß sehr viel Zahlenmaterial, wohl das meiste, zur statistischen Verwertung in der eigenen Abteilung ohne weiteres zur Verfügung steht.

In *kleineren Mittelbetrieben* des Handels wird die statistische Arbeit auch wohl einer bestehenden Einzelabteilung angehängt, z. B. der Buchhaltung oder der Selbstkostenrechnung oder dem Einkauf. Dann besteht leicht die Gefahr, daß die Statistik vernachlässigt wird. In der Regel drängen sich die Hauptaufgaben der betreffenden Abteilung bei dem Leiter stark in den Vordergrund. Er hat auch nicht die Macht, auf andere Abteilungen zur Bereitstellung von Material einzuwirken. Die statistische Kontrolle im Betrieb *verkümmert häufig.* Am günstigsten ist jene Organisation, in der die statistische Abteilung *Teil der Betriebsleitung* ist. In kleinen und mittleren Unternehmungen, in denen eine Einzelperson die Leitung innehat, findet sich diese Regelung sehr häufig. Sie wirkt sich vorteilhaft aus, wenn der Unternehmungsleiter die statistischen Zahlen auswerten kann. In größeren Unternehmungen steht bei einer solchen Organisationsregelung an der *Spitze dieser Abteilung ein Mitglied des Direktoriums.* Der Leiter der Abteilung hat meistens außer den statistischen noch andere Aufgaben in der Unternehmung zu erfüllen. Er wird durch eine *wissenschaftliche Hilfskraft* vertreten. Bei einer solchen Verbindung der Betriebsstatistik mit der Unternehmungsleitung können gegenseitige Anregungen ausgetauscht werden. Der Leiter der Statistik erkennt laufend die Fragen, die nach dem großen Plan und nach den zeitlichen Dispositionen in den Vordergrund rücken. Er kann danach seine Arbeiten einrichten und der Geschäftsleitung so eine wertvolle Stütze bedeuten.

II. Statistische Zahlen aus der bestehenden Organisation

1. Buchhaltung als Ausgang

Einerlei, welche Organisation in der Unternehmung der statistischen Arbeit dienstbar gemacht wird: Grundsätzlich wird sich die Statistik weitgehend an der *Buchhaltung* zu *orientieren* haben; denn diese ist so einzurichten, daß sie die Abstimmungsfunktion mindestens bei den bedeutsamen Zahlengruppen übernehmen kann.

Die Zahlen der *Buchhaltung* spiegeln zu einem guten Teil das Betriebsleben wider und sind geeignet, der Überwachung des *Betriebsablaufs,* der Beobachtung der *Betriebsentwicklung* und der Beurteilung des *Betriebszustandes zu* dienen. Sie brauchen nur analysiert und gedeutet zu werden und können in mannigfache Zusammenhänge gebracht werden, um genügend tiefe Einsichten zu vermitteln. Insbesondere sind die Buchhaltungszahlen bedeutsam für die Darstellung der Entwicklung des Betriebs im ganzen und in seinen Teilen. Einen besonders wertvollen Einblick in den Betrieb gewähren die *Bilanzzahlen.*

Die Analyse der Zahlen in der Bilanz gewährt einen Ausgang für die kritische Beurteilung der *Finanzierung* der Unternehmung und der *Verwendung der Finanzmittel*[12]).

[12]) Graf, Hunziker, Scheerer, Betriebsstatistik und Betriebsüberwachung (Kap. F und G im 2. Teil, 3. Abschn.), Stuttgart 1958.
Schnettler, Albert, Betriebsanalyse, Stuttgart 1958.

Die statistische Analyse kann sich auf die einzelne Bilanz beziehen und gewährt dann ein *Zustandsbild;* sie kann aber auch die *Entwicklung* von Bilanzen in nacheinander folgenden Jahren ins Auge fassen; man spricht dann von dynamischen Feststellungen. Auf Grund der statistischen Analyse des Kapitals in der Bilanz soll die *Finanzstruktur* der Unternehmung ermittelt und beurteilt werden. Dabei können rechtliche oder betriebswirtschaftliche Gesichtspunkte im Vordergrund stehen. Bei der Ausrichtung nach rechtlichen Fragen sollen erstens das *Verhältnis der Kapitalgeber,* also der Eigentümer, Banken oder Lieferanten,

Auswertung von Bilanzen

(Statische und dynamische Feststellungen)

Auswertungsziel	Ausgangszahlen	Ergebnisse
Finanzstruktur	Bilanzzahlen der Passivseite	Verhältnis der Zahlen untereinander
Vermögensstruktur	Bilanzzahlen der Aktivseite	Verhältnis der Zahlen untereinander
Bilanzflüssigkeit	Bilanzzahlen der flüssigen Mittel und der Verbindlichkeiten	Verhältnis der flüssigen Mittel zum Gesamtvermögen; Verhältnis der flüssigen Mittel zu den Verbindlichkeiten verschiedener Fristen; Überschuß an liquiden Mitteln
Verschuldungsgrad	Bilanzzahlen des Eigen- und Fremdkapitals	Verhältnis von Eigen- zu Fremdkapital, von Posten des Fremdkapitals zueinander
Deckungsgrad	Bilanzzahlen des Anlage- und Umlaufsvermögens sowie des Eigen- und Fremdkapitals	Verhältnis der Kapitalteile zu den entsprechenden Vermögensteilen
Sicherungsgrad	Bilanzzahlen der offenen Reserven und Rückstellungen sowie des Eigenkapitals; Schätzungszahlen über stille Reserven	Verhältnis der Reserven zum Eigen- und Unternehmungskapital
Selbstfinanzierung	Zahlen über Abschreibung, offene Reserven, Schätzungszahlen über stille Reserven, Bilanzzahlen des Eigenkapitals	Verhältnis des Eigenkapitals zum Neukapital
Umschlagshäufigkeit des Kapitals	Bilanzzahlen der Kapitalwerte, Umsatz- oder Absatzzahlen	Umschlagshäufigkeitsziffern der Kapitalteile
Umschlagshäufigkeit des Lagers	Bilanzzahl für Warenvorräte, Absatzzahl	Umschlagshäufigkeitsziffer des Warenlagers
Rentabilität	Bilanzzahlen über Ertrag und Eigen- bzw. Gesamtkapital	Verhältnis des Ertrages zum Eigen- oder Gesamtkapital (unter Hinzurechnung der als Aufwand verrechneten Zinsen für Fremdkapital zum Gewinn)

zur Unternehmung, und zum zweiten die *Sicherungen der Kapitalanteile* erkannt werden. Bei der betriebswirtschaftlichen Betrachtung interessieren in erster Linie die *Fristigkeit* der Kapitalbeträge, weiter ihre *Kosten* und ihre *Verwendung* bei der Finanzierung des Vermögensaufbaus. Die statistische Analyse der Aktivseite der Bilanz beantwortet die Frage nach der Struktur der im Unternehmen arbeitenden *Vermögensteile.*

Welche Erkenntnisse hauptsächlich aus solchen Analysen gewonnen werden, ist in der Übersicht auf Seite 34 zusammengestellt.

Die angegebenen Erkenntnisse können in *Kennziffern* festgehalten werden. Der Umfang solcher Kennziffern kann erweitert werden, wenn weitere Ausgangszahlen zu den Bilanzzahlen hinzugenommen werden. Beispiele: Die Leistungsziffer des Personals ergibt sich aus

Umsatz : Zahl der Beschäftigten;

die Umsatzerfolgsziffer ergibt sich aus

Reingewinn × 100 : Umsatz.

Bei der Beurteilung von Zahlen aus *nacheinander* folgenden Bilanzen geht es um solche aus Unternehmungen der Wettbewerber. Handelsbetriebe in der Form von Aktiengesellschaften oder von Genossenschaften veröffentlichen ihre Bilanzen, an denen *Außenstehende* für einen Vergleich mit den Zahlen der eigenen Bilanz ein Interesse haben.

Bilanzänderungsrechnung

Auswertungsziel	Ausgangszahlen	Ergebnisse
Mittelbeschaffung und Mittelverwendung	Aktiv- und Passivzahlen aus nacheinander folgenden Bilanzen	Beurteilung von Bilanzänderungen (Bilanzen fremder Unternehmungen)

Die *Bilanzänderungsrechnung* ist auch eine statistische Bilanzbearbeitung, die zu Überlegungen über das betriebswirtschaftliche Gebaren in den Unternehmungen führt. Die Erkenntnisse erwachsen aus der Erklärung von Änderungen bei den einzelnen Bilanzposten. Dabei müssen die Zahlen nach statistischen Regeln geordnet und zueinander in Beziehung gesetzt werden, um interne Entwicklungen der Unternehmungen zu erkennen[13]).

[13]) Ruberg, C., Externe Bilanzänderungsrechnung zur Beurteilung der Mittelbeschaffung und Mittelverwendung in der Unternehmung, Ztschr. f. Betriebswirtschaft 1960/8, S. 470 ff.

Die *Buchhaltung* als das Organisationsmittel, das alle Wertbewegungen des Unternehmens in einem Zeitabschnitt lückenlos erfassen soll, muß ihrem Wesen nach mit Abstand hinter den Ereignissen und Vorgängen folgen. Das verlangt die Forderung nach Vollständigkeit und Genauigkeit und gilt auch noch für eine moderne automatische Einrichtung.

Es ist natürlich, daß in der Lehre vom Rechnungswesen ein Verfahren zur zahlenmäßigen Betriebskontrolle entwickelt worden ist, das die Vorteile der normalen Zeitrechnung wahrnimmt, aber in kurzen Fristen brauchbare Ergebnisse zur Betriebsüberwachung liefern kann: die *kurzfristige* buchhalterische Erfolgsrechnung [14]).

Diese vermeidet die *inventurmäßige* Ermittlung des Lagerbestandes am Ende der kurzen Abrechnungsperioden und ersetzt sie durch die buchhalterische; sie ist ferner darauf abgestellt, die *Aufwendungen* so verständig wie möglich zeitlich und sachlich *abzugrenzen*. So liefert die kurzfristige Erfolgsrechnung für die laufende statistische Überwachung von Groß- und Einzelhandelsbetrieben Unterlagen, die der Abhängigkeit dieser Betriebsgruppen von schnell wechselnden äußeren Einflüssen entsprechen.

Aus der *Gewinn- und Verlustrechnung* sind die Verhältnisse der einzelnen Aufwandsposten zueinander und zu den Umsatzbeträgen in dem Zeitabschnitt zu ermitteln; durch den Vergleich der Zahlen aus nacheinander folgenden Abschlüssen sind Entwicklungen festzustellen.

Die *Buchhaltungskonten* stellen auch in der Zeit zwischen den Abschlüssen die Quellen für weitere wertvolle statistische Zahlen dar.

Den *Zahlungsverkehr* spiegeln die *Finanzkonten* der Klasse 1 des Kontenrahmens wider.

Die *Liquidität* des Betriebs, d. h. die Bereitschaft der Unternehmung bzw. des Betriebes zu Zahlungen im Zeitpunkt der Fälligkeit von Schulden, ist aus den Finanzkonten der Klasse 1 in Verbindung mit Konten der Kostenarten – Klasse 4 – und den Erlöskonten – Klasse 8 – zu erkennen (siehe S. 163 f).

Die *Kapitalrentabilität*, das Verhältnis von Gewinn in der Zeiteinheit zu dem eingesetzten Kapital, muß aus den Gewinnzahlen und dem auf dem Kapitalkonto ausgewiesenen oder dem errechneten und geschätzten Eigenkapital abgeleitet werden; einen Überblick über die *Lagerbewegung* erhält man aus den Einkaufskonten – Klasse 3 – in Verbindung mit den Konten der Klasse 8.

Je nach den Bedürfnissen des Betriebes kann jedes Konto und jedes Nebenbuch der Buchhaltung für eine statistische Auswertung von Betriebszahlen von Bedeutung sein. Oft sind die Zahlen erst brauchbar, wenn die Endsummen und Salden der Konten bereinigt sind.

Z. B.: Soll durch einen Abschlag vom Erlös auf den Absatz zum Einstandswert, also auf den Lagerausgang, geschlossen werden, dann müssen Preisherabsetzungen bei ein-

---

14) Ruberg, C., Der Einzelhandelsbetrieb, Essen 1951, S. 139 ff.

zelnen Warengruppen berücksichtigt werden; die verbuchten Aufwände müssen zeitlich und sachlich vernünftig abgegrenzt werden.

2. Zahlenmaterial aus der Kostenrechnung

Nicht in dem gleichen Umfang wie die Buchhaltung, aber trotzdem mit dem gleichen Erkenntniswert vermag auch die *Kostenrechnung* Zahlen zur statistischen Bearbeitung zu liefern. Die Kosten können an verschiedenen Stellen im Betrieb erfaßt werden.

In *Handelsbetrieben* werden die Kosten durchweg nach Ausgabegruppen für die Verbuchung festgehalten und in höher organisierten Betrieben hernach auf die Kostenstellen (Verkaufsabteilungen usw.) umgelegt. Die statistische Bearbeitung der Kostenzahlen kann auf jeder dieser Stufen einsetzen. Bei dem einzelnen Stück sind die wirklich entstandenen Kosten nur in seltenen Fällen und dann auch nur teilweise zu erfassen, weil die dem Stück zugerechneten Kosten überwiegend Gemeinkosten der Vorkalkulation darstellen.

Einzelne Kostenpositionen sind auch in Sonderaufzeichnungen (Nebenbüchern) zu erfassen:

in Lagerbewegungslisten, -büchern oder -karteien,
in Lohn- bzw. Gehaltsabrechnungen,
in Einkaufs- und Bestellkarteien.

Alle so gewonnenen statistischen Zahlen dienen einmal der Kontrolle der *Kostenentwicklung* und zum zweiten der Beurteilung der Entwicklung in den *Verhältnissen von Kosten und Preis.* Entwicklungslinien in der Kostengestaltung sind nur dann zu erkennen, wenn die einzelnen Kostenpositionen einen längeren Zeitraum hindurch *gleichbleibend gruppiert* und abgegrenzt werden. Welche Gliederung und Gruppierung dabei in erster Linie von Bedeutung ist, hängt von der Eigenart des Betriebes und den Erkenntniszwecken ab. Häufig genügt die *Gliederung der Kosten nach dem Aufwandszweck.* Dabei muß in der Regel verlangt werden, daß die Zahlengruppen unter dem Gesichtswinkel der Kostenbeeinflussung gesondert sind. Dabei ist vor allem die statistische Gruppierung der Kosten in feste und veränderliche von Bedeutung, weil eine solche Gliederung die betrieblichen Dispositionen zur Kostenbeeinflussung und die Kostenplanung erleichtert. Die Kostengruppierung in der Statistik kann durch eine entsprechende Gruppierung bereits in der ersten Aufzeichnung der Kosten oder bei der Verbuchung vorbereitet werden, z. B. Personalkosten, Raumkosten, Steuern als Kosten usw.

3. Betriebsplan als Verbraucher statistischen Materials

Der weitere Zweck des betrieblichen Rechnungswesens, die Betriebsplanung, vermag der betriebswirtschaftlichen Statistik kaum Zahlenmaterial zu liefern. Im Gegenteil: Es entspricht ihrem Wesen, Konsument von statistischem Zahlenmaterial zu sein.

4. Formulare als Quellen

Insbesondere für einmalige statistische Erhebungen ist es nicht möglich, die Konteneintragungen der Buchhaltung oder die Aufzeichnungen in Karteien und Nebenbüchern neu zu organisieren. Bei der Beschaffung solchen Zahlenmaterials greift dann der Betriebsstatistiker auf *Belege* zurück, z. B. in der Kassenrechnung und in der Lagerrechnung, oder auf *Sonderaufzeichnungen,* z. B. auf Zählungen der Käufer in den einzelnen Stunden des Tages, auf Inventurlisten und Fahrtnachweise. Fakturen, Lieferscheine, Durchschläge der ausgehenden Rechnungen; Berichte der Großhandelsreisenden und Bestellformulare im Großhandelsbetrieb sind für Sonderfeststellungen oft sehr brauchbare Zahlenquellen.

Wichtig ist, daß bei der *Organisation* von Formularen, von Buchhaltungskonten, von Bestellformularen usw. an die mögliche statistische Auswertung gedacht wird. So können die Kosten der betriebswirtschaftlichen Statistik durchweg in bescheidenen Grenzen gehalten werden.

In Groß- und Einzelhandelsbetrieben ist das Interesse an der Beurteilung der Betriebsvorgänge im Zuge ihrer *Abstimmung* mit denjenigen der *Vor- und Nachstufen* ganz bedeutend gewachsen.

Großhandelsbetriebe sind zu statistischen Kostenvergleichen gezwungen, um Entscheidungen über Bezugsgrößen, Lagergrößen und Einkaufswege vernunftgemäß treffen zu können; sie müssen zahlenmäßige Vorstellungen über die Geschäftsverbindungen mit den einzelnen Käufergruppen erarbeiten, um Kunden- und Waren*selektion* sowie Bestellungs*konzentration* im optimalen Rahmen anstreben zu können.

Im *Einzelhandelsbetrieb* geht der Zwang zur statistischen Überwachung der Betriebskräfte noch deutlicher von *zwei Seiten* aus: Die Abhängigkeit von den Konsumenten als Käufern bringt dem Betrieb Risiken, deren Umfang nur durch planmäßige Beobachtung der Auswirkungen kurzfristiger *Wirtschaftsbewegungen* auf Umsatz und Kosten eingedämmt werden kann. Den Anforderungen der Lieferbetriebe nach Anpassung kann der Einzelhandelsbetrieb dadurch entsprechen, daß der Betriebsverantwortliche die Warengruppen seines *typischen*

Warensortiments und die dafür geltenden Ziffern der *Umschlagshäufigkeit* sowie *Handelsspannen* statistisch laufend erfaßt.

III. Statistische Zahlen aus der betrieblichen Gemeinschaftsarbeit

Die im Groß- und Einzelhandelsbetrieb gewonnenen statistischen Zahlen bilden den Ausgang der Kontrolle der Geschäftsvorgänge und der Betriebsentwicklungen, wenn als Maßgrößen Erfahrungszahlen oder Planzahlen herangezogen werden können. Diese Kontrolle ist aber in ihrer Bedeutung begrenzt, weil das objektive Maß fehlt. Es ist deshalb verständlich, daß Betriebspraktiker einen *Ausweg* suchen. Großunternehmungen, insbesondere im *Filialsystem*, finden ihn im Filial- oder Abteilungsvergleich, indem sie Betriebszahlen aus Teilbereichen des Unternehmens mit gleichartiger Struktur und mit gleichartigen Aufgaben miteinander vergleichen, aneinander messen und gleichzeitig beurteilen.

Wenn das Rechnungswesen bei der Hauptverwaltung zentralisiert ist, fallen die meisten benötigten statistischen Zahlen bei der Zentrale selbst an. Die Organisation des Rechnungswesens ist auf eine Vereinheitlichung der Abteilungsberichte abgestellt. Darüber hinaus werden aber auch von Zeit zu Zeit Sonderangaben notwendig, die bei den Filialen oder Abteilungen zu erstellen sind. In solchen Fällen muß der Anforderung der Zahlen die Überlegung vorangehen, ob nicht der Zahlenbedarf aus dem bei der Hauptverwaltung (in der Buchhaltung oder in anderen Abteilungen) vorhandenen Vorrat gedeckt werden kann. Immer wieder kann man in Hauptverwaltungen die Erfahrung machen, daß der bequemere Weg gewählt wird, Zahlen und sonstige Angaben von den Abteilungen anzufordern, unbekümmert um die verlangte zusätzliche Sonderleistung, obschon in der Zentrale das Zahlenmaterial zu erhalten wäre. Wenn aber eine besondere Anforderung unumgänglich ist, dann muß die Anfrage unter Berücksichtigung der in den Betrieben vorhandenen Organisation gründlich vorbereitet werden, damit die zusätzliche Arbeit auf ein Mindestmaß beschränkt wird und die Meldungen vollständig vergleichbar und zusammenfaßbar sind.

Mit diesen Ausführungen über die statistische Betriebskontrolle ist in der Hauptsache eine organisatorische Stärke der Filialunternehmen gekennzeichnet.

Mittelständische *Groß- und Einzelhandelsbetriebe* können solche statistischen Vergleichszahlen nur aus der *Gemeinschaftsarbeit* gewinnen. So sind im Laufe der letzten Jahrzehnte im deutschen Groß- und Einzelhandel unterschiedliche Formen statistischer Arbeitsgemeinschaften entstanden, nachdem die Betriebsinhaber die Scheu vor der Bekanntgabe von Betriebszahlen an eine statistische Arbeitszentrale überwunden haben. Die ersten Ansätze dazu fallen in die Mitte der zwanziger Jahre, als das Deutsche *Konjunkturinstitut* und fast gleichzeitig die *Forschungsstelle für den Handel* in Berlin statistische Zahlen aus Groß- und Einzelhandelsbetrieben sammelten, zu Durchschnittszahlen verarbeiteten und sie den mitarbeitenden Betrieben und teilweise auch der Öffentlichkeit bereitstellten.

Nach der Währungsreform 1948 organisierte das *Institut für Handelsforschung* an der Universität zu *Köln* den statistischen Betriebsvergleich für den Groß- und Einzelhandel. Es handelt sich um *monatliche* Vergleichszahlen über die *Vorgänge in Handelsbetrieben* und um *jährliche* Indexzahlen der *Betriebsfunktionen* sowie der Änderungen der *Betriebskosten* und der *Handelsspannen*. Durch das Kölner Institut wurde die statistische Gemeinschaftsarbeit im Handel zentralisiert; die Verbände traten mit ihren eigenen laufenden statistischen Erhebungen zurück[15]).

Regionale Bedeutung im gleichen Sinn haben die Mitteilungsblätter und sonstigen Veröffentlichungen des Handelsinstituts an der Universität des Saarlandes.

Zu erwähnen sind hier die wertvollen Veröffentlichungen der Forschungsstelle für den Handel, FfH, Berlin, des Deutschen Instituts für Wirtschaftsforschung (früher Institut für Konjunkturforschung), Berlin, des Rh.Westf. Instituts für Wirtschaftsforschung, Essen, und – im gewissen Umfang – die Veröffentlichungen der Rationalisierungsgemeinschaft des Handels, RGH, in Köln, soweit deren Untersuchungen auch Zahlenergebnisse für Branchen und Betriebsgruppen erbringen. Für Handelskaufleute sind als Erkenntnisquellen für die *Marktbeurteilung* auch die laufenden Berichte derjenigen Institute interessant, die das *Verhalten der Verbraucher und Käufer* auf dem Markt charakterisieren, z. B. Institut für Absatz- und Verbrauchsforschung in Nürnberg, IFO-Institut für Wirtschaftsforschung, München, EMNID-Institut für Verbrauchsforschung, Bielefeld. In diesem Rahmen muß auch auf die Fachzeitschriften der Verbände des Handels hingewiesen werden, die der statistischen Betriebsarbeit zwar nicht laufend, aber doch von Zeit zu Zeit Ergebnisse eigener Erhebungen mitteilen oder die wenigstens auf bemerkenswerte statistische Veröffentlichungen Bezug nehmen. Die bekanntgegebenen Zahlen sind vor allem auf den Vergleich der Entwicklungen von Betriebsformen abgestellt.

IV. Zahlen aus der gesamtwirtschaftlichen Statistik

Zahlen zur Beurteilung gesamtwirtschaftlicher Zustände und Abläufe werden von amtlichen Instituten erarbeitet. Die statistischen Zahlen werden bei Verwaltungen und privaten Stellen gesammelt sowie durch besondere Erhebungen beschafft.

Der Interessenbereich der amtlichen Statistik hat sich überall in der Welt in den letzten Jahrzehnten beträchtlich ausgeweitet. Ursprünglich umfaßt er lediglich die *Verwaltungsaufgaben:* Es sollen Zahlenunterlagen für Entscheidungen in den einzelnen Zweigen der Staatspolitik, für die Beeinflussung des Verwaltungsmechanismus und für die nachfolgende Kontrolle staatlicher Maßnahmen bereitgestellt werden. Solche allgemeinen Statistiken gelten in hohem Maß der Wirtschaft, die auch für Staatsaufgaben die Mittel zu erarbeiten hat. Je nach den

---

[15]) Seyffert, Rudolf, Bericht über die Tätigkeit des Instituts für Handelsforschung an der Universität zu Köln, Mitteilungen des Instituts, 1963/114.

Zielen und der Autorität der Regierungen werden gesamtwirtschaftliche Statistiken ins Leben gerufen. Und jedesmal, wenn der *Einfluß des Staates auf die Wirtschaft zunimmt, wachsen die Notwendigkeiten der zentralen Wirtschaftsstatistik.* Das zeigte sich besonders deutlich in den beiden hinter uns liegenden Weltkriegen, nicht nur in Deutschland, sondern auch in den meisten Ländern. Überall hat sich die zentrale Statistik für die Zwecke der Wirtschaftslenkung verstärkt. Soweit diese statistischen Zahlen, die sich auf die Gesamtwirtschaft beziehen, veröffentlicht werden, liegt es nahe, daß sich die Einzelwirtschaften die gesamtwirtschaftlichen statistischen Zahlen zu Kontrollzwecken und zu Zwecken der Sicherung von wirtschaftlichen Urteilen *dienstbar* machen.

So ergeben sich für den Handelskaufmann aus den sicher nicht in erster Linie für wirtschaftliche Erkenntnisse erarbeiteten Zahlen brauchbare Unterlagen für die Beantwortung einzelbetrieblicher Fragen. Beispiele: Zahlen der Bevölkerungsstatistik bieten Material zur Beurteilung der Struktur und der Entwicklung des Verbrauchs; aus den Zahlen der Finanzstatistik sind Beurteilungsmaßstäbe für betriebliche Belastungen abzuleiten; Zahlen zur Einkommens- und Beschäftigungsstatistik bieten Hinweise auf die Veränderung der Kaufkraft bei Verbrauchern und damit des Umsatzes.

Von Bedeutung ist, daß die *moderne* Entwicklung der amtlichen Statistik einen deutlichen *Schritt weitergegangen* ist: Sie dient „auch den Bedürfnissen der Staatsbürger, insbesondere der Wirtschaft und ihrer Organisationen"[16]). Das geschieht durch die Bereitstellung von Zahlen, die unmittelbar auf die Erkenntnisziele der Betriebspersonen abgestellt sind. Diese sollen ein *umfassendes und objektives Bild* wirtschaftlicher Tatbestände gewinnen können. Zu diesem Zweck werden auch manche statistische Zahlengruppen über die Bedürfnisse der Verwaltung hinaus lediglich nach *einzelwirtschaftlichen Notwendigkeiten* gegliedert.

Die Zahlen der gesamtwirtschaftlichen und amtlichen Statistik können in den Handelsbetrieben teils *unmittelbar* für die *Betriebskontrolle* ausgenutzt werden, teils *mittelbar* der *Beurteilung der Märkte* und ihrer Veränderungen dienstbar gemacht werden. Zu der *ersten* Gruppe gehören Zahlen, die aus Betrieben stammen und von den Ämtern für allgemeinwirtschaftliche Zwecke zusammengestellt wurden. Es handelt sich dabei immer um solche Zahlen, die das Bild von wirtschaftlichen Zuständen und Vorgängen innerhalb einer Betriebsgruppe kennzeichnen; diese Zahlen können von den Leitern der Einzelbetriebe jeweils als Richtzahlen zum *Messen* der *Verhältnisse* im *eigenen Geschäft* benutzt werden. Zu dieser Zahlengruppe sind vor allem die Meßzahlen der *Umsatzgröße* und der *Kostenstruktur* in den einzelnen Betriebsgruppen zu rechnen. Bei der *zweiten* Gruppe der von statistischen Ämtern bereitgestellten betriebswichtigen Zahlen handelt es sich um solche, die der *Marktbeurteilung* dienstbar zu machen sind. Dabei geht es um die Erfassung der Struktur von Inlands- und Auslandsmärkten und der Bewegungen und Veränderungen an den Märkten. Allerdings ist darauf hinzuweisen, daß alle diese Statistiken in der Regel nur Hilfsdienst bei *Schätzungen* leisten können, weil sie fast durchweg verhältnismäßig spät zur Auswertung vorgelegt werden können und sich dann immer auf die Vergangenheit

---

[16]) Fürst, Gerhard, Art. Statistik, amtliche, Hwb. der Sozialwissenschaften, Bd. 10, 1959.

beziehen. In diesem Zusammenhang sind auch die Zahlen zur Preis-, Lohn- und Beschäftigungslage zu erwähnen.

Diese in großen amtlichen Statistiken gewonnenen Zahlen geben für die Groß- und Einzelhandelsbetriebe nur Orientierungs-Kontrollziffern, weil zu viele regional bedingte Verschiedenheiten ihren Einfluß bei der Entstehung der Zahlen ausüben konnten.

Je enger der Rahmen gespannt ist, in dem Erhebungen zur Gewinnung statistischer Zahlen durchgeführt werden, desto mehr sind sie für den einzelnen Betrieb verwertbar. Aus diesem Grunde sind die Statistiken der *Landesämter* und die Veröffentlichungen *städtischer* statistischer Ämter in Groß- und Mittelstädten für die Betriebe von besonderer Bedeutung. Diese Zahlen dienen der Beurteilung von Eigenarten des kulturellen und wirtschaftlichen Lebens in den Ländern bzw. in den Groß- und Mittelstädten. Die Zahlen entstammen besonderen Erhebungen und den Statistiken des Bundesamts, deren statistische Ergebnisse nach regionalen Gesichtspunkten tiefer gegliedert werden. Deshalb sind diese amtlichen Zahlen insbesondere für die *Beurteilung der Märkte* in den Ländern und Stadtbereichen von ausschlaggebendem Wert. Die einzelnen Veröffentlichungen mit amtlichen statistischen Zahlen, die für Handelsbetriebe bedeutsam sind, sind sehr zahlreich.

Den ersten Platz nimmt das „Statistische Jahrbuch der Bundesrepublik Deutschland" ein.

Folgende Abschnitte des Jahrbuchs dürften für Marktbeurteilungen, Branchenvergleiche und Umsatzschätzungen von besonderem Interesse sein:

Gebiet und Bevölkerung – Bevölkerungsbewegung – Wirtschaftliche und soziale Gliederung der Bevölkerung – Beschäftigung und Arbeitslosigkeit;

Arbeitsstättenzählung – Bautätigkeit – Wohnungen;

Groß- und Einzelhandel (Umsatz, Wareneinkauf, Lagerbestand) – Außenhandel;

Arbeitsverdienste – Verbrauchszahlen – Wirtschaftsrechnungen in privaten Haushalten.

Im Anhang des Statistischen Jahrbuchs befindet sich ein sehr wertvoller „Quellennachweis".

Die Statistischen Jahrbücher der *Länder* sind in ihrem Aufbau im allgemeinen dem Jahrbuch des Statistischen Bundesamtes angepaßt; diejenigen der *Städte* sind weniger einheitlich ausgerichtet. Jahrbücher erscheinen nach dem Abschluß des größten Teils der Zahlensammlungen für ein abgelaufenes Jahr. Damit ist der Vorteil der Vollständigkeit von Zahlenreihen und Zahlengruppen verbunden; es erwächst daraus aber der bereits angedeutete Nachteil, daß die Zahlen jeweils eine für den Betriebspraktiker nicht immer noch sehr interessante Zeitspanne widerspiegeln. Die Gelegenheit, auch dem Betriebsverantwortlichen Ergebnisse von statistischen Einzeluntersuchungen kurzfristig nach der Durchführung bereitzustellen, hat sich das Statistische Bundesamt durch die *monatlich erscheinende Zeitschrift* „Wirtschaft und Statistik" geschaffen. Im Statistischen Jahrbuch wird die Aufgabe dieser Veröffentlichung kurz gekennzeichnet. Sie enthält: „Grundlegende Aufsätze über aktuelle und methodische Fragen der amtlichen Statistik sowie textliche Darstellung der Ergebnisse neuer und laufender Statistiken"; dazu: „Regelmäßig wiederkehrende und einmalige Übersichten".

Daneben erscheinen vom Statistischen Bundesamt „Fachserien", in denen einzelne Sachgebiete in tief gegliederten Zahlenübersichten und bei textlichen Auswertungen der Zahlen beleuchtet werden. Um diese Fachserien zu kennzeichnen, sollen einige angeführt werden:

Von Wichtigkeit für *Betriebe des Außenhandels* ist die Serie: „Der Außenhandel der BRD".

Aus der Fachserie: „Preise, Löhne, Wirtschaftsrechnungen" interessieren

Leiter von *Einzelhandlungen:*

Reihe Nr. 6 Einzelhandelspreise und Verbraucherpreise,
Reihe Nr. 9 Einzelhandelspreise im Ausland,
Reihe Nr. 10 Internationaler Vergleich der Preise für Lebenshaltung,
Reihe Nr. 11 Tariflöhne und -gehälter;

Leiter von *Großhandlungen:*

Reihe Nr. 3 Preise und Preisindizes für industrielle Produkte,
Reihe Nr. 8 Großhandelspreise im Ausland.

Zu den traditionellen Quellen amtlichen statistischen Zahlenmaterials treten in allerjüngster Zeit die Veröffentlichungen des „Sachverständigenrats zur Begutachtung der gesamtwirtschaftlichen Entwicklung". Das erste Jahresgutachten 1964/65 zur Darstellung der „gesamtwirtschaftlichen Lage und deren absehbarer Entwicklung" bietet den Handelskaufleuten wertvolle Unterlagen zur Beurteilung insbesondere

der außen- und binnenwirtschaftlichen Auftriebskräfte,

der Einkommensentwicklung,

der Veränderungstendenzen von Preis und Geldwert.

E. Erkenntniszweck als Maßstab für die statistische Arbeit

Statistische Arbeiten im Betrieb können *nicht mechanisch* angesetzt werden; vielmehr müssen die Arbeitsverfahren je nach dem Erkenntniszweck gewählt werden. Sonst besteht leicht die Gefahr, daß *unnötige Arbeit* getan oder daß das erstrebte Ziel nicht erreicht wird.

I. Sammeln von Zahlen

Die Grundformen der im Betrieb benötigten statistischen Zahlen liegen entweder irgendwo – im Betrieb oder außerhalb – bereits vor, oder sie müssen neu geschaffen werden.

Für die Gewinnung der statistischen Ausgangszahlen kommen in Frage: das Auszählen und die Erhebung mit Hilfe von Fragebogen.

1. Auszählen

Das *Auszählen* ist dann angebracht, wenn *einmalige Feststellungen* genügen, um bestimmte Unterlagen für Betriebsmaßnahmen zu gewinnen. *Dann lohnt es sich nicht, in die laufende Organisation des Betriebs besondere Möglichkeiten zur Herausstellung der benötigten Zahlen einzubauen.*

Ein Beispiel: In einem *Einzelhandelsbetrieb* ist zur Feststellung der Betriebsbereitschaftskosten infolge der Leistungsschwankungen im Laufe des Tages die Kenntnis der Umsätze in den einzelnen Stunden notwendig. Dann wird vielleicht eine Woche lang jeweils nach Ablauf einer Stunde entweder der Kassenzugang in der Registrierkasse abgelesen, oder es werden die Kassenzettel eingesammelt oder die Ladenbesucher an einigen Tagen für die einzelnen Stunden gezählt. Weitere Beispiele: Feststellung von Durchschnittsgewichten ausgehender Sendungen durch Wägen und Zählen.

Schoneweg hat die Aufenthaltsminuten der Besucher in C + C-Betrieben, die Besuchshäufigkeiten der C+C-Kunden, deren Betriebsgrößen, die Sortimentsteile gezählt[17]).

---

[17]) Schoneweg, Rüdiger, Selbstbedienung im Großhandel, Köln (RGH) 1961.

Bei der Auszählung ist es häufig notwendig, die ursächlichen Zusammenhänge mit zu erfassen, um daraus Folgerungen für Betriebsdispositionen zu ziehen. Zur Verdeutlichung sei wiederum das soeben angeführte Beispiel einer Feststellung der Leistungsschwankungen im Einzelhandelsbetrieb gewählt.

Durch ein *erstes* Auszählen ist festgestellt, daß

1. die stundenweisen Schwankungen der Umsatztätigkeit in den einzelnen Abteilungen teilweise parallellaufen, teilweise aber stark voneinander abweichen;
2. an den einzelnen Tagen der Woche die rhythmischen Umsatzschwankungen nicht gleichmäßig verlaufen;
3. im Laufe eines Tages sich die mengenmäßigen Schwankungen in einem anderen Rhythmus vollziehen als die wertmäßigen.

Folgende möglichen Ursachen für diese Erscheinungen werden auf Grund von Überlegungen erfaßt:

Zu 1) In einzelnen Abteilungen kauft vornehmlich der Mann, in anderen die Hausfrau, in einzelnen der zeitlich gebundene Berufstätige, in anderen der zeitlich frei disponierende Verbraucher.

Zu 2) An einzelnen Wochentagen gibt es in dem Käuferbereich betriebsfreie Stunden; an anderen Tagen stellt sich Landkundschaft ein, die aus irgendeinem Grunde geschäftlich die Stadt aufsucht.

Zu 3) In gewissen Zeiten setzt sich die Käuferschicht mehr aus den Angehörigen höherer Einkommensschichten zusammen, in anderen aus Lohnempfängern.

In einer *zweiten* Auszählung werden die hier angegebenen Merkmale bei den einzelnen Fällen mit erfaßt. Stufenweise vorgehend, wird dann versucht, die einzelnen Zusammenhänge in statistischen Zusammenstellungen zu erkennen. So könnte beispielsweise eine Übersicht zu Punkt 1 folgendermaßen aufgebaut werden:

Übersicht 1

Auszählen der Käufer im Einzelhandelsbetrieb

Tag: .... Abteilung: ....

Zeit	Zahl der Käufer			
	Beruflich zeitgebunden		Zeitlich frei	
	Mann	Frau	Mann	Hausfrau
9–10	8	2	15	9
10–11	10	3	10	15
11–12	15	5	9	10
usw.				

Nach solchen Feststellungen können entsprechende Betriebsmaßnahmen zur Beeinflussung des stundenweisen Umsatzrhythmus ergriffen werden, um damit auf die Kosten der Betriebsbereitschaft einzuwirken.

2. Fortschreibung

Unter Fortschreibung versteht man in der Statistik die *Ermittlung* einer *zahlenmäßigen Bestandsgröße* durch *Verrechnung* von *Änderungen* in dem Bestande nach einer früheren Bestandszählung oder -schätzung.

In den Betrieben kann die *Anlagenrechnung* zur Fortschreibung gerechnet werden: Wert am Anfang der Rechnung (nach Erstellung oder Kauf), vermehrt um Zugänge und vermindert um Abgänge, z. B. für Abnutzung, ergibt den Restwert. Jede *Skontration* ist eine Fortschreibung: Kassenbestand, liquider Überschuß, Debitoren, Kreditoren, Lagerbestände. Im besonderen ist für Handelsbetriebe auf die *permanente Inventur* und die *Limitkontrolle* hinzuweisen.

Die *permanente Inventur* des Warenlagers ermöglicht die laufende Feststellung des sollmäßigen Lagerbestandes, in der Regel in Werten, durch Fortschreibung. Die so ermittelten Bestandszahlen dürfen nach geltenden steuerlichen Bestimmungen die durch körperliche Aufnahme der Lagerwaren, also durch Auszählen, Messen, Wägen, Schätzen, zu bestimmenden Bestandszahlen in der Jahres-Abschlußrechnung ersetzen. Die Sollbestände laut Fortschreibung müssen aber mindestens einmal zwischen den jährlichen Abschlüssen mit den inventurmäßig aufgenommenen Beständen verglichen und danach korrigiert werden.

Einkaufsplanzahlen bestimmen in der Vorschau die Grenzen, die *Limite*, für die verfügbaren Einkaufsbeträge im Einzelhandelsbetrieb. Die Fortschreibung beginnt in der Limitüberwachung mit dem für einen längeren Zeitabschnitt geplanten Soll des Einkaufs. Von diesem Betrage werden die Zahlen für bereits erteilte Aufträge abgezogen; gegebenenfalls werden Ausweitungen des Einkaufsbetrages hinzugezählt. Aus der Fortschreibung ergibt sich das *Restlimit* oder das *offene Limit* der Saison oder eines anderen Zeitabschnitts [18]). (Siehe Einkaufsplan, S. 176.)

Die *laufende Limitkontrolle* ist mit der Einkaufs-, Lagerbestands- und Absatzstatistik zu koppeln. Diese zeigen die Abweichungen von den Sollzahlen und bieten die Grundlagen für *Limitänderungen*.

3. Fragebogenerhebungen

Besondere Erhebungen auf Grund von Fragebogen zur Beschaffung von Zahlenmaterial können in mittleren und kleineren Unternehmungen des Groß- und Einzelhandels fast gar nicht, in größeren nur selten durchgeführt werden, weil sie in der Regel einen *zu großen Arbeitsaufwand* und hohe Kosten erfordern.

Fragebogenerhebungen werden z. B. vor der marktmäßigen Einführung von Neuheiten, insbesondere von Markenartikeln, gemacht. Sie richten sich an Kun-

---

[18]) Ruberg, C., Der Einzelhandelsbetrieb, S. 92.

den oder auch an Verkäufer im eigenen Betrieb. Solche Erhebungen können aber auch die Innenorganisation des Unternehmens betreffen. Auch in diesem Fall können Käufer und Angestellte des Betriebs zu den Befragten gehören.

Bei der Ausarbeitung von statistischen Fragebogen sind gewisse Regeln zu beachten, die sich aus der Erfahrung ergeben haben. Jede Frage muß klar und eindeutig erkennen lassen, was der Frager meint; die Sprache muß sich nach dem richten, der angesprochen werden soll. „Der Fragebogen ist keine Stilübung; er soll vielmehr ein Alltagsgespräch fixieren und kommt daher mit einem minimalen Wortschatz aus"[19]). *Zahl* und *Umfang* der Fragen müssen auf das notwendigste Maß beschränkt sein. Zu dem Zweck muß sich der Fragende ganz klar sein über die Erkenntnis, die er aus den Antworten gewinnen will.

Die genaueste Antwort, die auch statistisch auswertbar ist, ist zu erwarten, wenn die Frage nur mit Ja oder Nein oder mit einer Zahl beantwortet werden kann.

Suggestivfragen, die eine Antwort in einer gewollten Richtung bewirken, sind zu vermeiden. Wenn dem Befragten aber durch die Fragen angegeben wird, auf welche möglichen Antworten er zu achten hat, dann bleibt dem Befragten die freie Entscheidung; es handelt sich dann nicht um Suggestivfragen. Ein Beispiel bietet Schoneweg[20]) bei der Feststellung der Gründe, die einen Kaufwilligen veranlassen, den C+C-Betrieb aufzusuchen. Er fragt: Warum kommen Sie zu uns? Es folgen dann die möglichen Gründe, auf die als Antwort hinzuweisen ist: günstige Einkaufspreise – Wunsch nach Anregungen für das Sortiment usw.

Bei einer Abfassung der Fragebogen unter *Hinweis* auf die besonders *interessierenden Antworten* wird zwar nicht eine umfassende Kenntnis aller Meinungen der Befragten gewonnen, aber diesen wird die Ausfüllung der Fragebogen erleichtert, und der Fragende gewinnt so statistische Massenergebnisse.

Vor der Aufstellung der Fragebogen muß der Fragende naturgemäß die möglichen und ihm bedeutsam erscheinenden Antworten kennen, die er durch *Einzelbefragungen* bei einer Erhebung im kleinen Kreise ermittelt hat. Zur *Kontrolle* werden dann vor der endgültigen Befragung einem größeren Personenkreis, z. B. allen Angestellten des Betriebes, die beabsichtigten Fragen gestellt; dann ergibt sich vielleicht, daß die Frage falsch verstanden werden kann oder daß die Frage zu schwierig ist und deshalb noch genauer bzw. einfacher gefaßt werden muß. Für einen solchen ersten Versuch werden die Fragen am besten elastisch gehalten, weil sie dann am leichtesten geändert werden können. Die Fragetypen werden von Behrens im großen folgendermaßen gruppiert[21]):

---

[19]) Behrens, K. Chr., Demoskopische Marktforschung, Wiesbaden 1961, S. 92.

[20]) Schoneweg, Rüdiger, Selbstbedienung im Großhandel, S. 43.

[21]) Behrens, K. Chr., Demoskopische Marktforschung, S. 94 ff.

a) *Offene und geschlossene Fragen,* je nachdem, ob dem Befragten vollständige Freiheit in dem *Umfang* und der *Form* der Antwort gelassen wird oder ob das *Interesse an der Sache,* auf die sich die Antwort beziehen soll, begrenzt wird. Offene Fragen sind in der Regel allgemeiner als geschlossene; eine charakteristische Form dieser letzteren ist die Ja-Nein-Frage.

b) *Fragen mit oder ohne Vorlagen* (Vorlage- oder Vortragsfragen). Unter Vorlagen werden *Angaben zur Frage* verstanden, durch die der Befragte an die Sache oder an den Vorgang, auf die sich die Frage bezieht, nahe herangeführt wird. Es handelt sich also um Erinnerungshilfen, Klärung von Vorstellungen, z. B. durch Bild oder Beschreibung.

c) Nach der *Zwecksetzung* werden Ergebnisfragen und instrumentelle Fragen unterschieden. Antworten auf *Ergebnisfragen* sollen einen Sachverhalt direkt klären, während Antworten auf *instrumentelle Fragen* das Material liefern für das Herausarbeiten von Zusammenhängen und Abhängigkeiten, von Gründen und Wirkungen.

Bei der Beschaffung von Antworten in der Fragebogenerhebung werden nicht selten *Hilfspersonen* (Interviewer) eingeschaltet, die sachgerechte Auskunfterteilung sichern sollen. Bei der Befragung von Betriebspersonen kann in der Regel der ganze für die Auskunft in Frage kommende Kreis befragt werden; Befragungen von Käufern erfolgen durchweg nach den Regeln der Stichprobenerhebung. (Siehe S. 61 und S. 203.)

Die *statistische Bearbeitung* der Antworten beginnt mit der Umformung der Texte in Zahlen. Dabei geht es teils um bloßes Auszählen, teils aber um Systematisieren der Einzelangaben und Verschlüsseln der Aussageinhalte.

4. Zahlenbereitstellung durch die laufende Betriebsorganisation

Der gewöhnliche Weg zur Erlangung statistischer Betriebszahlen ist ihre *Ableitung* aus den *Aufzeichnungen,* die ohnehin im Unternehmen für Kontrollzwecke, für Überwachung des Wertelaufs durch den Betrieb, für Kosten- und Preisrechnung geführt werden. Dann sind Umfang und Erkenntniswert von statistischen Zahlen an Güte, Breite und Tiefe der Betriebsorganisation gebunden. Bei deren Aufbau kann allerdings auch in gewissem Grade auf die Notwendigkeiten und die Anforderungen der Betriebsstatistik Rücksicht genommen werden. Dabei ist auf folgenden charakteristischen Unterschied des statistischen Interesses zu achten: Während im *Produktionsbetrieb* die *Mengenstatistik* ganz allgemein an erster Stelle steht, nimmt im *Handelsbetrieb* die *Wertstatistik* einen größeren Raum ein. Das hängt nicht damit zusammen, daß die Kenntnis von der Bewegung der Mengen im Groß- und Einzelhandelsbetrieb nicht wichtig ist, vielmehr damit, daß durchweg in Handelsbetrieben die Warenarten und Warengruppen zu zahlreich sind, um einzeln erfaßt zu werden. Deshalb werden für Kontrollen überwiegend die Werte, die den Betrieb durchlaufen, gewählt. Im ganzen können aus der Buchhaltung, wenn sie nicht einseitig auf den Jahresabschluß abgestellt ist, wichtige und umfassende statistische Zahlenübersichten gewonnen werden.

Aus der Buchhaltung abgeleitete statistische Zahlen für einzelne Angaben

Gebiet	Inhalt der Statistik	Zeit
Personalwirtschaft	Lohn und Gehalt der Beschäftigten	monatlich
Umsatz	Umsatz in Zeitabschnitten	monatlich
	Umsatz nach Abnehmerschichten	jährlich
	Umsatz nach Bezirken	jährlich
	Umsatz der Abteilungen: Barumsatz, Kreditumsatz	periodisch mit Fortschreibung
Einkauf	Einkauf nach Mengen	monatlich
	Einkauf nach Preisgruppen	monatlich
	Einkauf nach Werten	monatlich
	Einkauf nach Zeitabschnitten	kurzfristig
Lagerhaltung	Lagereingang	kurzfristig
	Lagerabgang	kurzfristig
	Lagerbestand (nach Mengen, Werten, Abteilungen)	monatlich
Kosten	Kostenarten insgesamt	monatlich
	Kosten der Abteilungen	monatlich
	Kostengruppen	monatlich
Finanzwirtschaft	Liquiditätsüberwachung	täglich
	Außenstände	kurzfristig
	Schulden nach Kreditgebern	kurzfristig

Die vorstehenden statistischen Erkenntnisse werden zeitlich *nach* den Eintragungen in der Buchhaltung gewonnen. Es ist aber auch möglich, daß bereits die *Belege* für die Buchhaltung so eingerichtet werden, daß sie Zahlen liefern, die nicht in der weitgehenden Aufteilung, sondern nach Zusammenfassungen verbucht werden.

Das gilt z. B. für die *wertmäßige Umsatzkontrolle* im Einzelhandelsbetrieb. Hier faßt die Buchhaltung die Umsätze in der Regel in großen Gruppen zusammen. Bei der Umsatzüberwachung kommt es aber auf kleinere Gruppen an. Die entsprechenden Zahlen müssen dann gesondert ermittelt werden. Voraussetzung dafür ist die *genaue Zuordnung des Umsatzes* zu den Untergruppen; diese Zuteilung ist an Hand einer *Warensystematik* möglich. Die Eingruppierung einer Ware in die Gruppe geschieht wohl am einfachsten bei der ersten Auszeichnung der Ware.

Wird die Ware abgesetzt, so wird die genaue *Warenkennzeichnung* auf dem *Kassenzettel* vermerkt.

Für die Betriebsorganisation ist es besonders schwierig, das Ziel zu erreichen, daß alle Angaben, die für die Umsatzstatistik benötigt werden, im Zusammenhang mit dem Warenverkauf auf dem Kassenzettel richtig erfaßt werden. Der Weg führt in der Regel über das Etikett: Bei der Auszeichnung der Ware werden die Einzelangaben auf das

Schaubild 1

Sammeln von statistischen Zahlen für die Umsatzstatistik
(Einzelhandel)

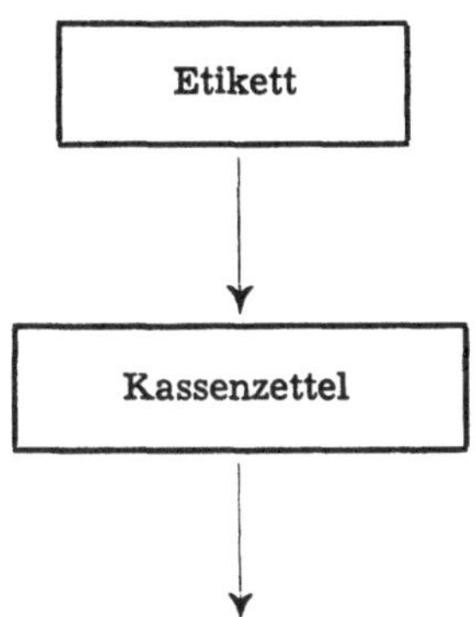

Tägliche Zusammenstellungen

Tag 15. X. (KZ = Zahl der Kassenzettel)

Warengruppe									
3476		3477		3478		3479		3480	
DM	KZ	DM	KZ	DM	KZ	DM	KZ	DM	KZ

Warengruppe									
3554		3555		3556		3557		3558	
DM	KZ	DM	KZ	DM	KZ	DM	KZ	DM	KZ

Umsatz-Blatt 19....... (KZ = Zahl der Kassenzettel)

Monat	Tag	3476				3477				3478			
		Vorjahr		lfd. Jahr		Vorjahr		lfd. Jahr		Vorjahr		lfd. Jahr	
		DM	KZ	DM	KZ	DM	KZ	DM	KZ	DM	KZ	DM	KZ
Oktober	1.												
	2.												
	3.												
	4.												
	.												
	.												
	.												
	.												

Etikett übernommen. Bei Einzelstücken wird das Etikett der statistischen Zentrale zugeleitet, bei Waren, die in Teilen verkauft werden, z. B. Meterware, müssen die Angaben durch den Verkäufer vom Etikett auf den Kassenzettel schriftlich übertragen werden; in den USA hat man den Versuch unternommen, der Ware vorgedruckte Etikettstreifen mit allen Angaben für die Zwecke der Statistik und der Buchhaltung beizulegen. Diese Streifen werden auf den Kassenzettel vom Verkäufer aufgeklebt. Nach einem bestimmten Zeitabschnitt werden die Umsatzzahlen und die Zahlen der Kassenzettel *zusammengestellt;* die Summen werden in ein *Übersichtsblatt* eingetragen. (Siehe Schaubild 1.)

Über den Zusammenhang der Beschaffung von statistischen Zahlen mit der Buchhaltung in Betrieben, in denen bei entsprechend großem Arbeitsanfall im Rechnungswesen das einfache Lochkartenverfahren oder ein weiter entwickeltes Verfahren mechanischer Datenverarbeitung mit Vorteil Verwendung findet, ist bereits gesprochen worden. Aber auch hier wird in der Regel im Hinblick auf die mit der Statistik verbundenen zusätzlichen Kosten nur ein *Teil der gesamten Verkaufsvorgänge,* nämlich die Umsätze in Großstücken, in eine Erfassung der Mengenbewegung einbezogen. Die organisatorischen Maßnahmen, die eine lückenlose Übersicht über die Verkaufsmengen sicherstellen sollen, werden in der Hauptsache durch Symbole auf dem Kassenzettel oder durch vorbereitete statistische Angaben an dem Umsatzstück geschaffen.

Aber auch dort, wo die Buchhaltung *ohne moderne Maschinen* in traditioneller Form läuft, können mindestens auf Teilgebieten unter Ausnutzung des im Schaubild 1 erwähnten Etiketts oder bei Eintragungen in Kassenzettel bzw. unmittelbar in Übersichten Bewegungen von Umsatzmengen statistisch überwacht werden. In diesem Zusammenhang muß auf die Ermittlung von *preisbereinigten Umsatzbeträgen* verwiesen werden, die für größere Gruppen die Zahlen einer Stückstatistik ersetzen sollen. Darüber wird S. 91 gesprochen.

Entsprechende Überlegungen zur Beschaffung von Zahlenmaterial gelten auch für die Kosten-, Einkaufs-, Lagerbewegungs-Statistik. In allen Fällen kann die Betriebsstatistik sich an die Buchhaltung anschließen oder außerhalb der Buchhaltung nach Belegen arbeiten.

Ausgang für die statistische *Kostenüberwachung* sind die Ausgabezahlen. Diese müssen nach besonderen Überlegungen beim Rechnungsabschluß oder innerhalb der Rechnungsperiode in Zahlen des Aufwands oder in Kostenzahlen umgewandelt werden. Diese Umwandlung erfolgt in *Nebenrechnungen.* Zahlen der kalkulatorischen Kosten: Unternehmerlohn, Mietwert der betriebseigenen Räume und Zins für Eigenkapital ergänzen die Zahlen der Buchhaltung nach besonderen Überlegungen.

Besondere Schwierigkeiten entstehen durch das zeitliche Auseinanderfallen von Kosten und Verkauf der Kostenträger. Eine exakte Zurechnung ist nur in geringem Umfang möglich. Annäherungen und ein gewisser Ausgleich der Störungen werden in der kurzfristigen Umsatzstatistik durch die *Kumulation* der Aufwands- und der Bezugszahlen, also der Umsatzzahlen, für die jeweils abgelaufenen Zeitabschnitte erreicht.

Die Zahlen zur statistischen Überwachung von *Lager* und *Einkauf* werden in höherem Grade aus den Unterlagen und aus Nebenrechnungen gewonnen. Für die Ermittlung von Zahlen zur *Lagerbewegung* kommen die Lagerkartei, die Lieferungsmeldungen und Verkaufsnachweise, für den *Einkauf* die Bestellungen in Frage.

Der Umfang der Kosten- und der Lagerstatistik wird weitgehend durch die organisatorischen Hilfsmittel im Rechnungswesen bestimmt. In *Großunternehmungen* werden die statistischen Zahlen nach dem Programm der mechanischen Datenverarbeitung sehr weitgehend unterteilt: nach Filialen, Abteilungen, Unterabteilungen und kleineren Kostenstellen, nach Warengruppen und Warenstücken. Die Zahlen fallen dort für kurze Zeiträume an und ermöglichen so eine laufende und schnelle Disposition nach den wechselnden Notwendigkeiten.

5. Besondere Zahlenzusammenstellungen

Die laufende Betriebsorganisation kann nur auf die regelmäßige Beschaffung von gleichartigen Zahlen abgestellt sein; für einmalige oder auch vergleichbare Zahlenzusammenstellungen dagegen ist ein *besonderer Arbeitsgang* notwendig. Die dabei zu beantwortenden Fragen können sehr mannigfaltig sein. Zum Teil ist es möglich, die fehlenden Zahlen aus dem bereits vorhandenen Schriftgut im Original oder nach Zusammenfassungen zu entnehmen.

Das ist z. B. der Fall, wenn statistisch die *Preisbewegung* für einen vergangenen Zeitabschnitt nachgezeichnet werden soll. Dann können die Preisangaben aus Rechnungen oder Bestellformularen entnommen werden. – Das gilt ferner, wenn bei der Aufstellung eines *Werbeplans* oder bei der Untersuchung der Gründe für den Rückgang des gesamten Absatzes eines Betriebs als notwendig empfunden wird, die Absatzgestaltung der letzten Monate nach Waren und Warengruppen, nach Vertreterbezirken, nach Abnehmergruppen zu analysieren. Solche aufgegliederten Zahlen liegen in der Regel nicht vor und können auch nicht ohne weiteres nach den Aufzeichnungen der Buchhaltung zusammengestellt werden. Man muß sie aus Auftragszetteln, Lieferscheinen oder Fakturen gewinnen.

Auch die jeweilige *Sortimentszusammenstellung* läßt sich nicht ohne weiteres aus einem Konto der Buchhaltung ablesen. Aber die betreffenden Zahlen sind für einzelne Zeitpunkte im Betrieb vorhanden, und zwar in den Inventurlisten. Nach den dort verzeichneten Zahlen können mengen- und wertmäßig Waren und Warengruppen erfaßt werden.

Wenn überhaupt keine Zahlen zur statistischen Beantwortung von Fragen im Betrieb vorhanden sind, dann müssen diese durch besondere Auszählungen, von denen bereits gesprochen worden ist, gewonnen werden.

6. Schätzung statistischer Zahlen

a) Begriff und Anwendung

Wagemann[22]), der sein ganzes berufliches und wissenschaftlich ausgerichtetes Leben, mit Tausenden von Mitarbeitern, exakte statistische Untersuchungen vorbereitet, durchgeführt und ausgewertet hat, findet sehr kritische Worte über das „Zuviel an statistischen Erhebungen". Was er darüber im Hinblick auf die volkswirtschaftliche Statistik sagt, gilt auch für die *betriebswirtschaftliche Statistik:* „Gerät der statistische Dienst ins Wuchern, so schädigt dies seine Ergebnisse schon an der Wurzel, d. h. die Angaben der Befragten werden unzuverlässig, und die Bearbeitung verzögert sich"[23]).

Er zeigt dann, „wie die statistische Überlegung der statistischen Erhebung in vielen Fällen an die Seite tritt, sie stützend und vollendend".

Damit ist auf das *Grundwesen der Schätzung* hingewiesen. (Siehe S. 200 ff.)

Wenn eine gesuchte statistische Zahl durch Messen und Auszählen oder durch eine besondere Erhebung nicht ermittelt wird bzw. nicht ermittelt werden soll oder kann, dann wird auch im Betrieb zur Schätzung gegriffen[24]). *Unter Schätzung wird die Bestimmung von vermutlichen Zahlengrößen als Ersatz für genau und unmittelbar festgestellte Zahlen verstanden.*

Warum das? Wagemann (S. 22) sagt ganz kurz: „Besser fix als nix." Sammeln, Bereitstellen und Auswerten von statistischen Zahlen verursachen auch in Groß- und Einzelhandelsbetrieben nicht immer leicht zu bewältigende *zusätzliche Arbeiten,* die zudem auch nicht ohne Einfluß auf Ausgaben und Kosten bleiben. Hinzu kommt, daß manches Mal auf gewisse Fragen zahlenmäßig genaue Antworten nicht gegeben werden können, z. B. Fragen, die Erscheinungen und Vorgänge in der Zukunft oder in fremden Betrieben oder auf dem Markt oder in den Haushaltungen der Käufer betreffen. Ferner gilt auch im Betrieb, was Wagemann für die Gesamtwirtschaft andeutet, daß der „gesunde Menschenverstand" vieles weiß, ohne es „sich erst durch Anfragen bestätigen" zu lassen, insbesondere, wenn eine „Durchschnittsgröße" statt der genauen Zahl genügt (S. 33). Dies alles bedeutet aber nicht, das Anwendungsgebiet der exakten Statistik etwa in dem hier interessierenden Handelsbetrieb vollständig einzuengen.

---

[22]) Wagemann, Ernst, Langjähriger Präsident des Statistischen Reichsamts und des Institutes für Konjunkturforschung.

[23]) Wagemann, Ernst, Die Zahl als Detektiv, Hamburg 1938, S. 7.

[24]) Ruberg, C., Methoden zur Bestimmung nicht unmittelbar feststellbarer Zahlengrößen im Betrieb, Ztschr. f. Betriebswirtschaft 1936/3, S. 287 ff.

Derselbe, Risikoschätzung auf Grund der Marktbeobachtung, Ztschr. f. Betriebswirtschaft 1939/1, S. 36 ff.

Für wichtige Entscheidungen im Betrieb, z. B. für Gelddispositionen, für Kostenbeeinflussungen, für Urteile über Betriebsentwicklungen (Umsatzhöhe, Vermögens- und Kapitalstruktur, Lagergrößen), für Erfassung von gegenseitigen Abhängigkeiten im Betrieb (Höhe der Provisionen und der Verkaufsleistung des Personals), bleibt die *statistische Genauigkeit immer eine ernst zu nehmende Forderung.* „Auf große Genauigkeit kommt es auch an, wenn es um Recht und Gerechtigkeit" (Wagemann, S. 51) im Betrieb gegenüber den Mitarbeitern und dem Staat geht.

Das *Hauptanwendungsgebiet* der betriebswirtschaftlichen Schätzung, auch im Handelsbetrieb, liegt wohl bei der Erfassung *zukünftiger* Vorgänge und Erscheinungen, z. B. bei der Schätzung von Planungszahlen bei der Gründung, beim Ausbau und bei der Umstellung des Betriebes, bei der Bestimmung der Lebensdauer von Anlagen.

Der Grad der Genauigkeit von Schätzungszahlen wird weitgehend durch die bei der Schätzung angewandte Methode bestimmt. In den letzten Jahrzehnten sind die statistischen Verfahren für Schätzungen planmäßig und mit großem Erfolg weiterentwickelt worden. Insbesondere ist die Systematik der Auszählungen von Teilen aus Massenerscheinungen zur Beurteilung der ganzen Masse nach den Teilen auf Grund wissenschaftlicher Erkenntnisse ausgebaut worden. Erfahrungen konnten zeigen, daß die Verallgemeinerung exakter Einzelfeststellungen bessere Ergebnisse zeitigten als mühevoll durchgeführte, aber irrtümlicherweise beschnittene Globalerhebungen. Ferner hat die statistische Wissenschaft als Methodenlehre in jüngster Zeit gerade der volks- und betriebswirtschaftlichen Planungsrechnung besonderes Interesse entgegengebracht; es sind hier erfolgreiche Überlegungen über die Beschaffung zahlenmäßiger Unterlagen zur Beurteilung der für die Zukunft zu erwartenden Kräftewirkungen angestellt worden, die durch das von Praktikern sehr leicht überschätzte „Fingerspitzengefühl" bei weitem nicht richtig erfaßt werden können. Im ganzen verlangt die Auswertung der dabei erarbeiteten Ergebnisse einen gewissen Grad mathematischer Ausbildung; einfache Rezepte können eine tiefgreifende geistige Vor- und Nacharbeit nicht ersetzen.

b) Schätzung auf Grund der Übertragung

Bei diesem Verfahren werden bekannte Zahlen aus der Vergangenheit auf die Zukunft oder aus dem einen Raumabschnitt auf einen anderen übertragen. Dabei kann man zu verhältnismäßig genauen Schätzungszahlen gelangen, wenn die Gegebenheiten, die die Zahlengrößen bestimmen, in dem Bereich, auf den sich die Schätzung bezieht, denjenigen des Erfahrungsbereichs entsprechen. Beispiel: Es ist bekannt, daß in einem Lebensmittelgeschäft der Umsatz je Beschäftigten im Jahr 75 000,— DM beträgt. Auf Grund der Übertragung kann geschätzt werden, daß in einem gleichgearteten Betrieb mit fünf Beschäftigten der Umsatz in dem betreffenden Jahr (oder bei gleichen Verhältnissen auch in einem zukünftigen Jahr) sich auf etwa 375 000,— DM belaufen wird.

Schwieriger wird die Schätzung, wenn die Möglichkeit berücksichtigt werden muß, daß die aus der Vergangenheit oder aus einem Erfahrungsbereich bekannten Verhältnisse sich in der Zukunft ändern oder sich in dem Übertragungsbereich anders gestalten. Dann muß das Ausmaß dieser Veränderung geschätzt werden, bevor die Erfahrungszahlen durch die Übertragung ausgewertet werden können. Sowohl bei der zuerst besprochenen einfachsten Form der Übertragung ohne Änderung als auch bei der schwierigeren unter Berücksichtung von Veränderungen wird eine Erfahrungstatsache ausgenutzt, um Zahlengrößen für bestimmte Betriebserscheinungen oder -vorgänge zu ermitteln.

Die Schätzung auf Grund der Übertragung wird im besonderen bei der Aufstellung von *Betriebsplänen* angewandt. Die Regel ist, daß dabei Zahlen der Vergangenheit nicht ohne weiteres auf die Zukunft übertragen werden können, weil mit ungleichen Kräften zu rechnen ist, die das Betriebsgeschehen beeinflussen. Das bedeutet aber nicht, daß dann auf Übertragung endgültig zu verzichten ist; vielmehr müssen die sich wandelnden Kräfte in ihrer Bedeutung beurteilt und in ihrer Wirkung bei der Bestimmung von Schätzungsgrößen berücksichtigt werden. (Siehe S. 159.)

Eine besondere Art der Übertragung beruht auf der Überlegung, ob eine bekannte *Entwicklungstendenz* sich in der Zukunft in dem gleichen Bereich mit ähnlich gelagerten Kräften weiter durchsetzen wird. Kommt man zu der Überzeugung, daß die Entwicklungsrichtung, die man erkannt hat, sich weiter fortsetzen wird, dann müssen für die Schätzung fehlende Glieder der Entwicklungsreihe in die Zukunft hinein gesucht werden. Das technische Verfahren zur Errechnung dieser fehlenden Glieder nennt man *Extrapolation.*

Beispiel: In einem Großhandelsbetrieb für Kurzwaren soll am Ende des Jahres der Auftragseingang für die nächsten zwei Quartale geschätzt werden. Aus den Betriebsaufzeichnungen sind die Auftragseingänge der letzten zwei Jahre bekannt und können als Ausgang der Schätzung benutzt werden. Die Vierteljahrszahlen ergeben folgende Reihe:

Auftragseingänge eines Großhandelsbetriebs

in Vierteljahrsbeträgen (Werten)

vorletztes Jahr				letztes Jahr			
1. Vj.	2. Vj.	3. Vj.	4. Vj.	1. Vj.	2. Vj.	3. Vj.	4. Vj.
1850	2400	1630	2480	2320	2750	1850	2800

Es handelt sich hier um eine Reihe, deren Bewegungen durch Saisoneinflüsse (siehe S. 137 ff) mitbestimmt ist. Infolgedessen kann die Veränderung der Zahlengrößen von Vierteljahr zu Vierteljahr nur unter Ausschaltung der Saisonbewegung beurteilt werden. Das geschieht in der einfachsten Weise durch Inbeziehungsetzung der entsprechenden Zeitabschnitte der beiden nacheinander folgenden Jahre.

Die Zahlen der einzelnen Vierteljahre des letzten Jahres in % derjenigen des vorletzten Jahres sind:

1. Vj.	2. Vj.	3. Vj.	4. Vj.
125,4	114,6	113,5	112,9

Im ganzen liegen die Steigerungsprozentsätze in den letzten Vierteljahren beträchtlich unter dem Satz vom 1. Vierteljahr und weisen abnehmende Tendenz auf.

Es ist nun festzustellen, ob irgendwelche Kräfte anzunehmen sind, die eine Entwicklung des Auftragseinganges in den nächsten Vierteljahren günstig oder ungünstig beeinflussen können. Ist das nicht der Fall, dann wird man den zu erwartenden Steigerungsprozentsatz des 1. Vierteljahrs im neuen Jahr an denjenigen des 4. Vierteljahrs im vorangegangenen Jahr anschließen. Da die Steigerungsprozentsätze vom 2. zum 3. Vierteljahr um 0,96 % (1,1 Punkte) und vom 3. zum 4. Vierteljahr um 0,53 % (0,6 Punkte) zurückgegangen sind, wird man weiterhin eine durchschnittliche Verlangsamung der Zunahme etwa im gleichen Rahmen annehmen. Vorsichtigerweise kann man die Verlangsamung der Zunahme je Vierteljahr etwas höher als im ungünstigsten Fall, also um 1 %, ansetzen. Geht man von dem Steigerungsprozentsatz für das letzte

4. Vierteljahr mit 12,9 aus, so wird für das neue Jahr im
1. Vierteljahr eine Steigerung von 11,8 und im
2. Vierteljahr eine weitere Steigerung von 10,7

gegenüber der Wertgröße des entsprechenden Vierteljahrs im Vorjahr angenommen werden können. Durch die Extrapolation werden also folgende Schätzungszahlen für die Auftragseingänge in den beiden ersten zukünftigen Vierteljahren gewonnen:

1. Vierteljahr: 111.8 % von 2320 = 2594
2. Vierteljahr: 110.7 % von 2750 = 3044.

Handelt es sich um eine Reihe, in der Saisonbewegungen nicht hervortreten, so können die Verhältniszahlen für die aufeinanderfolgenden Wertgrößen in der Reihe ermittelt und für die Verlängerung der Reihe benutzt werden.

Die Extrapolation wird – wie das in dem vorstehenden Beispiel gezeigt wurde – insbesondere bei *kurzfristigen Prognosen* für Betriebsvorgänge angewandt. Sie führt nur dann zu brauchbaren Ergebnissen, wenn mit einer gewissen Wahrscheinlichkeit angenommen werden kann, daß die *Kräfte,* die die Entwicklung der Reihe bisher bestimmten, bekannt sind und daß diese Kräfte *auch weiter wirksam werden.* Dann folgen die Glieder einer Tatsachenkette den vorhergehenden „wie Eisenbahnwagen der Lokomotive“ [25]).

In der Regel werden *mehrere* Kraftzentren am Werk sein, die eine Folge von Erscheinungen fördern oder hemmen. Die Frage bleibt immer, ob die bestimmenden Wirkungen *gleichbleiben* wie bisher oder ob sie sich in irgendeiner Weise *ändern.* So sind zur Ermittlung von Umsatzgrößen während naheliegender zukünftiger Zeitabschnitte nicht nur die typischen Saisonkräfte der Absatz-

---

[25]) Donner, Otto, Statistik, Hamburg 1937, S. 121.

beeinflussung, sondern auch die wirkenden allgemeinwirtschaftlichen Kräfte, z. B. der Beschäftigung und der Einkommensgestaltung, in Rechnung zu stellen. Endlich sind auch die sich aus *Zufälligkeiten* ergebenden besonderen Faktoren der Einwirkung auf die Betriebsvorgänge und vor allem die Zeitspannen, in denen sich diese Kräfte durchsetzen, zu berücksichtigen.

Insbesondere müssen auch Zufälligkeiten des Eintreffens von Ereignissen bei der kurzfristigen Prognose berücksichtigt werden. Geht es um allgemeine Schätzungen für große Bereiche, dann werden Zufälligkeiten in ihren Wirkungen häufig weitgehend *kompensiert*. Das kann z. B. für ein Versandgeschäft, dessen Verkaufsradius sich über Länder erstreckt, eine Bedeutung haben, wenn eine Prognose sich auf Witterungserscheinungen aufbaut, oder für ein Warenhaus, wenn eine Prognose über Absatzschwankungen erstellt wird, die alle Abteilungen des Hauses umfassen soll. Man spricht dann von dem Ausgleich nach dem Gesetz der großen Zahl. Dieses Gesetz umschreibt Donner[26]) folgendermaßen: „Alle statistischen Zählungen solcher Tatbestände und Vorgänge, die sowohl von allgemeinen als auch von individuellen oder zufälligen Bedingungen abhängen, führen so lange zu annähernd gleichen Ergebnissen, als die allgemeinen Bedingungen des Geschehens dieselben bleiben und die Zählung eine genügend große Anzahl von Einzelfällen erfaßt."

Wenn es sich aber um die Prognose für ein Ereignis in einem *eng begrenzten Bereich*, in dem *mehrere Möglichkeiten* für das Ereignis bestehen, handelt, z. B. es kann nicht eintreten oder es kann eintreten, und zwar in ganz unterschiedlicher Weise, dann ist die richtige oder annähernde Vorhersage schwierig. Wenn jeder Fall die gleiche Wahrscheinlichkeit des Eintreffens für sich hätte, dann kann man für eine große Zahl von Beobachtungen nur voraussagen, in welcher *Relation* zueinander die Ereignisse *wahrscheinlich* kommen.

In der *kaufmännischen Praxis* wird trotzdem *nicht auf kurzfristige Prognosen verzichtet*. Die Regel ist bei einem sehr vorsichtigen Kaufmann, daß er die Wahrscheinlichkeit für die Häufung des ungünstigen Falles und sein Eintreffen in der Vorgabezeit annimmt.

Die *Interpolation*, auch eine besondere Art der Schätzung auf Grund der Übertragung, dient der Bestimmung einer *fehlenden Zahlengröße in einer Entwicklungsreihe* für die Vergangenheit. Sie tritt in Handelsbetrieben an Bedeutung gegenüber der soeben besprochenen Extrapolation im Rahmen der Betriebsstatistik stark zurück.

Es wird beispielsweise angenommen, daß ein Einzelhändler eine Umsatzkurve zeichnen will, für die die monatlichen Meßziffern (1960 = 100) der Jahre 1960 bis 1963 mit den Lücken Januar und Februar 1962 bekannt sind:

---

[26]) Donner, Otto, Statistik, S. 13.

Umsatz — Meßziffern
(1960 = 100)

Jahr	Jan.	Febr.	März	Apr.	Mai	...	...	Nov.	Dez.
1960	130	98	140	150	129			168	175
1961	132	101	145	154	132			172	179
1962	·	·	150	159	136			176	186
1963	137	115	155	164	140			180	192

Bei der Interpolation für Januar und Februar 1962 könnte von der Überlegung ausgegangen werden, daß die Steigerungen gegenüber dem gleichen Monat des Vorjahres sich ebenso verhalten wie in den Nachbarmonaten Dezember 1961 und März 1962.

Für Januar 1962 wird dann der Interpolationswert zu errechnen sein nach der Verhältnisgleichung:

$$\frac{x}{132} = \frac{179 + 150}{175 + 145} = \frac{329}{320}$$

Wert für Jan.: $x = 136$

Bei dieser Rechnung ist die Interpolation aus dem *Verhältnis der Nachbarzahlen zu den Zahlen des Vorjahres durchzuführen,* um die Störungen aus Saisonschwankungen auszuschalten. In Wirklichkeit sind hier aber Entwicklungstendenzen von Monat zu Monat berücksichtigt. Würde eine – saisonbedingte – gradlinige Bewegung der Umsatzkurve angenommen, dann könnte man von dem Umsatz im Dezember 1961 allein ausgehen. Er verhält sich zu dem Umsatz im Dezember 1960 wie 179 zu 175.

Die Verhältnisgleichung:

$$\frac{x}{132} = \frac{179}{175}$$

würde für den Monat Jan. 1962 den Umsatzwert von 135 ergeben; die Steigerungstendenz im Jahr 1962 wäre dann nicht berücksichtigt worden.

Ebenso wie für eine Zahlenreihe kann die Interpolation auch angewandt werden für die Schätzung einer fehlenden Zahl für den *Teil einer Zahlenmasse,* die aufgegliedert ist.

Beispiel: Ein Nahrungsmittel-Großhändler wünscht für statistische Meldungen eine Übersicht über den *mengenmäßigen Aufbau seines Sortiments* in einem vergangenen Zeitpunkt. Er hat aus seiner Lagerkartei die Angaben für 23 Warengruppen. Es fehlen ihm die Angaben für die drei restlichen Gruppen: Waschmittel, Haushaltswaren und Frischgemüse mit Tiefkühlartikeln. Er findet Angaben in veröffentlichten Berichten. Danach werden für einen Durchschnittsbetrieb seiner Branche im ganzen 1873 Artikel in 26 Warengruppen ausgewiesen. Davon entfallen

55 % auf die ersten 23 Warengruppen,
20 % auf Waschmittel,
18 % auf Haushaltswaren,
7 % auf Gemüse usw.

Der Kaufmann kann die Angaben aus diesem Bericht bei der Schätzung der ihm fehlenden Zahlen für eine Interpolation ausnutzen.

c) Schluß vom kleineren auf den größeren Teil

Wenn es nicht möglich ist, alle Einzelfälle bei dem Sammeln statistischen Zahlenmaterials zu erfassen, weil die Erhebung zu *kostspielig* ist oder zu *lange Zeit* in Anspruch nimmt, dann genügt häufig die Erfassung eines *Teilausschnittes* aus dem Gesamtrahmen; es genügt die *Repräsentativstatistik*. (Siehe S. 193 ff.)

Aus den Feststellungen von Tatsachen in einem begrenzten Bereich, der als repräsentativ, als stellvertretend, für den größeren Bereich gilt, müssen Einzel- und Großhändler häufig ihre Urteile ableiten. Das gilt vor allem für die *Marktbeurteilung*. Will der Großhändler z. B. das Interesse der Bewohner der Großstädte für einen neu einzuführenden Markenartikel kennenlernen, so wird eine Befragung durchgeführt, vielleicht in zwei Städten oder in einzelnen Stadtbezirken weniger Städte. Der Kaufmann *nimmt an*, daß die eingegangenen Antworten denen entsprechen, die gewonnen werden, wenn alle Bewohner der Großstädte befragt würden, d. h. daß die Meinungen der Verbraucher in den Teilgebieten die gleichen sind wie diejenigen der Verbraucher in allen Großstädten.

Bei der planmäßigen repräsentativen Auswahl des Teiles einer Beobachtungsmasse muß der Bearbeiter eine Vorstellung von der *Struktur der Gesamtmasse* haben, um den Teil stellvertretend richtig abgrenzen zu können. Es leuchtet ein, daß das in der Regel schwierig ist, denn nur selten kennt der Kaufmann die typischen Abschnitte seines Handlungsbereichs. Auf der andern Seite muß er sich aber auch vor der einseitigen Auswahl hüten, weil er sich dann statistische Unterlagen zum *Selbstbetrug* mit allen Folgen für *falsche Betriebsdispositionen* schafft.

Eine repräsentative statistische Erhebung hat nur dann einen Sinn, wenn vermutet werden kann, daß die Repräsentation das *typische Bild* der Masse widerspiegelt. Um das festzustellen, muß sich der Statistiker mindestens davon überzeugen, daß sich das Ergebnis *nicht ändert*, wenn die Repräsentativstatistik eine *größere* Masse berücksichtigt und wenn aus der Gesamtmasse *verschiedene* Teilmassen bearbeitet werden.

In diesem Zusammenhang kann auf eine *praktische Erfahrung* des Instituts für Handelsforschung an der Universität zu Köln hingewiesen werden: In dem Bericht über die „Vermögens- und Kapitalsituation des Einzelhandels in den Jahren 1954 bis 1959" [27]) wird darauf hingewiesen, daß die Beteiligung an der Bilanzerhebung niedriger war als diejenige am allgemeinen Betriebsvergleich für das Jahr. Trotzdem wird das Ergebnis als typisch angesehen, weil die neu gewonnenen Bilanzzahlen fast völlig mit den entsprechenden Werten des allgemeinen Jahresbetriebsvergleichs übereinstimmen.

Im allgemeinen werden Praktiker im Betrieb bei Schätzungen auf Grund der Repräsentativstatistik *sehr vorsichtig* vorgehen, weil sie wissen, daß die so

---

[27]) Mitteilungen April 1962, S. 1120.

geschätzten Zahlen leicht Irrtümer enthalten können, daß aber nur richtige Schätzungen für die Betriebsdispositionen einen Sinn haben.

Wegen der Möglichkeit, daß sich bei der falschen Abgrenzung der Repräsentation Fehler in die Statistik einschleichen, redet das Statistische Bundesamt der „Zufallsauswahl“ das Wort: „Diese Gruppe von Auswahlverfahren hat gegenüber den Verfahren der bewußten und der willkürlichen Auswahl den entscheidenden Vorteil, daß der ihnen zugrunde liegende Zufallsmechanismus die Anwendung der Gesetze der Wahrscheinlichkeitstheorie erlaubt, mit deren Hilfe Aussagen über die Genauigkeit der Stichprobenergebnisse abgeleitet werden können“ [28]).

Unter Stichproben versteht das Statistische Bundesamt repräsentative Teilmassen. „Eine Teilmasse heißt repräsentativ, wenn sie in der Verteilung aller interessierenden statistischen Merkmale der Gesamtmasse entspricht, d. h. ein verkleinertes, aber sonst wirklichkeitsgetreues Abbild der Gesamtheit darstellt.“ (Siehe Anm. 28, dort: S. 13.)

Bei der Zufallsauswahl der Stichproben werden dann die wirklichen Beobachtungsfälle so aus den möglichen herausgezogen, daß für *jeden Einzelfall* die *gleiche Möglichkeit* besteht, ausgewählt zu werden.

Von einer Stichprobe im Warenbetrieb berichten Wallis-Roberts [29]):

Ein Produktionsbetrieb von Haushaltsartikeln hat aus seinen rd. 10 000 Abnehmern im Groß- und Einzelhandel für eine Stichprobe 100 Einzelhändler ausgewählt, die monatlich über die Verkäufe berichten. Die Angaben aus dem Teilbereich konnten dann für die Beurteilung der Absatzverhältnisse im Gesamtbereich ausgenutzt werden. In einem Zeitabschnitt konnte aus den Ergebnissen der Stichprobe geschlossen werden, „daß der Auftragsrückgang weit eher auf Einschränkungen der Handelslager als auf ein Sinken der Einzelhandelsverkäufe zurückzuführen war“.

Allerdings erteilen die Ergebnisse der Stichprobenstatistik *nur für den Bereich,* für den die entsprechenden Fragen gestellt worden sind, Auskunft. Anders ist es mit der *Vollstatistik,* aus der nachträglich neue Fragen bei erweiterten Gliederungen und zielgerichteten Zusammenfassungen beantwortet werden können.

Als Beispiel kann auf die Umsatzsteuerstatistik des Statistischen Bundesamtes verwiesen werden [30]).

Die kurzfristig zu erstellende Repräsentativstatistik für die Erfassung von Umsätzen ist für die Frage nach allgemeinwirtschaftlichen Bewegungen und Ver-

[28]) Stichproben in der amtlichen Statistik, Herausgeber: Stat. Bundesamt, Stuttgart und Mainz 1960, S. 30.

[29]) Wallis-Roberts, Methoden der Statistik, deutsche Ausgabe, Freiburg i. Br. 1959, S. 16.

[30]) Weller, Th., Umsatzsteuerstatistik als Mittelstandsstatistik, Sparkasse 1963, Heft 12.

änderungen bedeutsam. Dabei genügt es, wenige Wirtschaftsgruppen zu erfassen. Aber wird hernach die Frage nach der Auswirkung der gesamtwirtschaftlichen Kräfte auf Mittelstandsbetriebe im ganzen gestellt, dann ist der erfaßte Teil der Wirtschaft in der Stichprobenerhebung zu klein. Entweder ist eine *andere Repräsentativstatistik* notwendig, oder es muß auf die Vollstatistik gewartet werden, die nach vielen Gewerbezweigen gegliedert werden kann und Angaben für die Größenklassen erkennen läßt.

Allgemein kann gesagt werden, daß Ergebnisse der Auswertung von Stichproben durchweg nicht genau den Verhältnissen in dem Beobachtungsgesamt entsprechen. Deshalb ist die *Hochrechnung,* d. h. die Schätzung von der Stichprobe auf die Gesamtheit, sehr vorsichtig durchzuführen. „Grundsätzlich kann nur auf die Gesamtheit der Einheiten abgestellt werden, die beim Ziehen der Stichprobe eine Auswahlchance gehabt haben"[31]).

Wenn es möglich ist, Stichproben zu wiederholen, dann erhält man Zahlenergebnisse, die größer oder kleiner sind als die vorhergehenden. *Zwischen* den ermittelten Zahlen liegt wahrscheinlich die richtige. Man gelangt so auch bei der Schätzung für die größere Masse zu einer *unteren* und einer *oberen Grenze.* Beispiel: Die Kosten des Zubringerdienstes im Jahr dürften ½ bis 1 % der Verkaufspreise für die ausgetragenen Waren ausmachen.

Um die erhöhten Kosten aus Wiederholungen von Stichproben zu vermeiden, wird in den Betrieben gern versucht, zu genaueren Ergebnissen dadurch zu gelangen, daß der Bereich einer Stichprobe nicht zu klein genommen wird. *Mit der Vergrößerung des Umfanges der Stichprobe nimmt nämlich die Sicherheit des Ergebnisses zu.* Über das Ausmaß der Entsprechung von Stichprobenergebnis und Globalergebnis soll hier nichts ausgesagt werden, weil vermieden werden soll, Einzelheiten aus der Wahrscheinlichkeitsrechnung zu behandeln[32]). Aber an einem *Beispiel aus dem Großhandelsbetrieb* soll eine Rechnung zur Ausnutzung für eine Schätzung dargestellt werden.

Ein Lebensmittelgroßhändler in der Organisation einer freiwilligen Kette will für seine 350 angeschlossenen Einzelhändler einen *Kosten-Betriebsvergleich* organisieren. Er gewinnt bei zufälligen Besprechungen zunächst 50 Einzelhändler, die ihre Zahlen nach Ablauf der vorgesehenen Zeit berichten. Es wird hier also eine *Stichprobenfeststellung* durchgeführt. Die Kostenziffern werden in v. H. des Verkaufs in dem entsprechenden Zeitabschnitt errechnet. Dabei ergibt sich, daß die einzelnen Prozentsätze unterschiedlich sind; ein arithmetischer Durchschnitt von 19 % wird ermittelt.

Der Statistiker wird nun sagen: Es muß festgestellt werden, wie sich die Einzelwerte um den Mittelwert (19 %) als Schwerpunkt gruppieren. Deshalb muß die Frage nach der „Streuung" der Einzelwerte beantwortet werden (siehe S. 81 ff). Ist die *Streuung*

---

[31]) Stichproben in der amtlichen Statistik, S. 87.

[32]) Stichproben in der amtlichen Statistik, Kapitel: „Beurteilung der Genauigkeit", S. 97 ff.

gering, dann kann nach diesen Stichproben geschätzt werden, daß in allen Betrieben mit Kosten um 19 % gerechnet werden kann.

Entsprechende Rechnungen zur Vorbereitung der Schätzung können für durchschnittliche Kaufbeträge je Käufer im Einzelhandelsbetrieb, durchschnittliche Kaufzeit je Ladenbesucher, durchschnittliche Lieferzeit je 100 DM Kaufbetrag usw. angestellt werden.

Die Stichprobenauswahl hat auch im Zusammenhang mit der *Mängelrüge* in kaufmännischen Betrieben eine Bedeutung. (Siehe auch: Anhang, S. 203.)

Nach § 377 HGB hat der Käufer, wenn der Kauf für beide Teile ein Handelsgeschäft ist, die Ware unverzüglich nach der Ablieferung durch den Verkäufer, soweit dies nach ordnungsmäßigem Geschäftsgang tunlich ist, zu untersuchen. Hier interessiert der notwendige Umfang der Untersuchung. Es wird „mit Recht für genügend erachtet, wenn der Käufer bei einer Ware, deren einzelne Stücke von gleicher Beschaffenheit sein sollen, nur einzelne Stücke in angemessener Anzahl und in ausreichender Streuung als Stichproben untersucht“[33]).

Die Rechtsprechung stellt besonders darauf ab, daß die Stichproben bei der durch § 377 verlangten Untersuchung „auf den ganzen Vorrat gestreut sein müssen“.

Beispiele dazu werden nach Gerichtsurteilen in dem Kommentar von Würdinger-Brüggemann (S. 441) angeführt: Bei Lieferung von Stoffballen darf, nach einem für den Bezirk der I. u. H.-Kammer Aachen feststellbaren Handelsbrauch, die Prüfung sich nicht nur auf die ersten Meter eines jeden Ballens beschränken; – Stichproben bei gelochten Karteikarten müssen sich auf alle Stapel erstrecken; – bei Südfrüchten in Waggonladungen genügt es nicht, einige Kisten gerade in der Nähe der Waggontür herauszugreifen. „Entsprechen die Stichproben diesen Voraussetzungen, dann gilt die ganze Ware als untersucht. Ergeben die Stichproben die behaupteten Mängel, so wird es so angesehen, als sei die ganze Ware mangelhaft.“

d) Schätzung auf Grund einer Entlehnung

Bei diesem statistischen Verfahren werden Zahlengrößen aus einem *anderen* Begriffsbereich abgeleitet. Dabei kann die Ableitung, die Entlehnung, unmittelbar oder mittelbar erfolgen.

Bei der *unmittelbaren* Entlehnung wird eine bekannte Zahlengröße, die auf einem andern Gebiet anfällt, in der ursprünglichen Höhe oder in abgewandelter Form an Stelle der gesuchten eingesetzt. Dieses Verfahren spielt in Handelsbetrieben beispielsweise bei der Absatzschätzung eine Rolle. So wird die aus den Haushaltsrechnungen ermittelte Ziffer über den Verbrauch gewisser Güter als

[33]) Würdinger - Brüggemann, Kommentar zum Handelsgesetzbuch, IV. Bd., Berlin 1961, S. 441.

Zahlengröße für das Umsatzvolumen der betreffenden Einzelhandelsgruppe eingesetzt; oder: der Einkaufswert des Einzelhandelsumsatzes bildet unter Berücksichtigung der Handelsspanne die Absatzzahl der vorgelagerten Handelsstufen.

Bei der *mittelbaren* Entlehnung wird aus Zahlengrößen anderer Gebiete auf die gesuchte Zahl geschlossen, z. B. aus der Einfuhrbewegung auf die Veränderung des Verbrauchs an Rohstoffen, aus der Beförderungsstatistik auf die Umsatztätigkeit, aus der Steigerung der Einkommen auf den Verkauf von Konsumwaren.

Über einen interessanten Fall der Schätzung auf Grund der mittelbaren Entlehnung berichtet Hirsch[34]) nach seinem Besuch in dem Großversandgeschäft Sears Roebuck u. Co. in Chicago in den zwanziger Jahren: Da kamen Säcke mit Postgut und wurden gewogen. „Wieso aber können Sie aus dem Gewicht auf die Beschäftigung am Tage schließen?" fragt Hirsch. „Ja, wir wissen erfahrungsgemäß, daß in einem englischen Pfund Briefe je nach der Jahreszeit 34 bis 43 Aufträge enthalten sind."

II. Ordnen der gesammelten Zahlen

1. Ordnungsprinzip

Einzelne und isolierte Zahlen aus dem Betrieb vermögen im allgemeinen nicht Betriebserscheinungen und Betriebsbewegungen in *einheitlichen Bildern* zu erfassen und davon quantitative Vorstellungen zu vermitteln. Die Zahlen gewinnen erst Bedeutung, wenn sie *sinnvoll* gruppiert und zusammengefaßt werden. Dabei ist es wichtig, die Einzelzahlen aus ihrem zufälligen Zusammenhang nach dem Anfall zu lösen und entsprechend ihrem Aussagewert für den gesuchten Überblick zusammenzubringen. Die verständige Gruppierung der einer Erkenntnis dienenden Zahlen setzt also *statistische Ordnungsvorstellungen* voraus, die das Aufwerfen der Frage für eine gezielte Untersuchung mit der Zahlenbearbeitung verbinden. Wenn die Frage an statistische Zahlen und deren Bearbeitung von einem *gleichartigen Ordnungsprinzip* beherrscht werden, dann ist der Weg frei für *klare Antworten* und gesicherte Untersuchungsergebnisse. Dann werden auch die Grenzen für Fragen und Antworten erkennbar. Das soll an einem Beispiel verdeutlicht werden.

Der Inhaber eines Einzelhandelsbetriebs für Textilien aller Art ist an einer Antwort auf die Frage interessiert, wie lange typischerweise ein Verkaufsgespräch mit einem Kunden dauert, bis dieser sich für den Kauf bestimmter Stücke entschieden hat. Die statistischen Zahlen sollen durch *besondere Beobachtungen* und *Auszählungen* gewonnen werden.

---

[34]) Hirsch, Julius, Das amerikanische Wirtschaftswunder, Berlin 1928, S. 165.

Schon bei der Fragestellung müssen Grenzen gezogen werden. Die Frage kann sich nämlich nur auf ganz *bestimmte Artikel* beziehen; denn der Kaufmann weiß, daß die Beratungsdauer bei den verschiedenen Artikeln sehr ungleich ist. Also muß er sich klarwerden, *warum* er die Frage nach der Verkaufsdauer stellt. Will er wissen, in welchem Grade das Verkaufspersonal bei hochwertigen Waren anders in Anspruch genommen wird als bei Waren in niedriger Preisstellung, dann muß er für die zahlenmäßigen Beobachtungen andere Waren auswählen, als wenn er wissen will, ob Markenartikel schneller verkauft werden können als preisfreie Waren.– Wenn er wissen will, ob der Wochentag oder die Tageszeit auf die Länge des Verkaufsgesprächs einen Einfluß hat, dann muß er die Beobachtungszeit anders wählen, als wenn er die Wirkung des Wetters auf den Ablauf der Verkaufstätigkeit erfassen will.

Die bei der Zahlensammlung geltenden Ordnungsvorstellungen werden auf die *Zusammenstellung* der Zahlen und deren Bearbeitung und Auswertung übertragen. Jene Vorstellungen bestimmen die Zusammenfassung und Trennung von Zahleneinheiten in *Gruppen und Untergruppen.*

Die hier entwickelte Forderung, daß Ordnungsprinzipien die Fragestellung und die Zahlenbearbeitung beherrschen müssen, bedeutet das Verlangen nach einer eindeutigen Formulierung der Arbeitsaufgabe und nach einem verständig überlegten „Verfahrensplan" zur Durchführung der statistischen Untersuchung.

2. Zahlenübersichten

Aus den angestellten Überlegungen über allgemeine Grundsätze zur *Fragestellung* und zu dem entsprechenden *Auffinden* von Antworten aus statistischen Zahlen ergibt sich nahezu zwangsläufig die Forderung nach der planmäßigen Ordnung der Zahlen und Zahlenreihen.

Die erste Ordnung geschieht in einer *Übersicht,* dem Zusammenstellungsblatt, das in Schaubild 2 beispielhaft dargestellt ist.

Das Zusammenstellungsblatt kann im allgemeinen *nicht weit genug* aufgeteilt (gegliedert) werden. Nach welchen Gesichtspunkten kleinere Zahlengruppen hernach zu größeren vereinigt werden sollen, muß *nach* Abschluß der Zahlensammlung gemäß der Kenntnis der betrieblichen Wirklichkeit im Verlauf der Bearbeitung und Auswertung der Zahlen entschieden werden. Die *Zusammenfassung* von kleineren Zahleneinheiten zu größeren ist im allgemeinen *einfacher* als die Aufgliederung größerer Zahlen.

Für die Aufstellung einer Zahlenübersicht, einer Tabelle, lassen sich folgende Grundsätze angeben.

a) Die *Form der Tabelle* wird durch den *Zweck* bestimmt, den sie erfüllen soll. Will man z. B. Veränderung und Entwicklungen in nacheinander folgenden Zeitabschnitten aus der Tabelle ablesen, so wird die Gliederung der Tabelle durch

Schaubild 2

Verkauf, Einkauf, Kosten des Einzelhandelsbetriebs

(DM — Jahr: 19..)

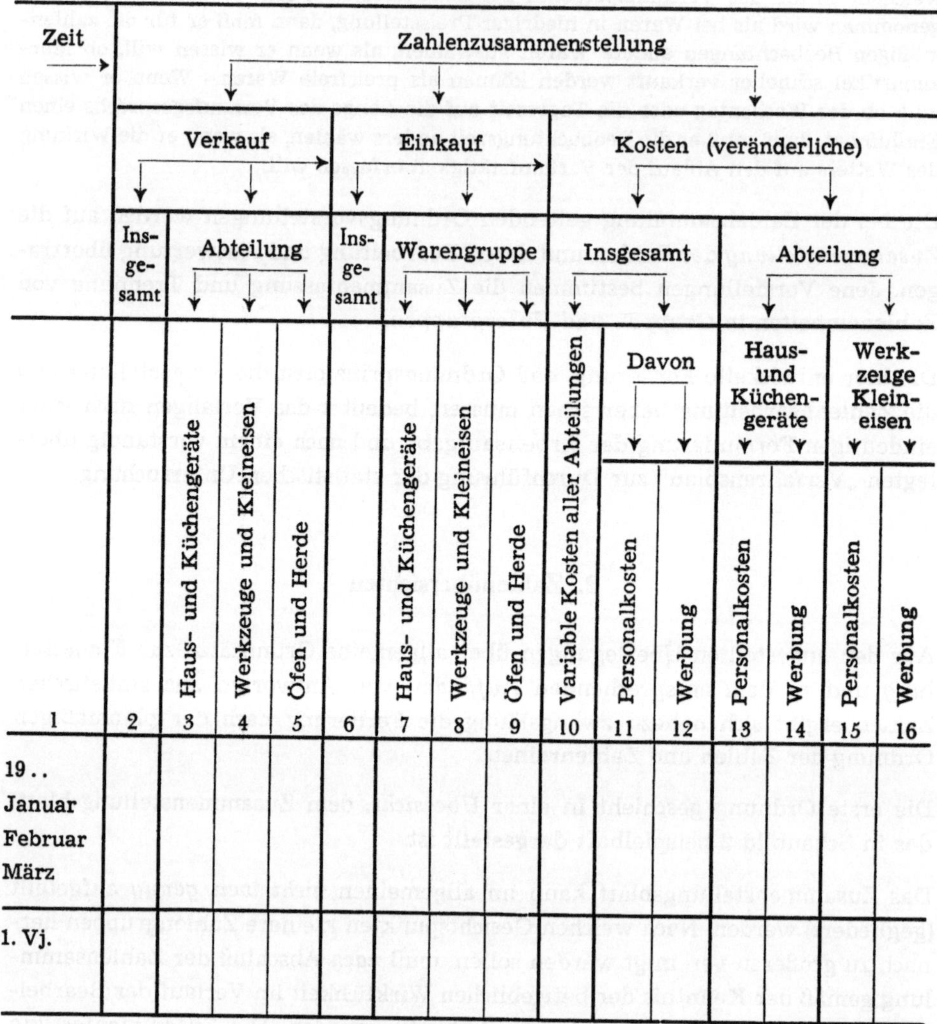

Zeit	Zahlenzusammenstellung														
	Verkauf				Einkauf				Kosten (veränderliche)						
	Insgesamt	Abteilung			Insgesamt	Warengruppe			Insgesamt			Abteilung			
										Davon		Haus- und Küchengeräte		Werkzeuge Kleineisen	
		Haus- und Küchengeräte	Werkzeuge und Kleineisen	Öfen und Herde		Haus- und Küchengeräte	Werkzeuge und Kleineisen	Öfen und Herde	Variable Kosten aller Abteilungen	Personalkosten	Werbung	Personalkosten	Werbung	Personalkosten	Werbung
1	2	3	4	5	6	7	8	9	10	11	12	13	14	15	16
19..															
Januar															
Februar															
März															
1. Vj.															

die Zeiteinteilung beherrscht. Sollen Abhängigkeiten von zwei oder mehreren Vorgängen gezeigt werden, so müssen die zueinander in Beziehung gebrachten Vorgänge und Erscheinungen deutlich hervortreten (der eine Vorgang ist auf der linken Seite der Tabelle aufgeführt, der zweite in der waagerechten Kopfspalte).

b) Jede statistische Tabelle muß *selbständig gelesen werden können.* Infolgedessen muß sie eine genaue Überschrift zur Kennzeichnung des Inhalts tragen, z. B.:

Kostengestaltung in vH des Umsatzes im Betrieb im Jahre 19 . ., oder: Ursprungszahlen über Verkauf, Einkauf und veränderliche Kosten (Zahlen in DM).

c) Die *Überschrift der Tabelle* muß – soweit wie möglich – alle Angaben enthalten, die sich auf die ganze Tabelle beziehen, z. B.: Angaben in 1000 DM; oder: Kosten in Prozent des Umsatzes; oder: Meßziffern, Durchschnitt 19 . . = 100.

d) Je *weniger Einteilungsgründe* eine Tabelle beherrschen, um so leichter ist sie zu lesen.

e) Der Inhalt der Tabelle muß einen folgerichtigen Aufbau beim Lesen in vertikaler und horizontaler Richtung erkennen lassen. Diese Forderung wird im Beispiel verdeutlicht (Schaubild 2). Die vertikale Gliederung beginnt bei „Zahlenzusammenstellung". Der Kopf der Übersicht ist in Richtung der Pfeile von oben nach unten und von links nach rechts zu lesen.

f) Besondere Spalten sind in der Tabelle für Zusammenfassungen von Teilgruppen vorgesehen: In der Regel sind Summenspalten für die Addierungen in senkrechter Richtung (Vierteljahre usw.) und in waagerechter Richtung notwendig.

g) Sind die Tabellen sehr weitgehend unterteilt, so empfiehlt es sich, *für Zusammenfassungen gesonderte Übersichten* (Tabellen für Gesamtergebnisse) anzufertigen. Dabei müssen die Zusammenhänge zwischen den vor- und nachgeschalteten Übersichten erkennbar sein (gleichartige Spalten!).

h) In der Regel sollen die *Quellen*, aus denen die statistischen Zahlen stammen, angegeben werden: Das geschieht entweder durch den Hinweis unter der Überschrift oder durch eine Fußnote.

i) Um auch nach einer längeren Zeit den Bearbeiter der Tabelle zu Erläuterungen heranziehen zu können, empfiehlt es sich, grundsätzlich den *Namen des Bearbeiters* unter der Tabelle anzugeben.

III. Äußere Auswertung der gesammelten statistischen Zahlen

1. Wesen

Mit dem Erfassen und Ordnen der Ausgangszahlen ist ein erster, aber wesentlicher Teilabschnitt der statistischen Untersuchung erledigt. Es folgt die *Auswertung* zur Ermittlung statistischer Erkenntnisse. Häufig stellt schon eine *einzige Zahl* zur Kennzeichnung einer Gruppenerscheinung oder eines Gruppenvorganges im Betrieb ein gesuchtes Ergebnis dar.

Einzelzahlen können z. B. die Frage beantworten, wie groß der Umsatz in einem bestimmten Monat war; wie hoch die gesamten Betriebskosten im abgelaufenen Jahr waren usw. Nicht immer sind die durch statistische Angaben zu beantwortenden Fragen so einfach. Deshalb sind in der Regel noch besondere Auswertungen der gesammelten Zahlen notwendig, um Antworten auf die gestellten Fragen zu erhalten. Zur Auswertung gehören sowohl die vorbereitende planmäßige Bearbeitung des Zahlenmaterials als auch das Gewinnen der Erkenntnisse.

Mannigfache Gründe verlangen sehr oft ein planmäßiges Bearbeiten, eine *äußere Auswertung* des gesammelten Zahlenstoffes. Solche Gründe können sein: Ausgliederung von Zahlengruppen aus zu langen Zeitabschnitten für kürzere Fristen, aus größeren Sortimenten oder aus großen Verkaufsabteilungen für kleinere räumliche oder sachliche Einheiten. Umgekehrt kann es auch notwendig sein, Zahlen aus kleineren Bereichen für größere zusammenzufassen. Entscheidend ist für die Bearbeitung die Notwendigkeit, aus gesammelten Zahlen oder Zahlengruppen *charakteristische,* leicht lesbare Zahlen zu gewinnen; es soll ein *vereinfachter Zahlenausdruck* oder insgesamt „ein Bild über den Typ der Daten in ihrer Gesamtheit“[35]) geformt werden. Zur Ermittlung solcher charakteristischen Einzelzahlen stehen verschiedene Methoden zur Verfügung.

2. Aussonderung

Eine Aussonderung von einer Zahl oder von wenigen Zahlen aus einer Masse kann bei der äußeren Auswertung von Zahlenmassen dann genügen, wenn statt einer Vielheit von Zahlen eine oder wenige als geeignet erscheinen, eine gestellte Frage nach einer zahlenmäßigen Angabe zu beantworten. Dann werden aus dem gesammelten Zahlenmaterial die brauchbaren Zahlen zur *Vermittlung der Vorstellung* ausgesondert. Eine Zahl oder wenige Zahlen vertreten dann die anderen; kleinere Abweichungen der übrigen Zahlen von der abgesonderten Zahl bleiben dabei unberücksichtigt.

Handelsbetriebe bieten für diese einfache Methode der Zahlenbearbeitung des statistischen Ausgangsmaterials viele Beispiele: Bei der Marktbeurteilung bilden gestiegene Löhne in einer Berufsgruppe den Anhalt für die Beurteilung von Einkommensänderungen bei der Kundschaft im ganzen; das Preisniveau für eine Warengruppe wird durch den höchsten und den niedrigsten Preis des Sortiments gekennzeichnet.

Ausgesonderte Zahlen genügen häufig dem Außenstehenden als eine Vorstellungszahl für Betriebserscheinungen. Der Fachmann aber verlangt exaktere Angaben.

---

[35]) Wallis-Roberts, Methoden der Statistik, S. 135.

3. Häufigster Wert

Der „häufigste Wert" oder „dichteste Wert" ist dadurch charakterisiert, daß er in einer gegebenen Masse unterschiedlicher Zahlen am meisten vorkommt. Er ist der „statistische Ausdruck für das, was gemeint ist, wenn wir von der ‚üblichen', der ‚gewöhnlichen', der ‚vorherrschenden' Größe irgendeines Tatbestandes sprechen"[36]).

Beispiel:

Eine Untersuchung über die Zahl von Verkäufen eines bestimmten Artikels in den verschiedenen Preisklassen während eines Zeitabschnittes führt zu folgenden Ergebnissen:

Preisklasse	a	b	c	d	e	f	g	h
Anzahl der Verkäufe	7	12	14	19	24	17	15	3

Die größte Häufigkeit der beobachteten Verkäufe wird dabei für die Preisklasse e mit 24 festgestellt.

Der häufigste Wert gibt zwar in der Regel eine Vorstellung des Typischen aus der Vielheit statistischer Einzelangaben, doch ist auch er nur selten die gesuchte genaue statistische Größe. Außerdem ist zu berücksichtigen, daß durch die Zusammenfassung von Einzelzahlen zu Gruppen und durch deren Begrenzung das Bild der Häufigkeit von Zahlen beeinflußt werden kann.

4. Mittlerer Wert

Der „mittlere Wert" wird aus der Reihe der Einzelzahlen ausgezählt.

Beispiel:

In einem Einzelhandelsgeschäft wird die Frage gestellt, wie hoch an bestimmten Tagen die *typischen Umsätze* sind. Aus den Kassenübersichten ergeben sich für einen Tag folgende Umsatzbeträge in den Abteilungen A bis G:

630 — 720 — 560 — 650 — 680 — 610 — 590.

Als Ordnungsprinzip für eine Zahlenreihe wird die Höhe der Einzelzahlen vernünftigerweise angenommen. Die danach geordnete Reihe sieht dann folgendermaßen aus:

560 — 590 — 610 — **630** — 650 — 680 — 720.

Werden aus der Reihe von oben und von unten gleich große Abschnitte, d. h. gleich viele Einzelzahlen, abgeteilt, so bleibt die Zahl 630 in der Mitte. Diese Zahl ist der „mittlere Wert".

---

[36]) Donner, Otto, Statistik, S. 50.

Ist die Anzahl der Einzelglieder paarig, so wird der mittlere Wert als Durchschnitt aus den beiden Restwerten ermittelt, z. B.:

560 — 590 — 610 — **630** — **650** — 680 — 720 — 770
Durchschnitt: **640**

Der mittlere Wert *charakterisiert* weitgehend die Zahlen der Reihe, ist einfach festzustellen und ist deshalb für die Betriebe als Vorstellungsgröße sehr brauchbar; er wird z. B. gesucht, wenn die Ergebnisse nacheinander folgender Zeitabschnitte verglichen werden sollen, z. B. Umsatz in Monaten, Kosten in Jahren. Auch wenn der eine oder andere Wert in der Zahlenreihe durch Zufall sehr hoch oder sehr niedrig sein sollte, dann hat das auf den mittleren Wert keinen störenden Einfluß.

5. Durchschnittszahl

a) Allgemeines

Die bisher behandelten statistischen Maßgrößen sind in der Regel *Annäherungen* an die gesuchte Vorstellungsgröße. Sie werden hier nicht als „Mittelwert" (Durchschnittswert) angesehen, wie das in der Literatur häufig geschieht.

Wenn jedoch *genauere* Ergebnisse erreicht werden sollen, dann werden die Einzelzahlen aus den Beobachtungen *rechnerisch* zu einer Einheit zusammengefaßt. Dann ergibt sich eine *„Durchschnittszahl"*, ein „Durchschnitt" oder ein „Mittelwert." Die Durchschnittszahl enthält den „vereinfachten Wert" aus einer Zahlengruppe oder Zahlenreihe; sie soll für die Gruppe der Zahlen oder für die Zahlenreihe die *rechnerische Mittellage* charakterisieren. Grundsätzlich kann aber aus mehreren Einzelzahlen ein Durchschnitt nur dann errechnet werden, wenn mindestens folgende Voraussetzungen gegeben sind:

Erstens: Die Einzelzahlen müssen nach Bedeutung und begrifflichem Inhalt, auf den sie sich beziehen, *gleichartig* sein. Man kann z. B. keinen sinnvollen Durchschnitt bilden aus dem Preis einer bestimmten Ware und dem Lohn für einen Arbeiter, weil die Zahlenwerte einen ganz unterschiedlichen Sinn haben.

Zweitens: Die Einzelwerte müssen eine *erkennbare Ordnung* aufweisen, d. h. sie müssen im gleichen Größenfeld liegen. Ist z. B. der Verkaufspreis einer Ware in dem Ort A 10,50 DM, in dem Ort B aber 15,50 DM, dann läßt sich aus beiden Preiszahlen ein vernünftiger Durchschnitt nicht bilden, weil damit die Höhe der Verkaufspreise für die Ware weder in einem der beiden Orte noch in einem weiteren Bereich gekennzeichnet wird.

Drittens: Eine *Häufung* der Zahlen um eine gewisse Höhenlage muß erkennbar sein. Eine solche Häufung ist äußerlich dann deutlich zu sehen, wenn die Häufigkeit der Einzelzahlen in eine Streutafel eingetragen wird, wie das zur Verdeutlichung in dem nachfolgenden Beispiel (S. 72) geschehen ist.

Übersicht 2

Zahl der Verkäufe von Krawatten in verschiedenen Preislagen in einem Spezialgeschäft

lfd. Nr.	DM je Stück	Anzahl der Verkäufe in den einzelnen Preislagen				
		1. Woche	2. Woche	3. Woche	4. Woche	1.-4. Woche
1	2,—	6	3	—	3	12
2	3,—	6	—	5	8	19
3	4,50	13	10	7	14	44
4	5,50	11	15	11	14	51
5	6,50	18	14	12	13	57
6	7,50	22	19	17	19	77
7	8,—	14	14	15	17	60
8	8,50	17	12	8	11	48
9	9,50	11	12	9	11	43
10	10,—	8	9	11	9	37
11	11,50	11	8	8	7	34
12	12,50	9	5	7	9	30
13	13,50	4	7	9	8	28
14	15,—	7	4	4	6	21
15	16,50	6	3	—	3	12
16	18,—	—	3	3	3	9
17	20,—	3	—	2	—	5
18	22,—	—	1	—	—	1
insges.	194,—					588

Die Streutafel weist den Verkaufsbetrag von 7,50 DM als den *häufigsten* aus. Um diese Zahl lagern sich die Häufigkeiten der anderen Beträge zwischen 4,50 DM und 15,— DM. Die darunter bzw. darüber liegenden Zahlen bleiben in ihrem Vorkommen deutlich gegenüber den anderen zurück; sie gelten als *Außenwerte.*

Durchschnittszahlen aus einer Zahlengruppe oder Zahlenreihe können verschiedenes kennzeichnen. Vor allem betreffen sie folgendes:

einen Zustand, z. B. Kapital- und Vermögensaufbau in der Unternehmung in einem Zeitpunkt;

eine Höhenlage, z. B. Zahl der Verkäufe, Höhe des Absatzes;

ein Volumen, z. B. Lagergröße;

einen Entwicklungsstand, z. B. Änderung des Einkommens der Angestellten;

sie können aber auch Vergleichen im zeitlichen Nacheinander und im betrieblichen Nebeneinander dienen. Durchschnittszahlen werden auch für die Kenn-

Schaubild 3

Streutafel für die Häufigkeitsziffern der Übersicht 2

Zahl der Verkäufe von Krawatten in verschiedenen Preislagen

DM	Zahl der Verkäufe		DM
2,--	12	Außenwerte	2,--
3,--	19	Außenwerte	3,--
4,50	44		4,50
5,50	51		5,50
6,50	57		6,50
7,50	77		7,50
8,--	60		8,--
8,50	48		8,50
9,50	43		9,50
10,--	37		10,--
11,50	34		11,50
12,50	30		12,50
13,50	28		13,50
15,--	21		15,--
16,50	12	Außenwerte	16,50
18,--	9	Außenwerte	18,--
20,--	5	Außenwerte	20,--
22,--	1	Außenwerte	22,--

10 20 30 40 50 60 70 80

zeichnung von Eigenarten und Entwicklungen der Struktur und der Veränderung eines typischen Betriebs in der Branche ausgenutzt, wodurch Kennzahlen für die Beurteilung des einzelnen Betriebs gewonnen werden.

Die Durchschnittszahlen können auf verschiedenem Wege gefunden werden.

b) Einfaches arithmetisches Mittel

In der Praxis wird häufig der einfachste Weg beschritten, der zum Durchschnitt führt. So wird das „einfache arithmetische Mittel" errechnet. Bei der Errechnung dieses Mittels wird die Summe der Einzelzahlen in einer Masse von Zahlen *durch die Anzahl der Einzelwerte* geteilt.

In dem soeben aufgezeigten Zahlenbeispiel (Übersicht 2, Seite 71) ist die Anzahl der Verkäufe (bzw. statistischen Beobachtungen) innerhalb von vier Wochen 588, und die Summe der Preise ist 194. Diese Verkäufe beziehen sich auf 18 verschiedene Preisstufen oder -gruppen. Aus diesen Zahlen können *zwei Fragen* mit der Angabe von Durchschnittsziffern beantwortet werden:

1. Wie viele Verkäufe entfielen im Durchschnitt auf die einzelnen Preisstufen?
2. Wie hoch war im Durchschnitt der Preis der Warengruppen bei den getätigten Verkäufen?

Zur *ersten Frage* ergibt sich das einfache arithmetische Mittel durch die Rechnung:

$$588 : 18 = 32{,}66$$

Im Durchschnitt kommen 32 bis 33 Verkäufe auf die einzelnen Preisstufen.

Die *zweite Frage* wird beantwortet nach der Division:

$$194 : 18 = 10{,}77$$

Das bedeutet, daß der durchschnittliche Preis je Warengruppe 10,77 DM betragen hat.

Diese Mittelwertrechnung ist in *Klein- und Mittelbetrieben* sehr beliebt, weil sie ohne Schwierigkeiten durchzuführen ist. Der errechnete Zahlenausdruck liegt eindeutig fest.

c) Bereinigtes arithmetisches Mittel

Bei der Entstehung des einfachen arithmetischen Mittels wirkt *jeder Einzelwert* mit der *gleichen Stärke*. Das ist nur dann gerechtfertigt, wenn die Einzelwerte unter sich die gleiche Bedeutung haben. In dem Beispiel über die Krawattenverkäufe (Übersicht 2, Seite 71) ist das jedoch nicht der Fall. In der Zahlenübersicht ist zu erkennen, daß einzelne Werte in verschiedenen Zeiträumen vollständig wegfallen. In den erfaßten vier Wochen sind nur wenige Verkäufe bei Krawatten von 16,50 DM ab aufwärts und von 3,— DM ab abwärts getätigt. Wenn diese Beobachtungen unberücksichtigt bleiben, dann werden die Verkäufe in diesen schwach besetzten Preisgruppen in gleicher Weise und Stärke auf den Durchschnitt einwirken wie z. B. die in der Preisgruppe von 7,50 DM, für die eine Höchstzahl von Verkäufen festgestellt wurde. Die *gleichmäßige Berücksichtigung* aller Einzelzahlen in der Reihe wirkt sich störend bei der Ermittlung der durchschnittlichen Preishöhe und bei derjenigen der durchschnittlichen Verkaufshäufigkeit aus.

Der vorhin errechnete durchschnittliche Preis mit 10,77 DM liegt beträchtlich über der Preisgruppe mit den hohen Umsatzmengen (77 Verkäufe bei 7,50 DM). Die Durchschnittszahl wird durch die hohen Preise am Ende der Reihe in die Höhe gezogen, obschon diese Preise in bezug auf die Verkaufsmenge nur eine geringe Bedeutung haben. Die durchschnittliche Verkaufshäufigkeit aber wird durch die sehr niedrigen Zahlen am Anfang und am Ende der Reihe (1, 5, 9, 12) nach unten gezogen; sie ist mit 32 bis 33 errechnet und liegt bedeutend näher bei der niedrigsten Zahl (1) in der Reihe als bei der höchsten (77).

Um zu erreichen, daß die Zahlen, die als *nicht typische* Außenwerte oder Zufallswerte den Mittelwert nicht beeinflussen dürfen, in die Rechnung nicht einbezogen werden, können sie bei der arithmetischen Durchschnittsbildung außer acht gelassen werden. In dem Beispiel (Übersicht 2, Seite 71) werden die Preise von 16,50 DM aufwärts und von 3,— DM abwärts nicht in den Durchschnitt eingerechnet. Aus den verbleibenden Werten wird der Durchschnitt berechnet, der als „bereinigter Durchschnitt" bezeichnet wird: 194,— DM — 81,50 DM = 112,50 DM; Anzahl der Glieder 18 — 6 = 12; 112,50 DM : 12 = 9,37 DM. Dieser bereinigte arithmetische Durchschnitt für die Preisgruppe liegt somit unter dem einfachen arithmetischen Mittel (10,77).

Als Außenwerte bei den Verkaufszahlen fallen 48 in 6 Fällen aus, so daß 588 Verkäufe minus 48 = 540 auf 18 — 6 = 12 Fälle zu verrechnen sind.

$$540 : 12 = 45.$$

Damit ist der bereinigte arithmetische Durchschnitt für die Verkäufe in den einzelnen Preisstufen ermittelt.

Bei der Ausschaltung der Außenwerte darf aber *nicht nur nach dem Augenschein* verfahren werden; es muß vielmehr untersucht werden, ob und inwieweit *Zufälligkeiten* für die Lager der Einzelwerte ausschlaggebend gewesen sind. Danach muß dann entschieden werden, ob ein bestimmter Einzelwert in die Durchschnittsbildung einbezogen werden muß oder nicht.

d) Gewogenes arithmetisches Mittel

Bei der soeben gezeigten Ermittlung des bereinigten Durchschnittswertes wird oft sehr willkürlich verfahren, indem sogar die Grenzen mit Gewalt bestimmt werden. Um diese Willkür auszuschalten, gibt es auch ein Verfahren zur Errechnung von Mittelwerten, bei dem jeder Einzelwert jeweils nur nach seiner Bedeutung, nach seinem „Gewicht", wirkt. In dem Beispiel (Übersicht 2, Seite 71) wird die einzelne Preiszahl durch die Häufung von Verkäufen bei den Stücken in den Preisstufen gekennzeichnet. Diese Häufung gibt die *Gewichtszahl* an. Jeder Einzelpreis wird sooftmal in die Reihe eingesetzt, als Verkäufe zu dem Preis getätigt sind. Teilt man dann die Summe der Einzelpreise in der Reihe durch die Zahl der Verkäufe, so erhält man den *„gewogenen arithmetischen Durchschnitt"*. Allgemeiner gesagt: Das gewogene arithmetische Mittel wird errechnet, indem die *Summe der Produkte aus Gewichtszahl mal Einzelwert* einer Reihe durch die *Summe der Gewichtszahlen* dividiert wird.

Für die Höhe dieses Durchschnitts sind also die Einzelzahlen und die Gewichtszahlen von Bedeutung. Das ergibt sich aus dem nachfolgenden Beispiel, in dem die Verkäufe, die als Gewichtszahlen gewählt sind, in den zwei Fällen a und b bei den einzelnen Preisgruppen ungleich häufig sind.

Übersicht 3

Berechnung des gewogenen arithmetischen Mittels

(Beispiel)

Einzelpreis DM	Zahl der Verkäufe		Produkt (Spalte 1 x 2)		
1	2		3		
	a	b	a	b	
3,—	15	6	45,—	18,—	
4,—	7	7	28,—	28,—	
5,60	8	8	44,80	44,80	
7,50	6	15	45,—	112,50	
20,10	36	36	162,80	203,30	(Summe)
			: 36	: 36	(Gewichtszahl)
			= 4,52	= 5,65	(gewog. arithm. Mittel)

Das einfache arithmetische Mittel ist demgegenüber 20,10 : 4 = 5,02.

Der *Unterschied* in den Ergebnissen der beiden Feststellungen eines gewogenen arithmetischen Durchschnitts in den Fällen a und b wird durch die *Verteilung der Gewichtszahlen* bestimmt: *Hohe* Gewichtszahlen bei *niedrigen* Einzelzahlen in der Reihe ziehen den gewogenen Durchschnitt nach unten; *hohe* Gewichtszahlen bei *hohen* Einzelzahlen in der Reihe aber heben den gewogenen Durchschnitt.

Soll nach der Übersicht 2, Seite 71, die Frage nach dem durchschnittlichen Preis je verkauftes Stück beantwortet werden, dann muß der gewogene arithmetische Durchschnitt aus den Verkaufsbeträgen für die Stücke in den einzelnen Preisgruppen errechnet werden, also 12 × 2 + 19 × 3 + 44 × 4,50 usw. Dabei ergibt sich ein Gesamtbetrag von 5105 DM. Verkauft sind 588 Stücke. Der gewogene Durchschnittspreis ist also 5105 : 588 = 8,68 DM.

e) Harmonisches Mittel

Das arithmetische Mittel gibt eine Vorstellungsgröße für zwei oder mehrere Tatsachen, die unabhängig voneinander beobachtet werden: Umfang von Lagerbeständen einzelner Abteilungen in Zeitpunkten, Höhe von Kosten in einzelnen Zeiträumen, Höhe des Eigenkapitals in verschiedenen Bilanzen usw. *Selbständige* statistische Zahlengrößen können zu arithmetischen Durchschnitten sinnvoll zusammengefaßt werden; dieser Durchschnitt betrifft also die *Maße für Gegebenheiten* bei *selbständigen Einheiten.*

Wenn aber zwei oder mehrere Gegebenheiten mit unterschiedlichen statistischen Maßgrößen zu einer *einheitlichen Erscheinung* verbunden werden, dann müssen andere Überlegungen zur Durchschnittsbildung angestellt werden.

Beispiele für solche Zusammenfassungen:

a) Für zwei einzelne Warenlager sind Ziffern der Umschlagshäufigkeit ermittelt; die beiden Lager sollen bei einer Mittelung der Ziffern der Umschlagshäufigkeit als eine *Einheit* aufgefaßt werden. Die Frage lautet dann: Wie hoch ist die durchschnittliche Umschlagshäufigkeit im Jahr bei der durch die Umschlagshäufigkeit gegebenen Lagerdauer der *beiden zusammengefaßten Bestände?*

b) Der Lieferwagen eines Großhändlers fährt die Ware aus, und zwar mit einer Geschwindigkeit (infolge der Aufenthalte) von nur 20 km die Stunde. Leer fährt er mit 80 km die Stunde zurück. Die Strecke ist 100 km lang; der Wagen ist also $5 + 1^1/_4 = 6^1/_4$ Stunden unterwegs. Frage: Wie hoch ist die Stundengeschwindigkeit auf der *ganzen zurückgelegten Strecke?*

c) Zwei Verkäufer verkaufen je in einer Abteilung, und zwar jeder für 100 000 DM Ware. Der Verkäufer A leistet in einem Tag 1000 DM Umsatz und der Verkäufer B 2000 DM. Frage: Wie hoch ist die durchschnittliche Umsatzleistung eines Verkäufers in den *beiden zusammengefaßten Abteilungen?*

Gemeinsam ist in den vorstehenden Beispielen folgendes:

a) *Jeweils zwei einzelne Tatsachen* werden durch eine Zahl charakterisiert: zwei Umschlagshäufigkeiten des Lagers im Jahr: zwei Geschwindigkeiten als Leistung je Stunde, zwei tägliche Umsatzleistungen in Abteilungen.

b) Auf zwei Gegebenheiten bezogene Tatsachen werden hernach auf *eine einheitliche* Gegebenheit bezogen: Zwei Warenlager werden zu einem zusammengefaßt und wie ein Lager umgeschlagen, zwei Wegestrecken (Hin- und Rückweg von je 100 km) werden als *eine Wegestrecke* von 200 km abgefahren, zwei Abteilungen, in denen die Verkäufer leisten, werden zu *einer Abteilung* zusammengefaßt.

c) Die in statistischen Zahlen ausgedrückten Beobachtungen der einzelnen Gegebenheiten können in eine Beobachtungszahl für die zusammengefaßte Gegebenheit gewandelt werden: *Umschlagshäufigkeit* der einzelnen Lager in *Lagerungsdauer* der zusammengefaßten Lager, Leistung des Lieferwagens auf den *einzelnen Strecken* in dessen Geschwindigkeit während der *Stunde auf der ganzen Strecke* (Hin- und Rückfahrt); täglicher Umsatz der Verkäufer in den *Teilbereichen* in deren täglichen Umsatz während der ganzen *in Anspruch genommenen Zeit.*

Für das dritte Beispiel soll die zahlenmäßige Antwort auf die gestellte Frage errechnet werden.

Die Frage soll zunächst lauten: Wie hoch ist der durchschnittliche tägliche Verkaufsbetrag je Verkäufer in zwei Abteilungen mit gleich hohen Umsatzbeträgen von 100 000 DM, wenn der Verkäufer A in seiner Abteilung täglich 1000 DM und der Verkäufer B in der seinigen täglich 2000 DM umsetzt? In diesem Fall sind *zwei selbständige Zahlen für getrennte Tatsachen* angegeben. Das arithmetische Mittel aus den statistischen Zahlen ergibt die Antwort:

$$\frac{1000 + 2000}{2} = 1500 \text{ DM.}$$

Die neue Frage bezieht sich auf die zusammengefaßten Abteilungen mit insgesamt 200 000 DM Umsatz. Die täglichen Leistungsziffern bleiben: Verkäufer A 1000 DM, Verkäufer B 2000 DM. Die Frage lautet: Wie hoch ist der durchschnittliche tägliche Umsatzbetrag der Verkäufer in der als Einheit anzusehenden Doppelabteilung?

Die Überlegung zur Beantwortung dieser Frage geht folgenden Weg:

Verkäufer A setzt täglich 1000 DM um und benötigt für 100 000 DM	100 Tage;
Verkäufer B benötigt bei täglichem Verkauf von 2000 DM für 100 000 DM	50 Tage.
Für 200 000 DM werden also benötigt	150 Tage.

Je Leistungstag der Verkäufer ergibt sich somit ein Verkauf von

$$200\,000 \text{ DM} : 150 = 1333 \text{ DM.}$$

So ist eine Durchschnittszahl, eine Mittelzahl, gefunden, die sich den tatsächlichen Gegebenheiten *anpaßt*. Die Durchschnittszahl wird als *harmonisches Mittel* bezeichnet. Der Begriff „harmonisch" kann mathematisch erklärt werden und ist der Lehre von den akustischen Schwingungen entlehnt.

Die *Rechenformel* für das *harmonische Mittel* kann aus dem Gang der durchgeführten Rechnung abgeleitet werden:

a) Errechnung der tatsächlichen Umsatztage für je 100 000 DM in den zusammengefaßten Abteilungen.

$$\frac{100\,000}{1000} + \frac{100\,000}{2000}$$

b) Berechnung des durchschnittlichen Verkaufsbetrages für den gesamten Umsatz je Verkäufer an einem Tag.

$$\frac{200\,000}{\frac{100\,000}{1000} + \frac{100\,000}{2000}} = \frac{200\,000}{100\,000\left(\frac{1}{1000} + \frac{1}{2000}\right)}$$

c) Kürzung des Bruches durch 100 000.

$$\frac{2}{\frac{1}{1000} + \frac{1}{2000}}$$

Rechnerisch stellt diese Formel dar:

$$\frac{\text{Zähler: Zahl der Beobachtungen}}{\text{Nenner: Summe der Umkehrwerte der Einzelzahlen (Ursprungszahlen)}}$$

d) Zusammenfassung des Nenners:

$$\frac{2}{\frac{2}{2000}+\frac{1}{2000}} = \frac{2}{\frac{3}{2000}}$$

e) Ergebnis:

$$\frac{2 \times 2000}{3} = \frac{4000}{3} = 1\,333 \text{ DM}$$

Durch das *arithmetische* und das *harmonische* Mittel erhält man eine Antwort auf Fragen nach der *durchschnittlichen Umsatzleistung* eines Verkäufers, und zwar im *ersten Fall* in bezug auf den Umsatzbetrag (2 mal 100 000 DM), im *zweiten Fall* in bezug auf die Umsatzzeit.

Die *arithmetische* Mittelbildung ist in Handelsbetrieben dann durchzuführen, wenn selbständige Gegebenheiten, für die je eine statistische Zahl errechnet ist, in einer Durchschnittszahl vorstellbar gemacht werden sollen, also Lagerung von Mengen oder Werten im Lager in Zeitpunkten, Zahl der Verkäufer in Abteilungen an bestimmten Tagen, Verhältnis von Vermögens- oder Kapitalposten zueinander in Bilanzen.

Die *harmonische* Mittelbildung ist in Handelsbetrieben viel häufiger notwendig, als das im allgemeinen in der Praxis eingesehen wird, nämlich dann, wenn die *Einzeltatsachen zu einer Einheit zusammengefaßt* werden. Voraussetzung allerdings ist, daß die gestellte Frage in bezug auf das Ganze *sinnvoll* ist. Das ist der Fall, wenn *statistische Zahlen für die begrenzten Größen an den Gegebenheiten des Ganzen teilhaben.*

Das harmonische Mittel kann auch die richtige Antwort auf die abgeänderte Frage geben, wenn ursprünglich ein *gewogenes arithmetisches Mittel* zu errechnen ist.

Angenommen, das hier gegebene Beispiel wird dahin abgeändert, daß Verkäufer A in seiner Abteilung nicht 100 000 DM, sondern 300 000 DM umsetzt; Verkäufer B bleibt bei 100 000 DM. (Tägliche Umsätze: A = 1000 DM; B = 2000 DM.)

Die Wägungszahlen bei der Errechnung des gewogenen arithmetischen Mittels sind also für A 3 und für B 1.

Das gewogene arithmetische Mittel für die tägliche Umsatzleistung je Verkäufer im Durchschnitt ergibt:

$$\frac{1000 \times 3 + 2000 \times 1}{4} = \frac{3000 + 2000}{4} = 1250,\text{— DM}$$

Das *harmonische Mittel* wird nach der soeben ermittelten Formel errechnet:

$$\frac{4}{\frac{1}{1000} \times 3 + \frac{1}{2000} \times 1} = \frac{4}{\frac{3}{1000} + \frac{1}{2000}}$$

$$= \frac{4}{\frac{6}{2000} + \frac{1}{2000}} = \frac{4}{\frac{7}{2000}} = 1142{,}85 \text{ DM}$$

Den Fall der Umschlagshäufigkeit des Warenlagers bearbeitet Lorenz[37]). Das dort gegebene Beispiel betrifft zwei Lager desselben Betriebs in derselben Zeit oder in nacheinander folgenden gleichen Zeitabschnitten.

„Ausgegangen wird von den beiden Lagerumschlagsgeschwindigkeiten 2 und 8, welche zum Ausdruck bringen, daß von zwei Warenlagern das eine zweimal und das andere achtmal im Jahr umgeschlagen worden ist. Diese Zahlen entsprechen in Umkehrwerten der durchschnittlichen *Bestandsdauer* des Warenlagers, die sich im ersten Fall auf $^1/_2$ Jahr und im zweiten Fall auf $^1/_8$ Jahr, also auf jeweils 6 und 1,5 Monate beläuft.“

Arbeitstabelle

Beobachtungszeit	Lager-Umschlagshäufigkeit im Jahr	Lagerdauer je Lager
1 Jahr	2	$^1/_2$ Jahr = 6 Monate
1 Jahr	8	$^1/_8$ Jahr = 1,5 Monate

Arithmetisches Mittel der Umschlagshäufigkeit: $\frac{2 + 8}{2} = 5$

Harmonisches Mittel der Umschlagshäufigkeit: $\frac{2}{^1/_2 + ^1/_8} = 3{,}2$

Zu den Ergebnissen stellt Lorenz folgende Überlegungen an: „Die gesamte Umschlagsdauer für beide Lager beträgt $^5/_8$ Jahr oder 7,5 Monate; wenn in $^5/_8$ Jahr zwei Lager umgeschlagen werden, so beträgt die Umschlagszahl für ein Jahr 3,2 Lager.“ D. h. das harmonische Mittel für die Umschlagshäufigkeit je Zeiteinheit (1 Jahr) ist 3,2.

[37]) Lorenz, Charlotte, Betriebswirtschaftsstatistik, Berlin 1960, S. 142.

f) Geometrisches Mittel

Dieses rechnerische Verfahren ist nicht einfach zu deuten. Für Klein- und Mittelbetriebe dürfte es kaum in Frage kommen; das Ergebnis weicht nämlich nicht sehr stark von dem arithmetischen Mittel ab. Nur der Vollständigkeit halber soll das Verfahren kurz gekennzeichnet werden. Bei der Errechnung des geometrischen Mittels werden die vorliegenden Einzelwerte multipliziert; aus dem Produkt wird die sovielte Wurzel gezogen, wie Einzelwerte multipliziert worden sind. „Sind die Zahlen 2, 3 und 4 gegeben, so folgt[38]):

$$\sqrt[3]{2 \times 3 \times 4} = \sqrt[3]{24} = 2{,}9.“$$

Nach dem Zahlenbeispiel ist 2,9 die Länge der Seite eines Würfels, der den gleichen Rauminhalt hat wie ein Körper mit den Ausdehnungslängen 2, 3, 4.

6. Zusammenfassung

Der Mittelwert im kaufmännischen Betrieb

Vorstellungsgröße	Berechnung	Voraussetzung für Brauchbarkeit	Anwendung, wenn:
Einfache Repräsentativzahl	Eine geläufige Zahl wird aus einer Vielheit genannt.	Die Zahl muß charakteristisch sein.	oberflächlich eine Vorstellungsgröße gegeben werden soll;
Häufigster (dichtester) Wert	Auszählung der Häufigkeit der Einzelwerte.	Häufigkeit muß eindeutig erkennbar sein.	oberflächlich eine Vorstellung vom typischen Wert gegeben werden soll;
Mittlerer Wert	Ordnung der Einzelwerte nach der Größe in einer Reihe. Ausscheiden nur gleich langer Reihen nach oben und unten.	Einzelwerte bilden eine etwa gleichstufige Reihe.	eine bloße Charakterisierung der Zahlen einer Reihe gegeben werden soll;
Einfaches arithmetisches Mittel	Summe der Einzelwerte durch Zahl der Einzelwerte.	Einzelwerte bilden eine etwa gleichstufige Reihe.	eine leichte Rechnung gewünscht wird;
Bereinigtes arithmetisches Mittel	Ausschaltung von Außenwerten; Summe der restlichen Einzelwerte durch Zahl der Einzelwerte.	Außenwerte sind erkennbar; beim Rest der Einzelwerte ist eine gleichstufige Reihe vorhanden.	extreme Werte nicht zu stark wirken sollen; der typische Durchschnitt errechnet werden soll;

Gewogenes arithmetisches Mittel	Bestimmung der Gewichtszahlen. Summe d. Produkte aus Gewichtszahl mal Einzelwerte geteilt durch Summe der Gewichtszahlen.	Häufung der Einzelwerte muß bekannt sein.	jeder Wert nur nach seiner Bedeutung in der Zahlenreihe auf den Durchschnittswert wirken soll;
Harmonisches Mittel	Zahl der Beobachtungen durch Summe der Umkehrswerte der Einzelzahlen.	Sinnvolle Zusammenfassung der Gegebenheiten zu einem Ganzen.	eine Gesamtleistung charakterisiert werden soll, für deren Teile Zahlenvorstellungen bestehen;
Geometrisches Mittel	Multiplikation der Einzelwerte; sovielte Wurzel wie Zahl der Einzelwerte.	Große Unterschiede der Einzelwerte.	extreme Werte einer Zahlenreihe nicht so stark zur Geltung kommen sollen wie beim arithmetischen Mittel.

7. Streuungsmaße für Beurteilung der Mittelwerte

a) Wesen

Alle besprochenen statistischen Mittelwerte charakterisieren die Einzelziffern in einer Gruppe, für die sie berechnet werden, nur dann wirklich, wenn die *Einzelziffern in einer Reihe nahe beieinander liegen,* wenn also die beobachteten Gegebenheiten *etwa gleichartig* sind. Ist das nicht der Fall, liegen die Einzelziffern also in einer weiten Spanne um den Mittelwert, dann darf dieser nicht ohne weiteres als charakteristische Größe für die Zahlengruppe angesprochen werden; denn eine kleine Mehrung oder Minderung der Einzelzahlen könnte den Mittelwert bereits deutlich verschieben.

Deshalb ist es notwendig, daß bei einer größeren *Streuung* der Einzelzahlen deutlich gemacht wird, in welchem Grade sie vorliegt. Das geschieht durch die Errechnung von *Streuungsmaßziffern.* Solche Maßziffern lassen auf die Aussagekraft von Mittelwerten schließen und werden deshalb mit diesen zusammen ausgewertet.

b) Spannweite als einfaches Streuungsmaß

Wenn die *niedrigste* und die *höchste Zahl* einer Zahlengruppe, aus der ein Mittelwert errechnet ist, neben diesem angegeben werden, dann ist zu erkennen, in wie hohem Grad der Mittelwert für die Einzelwerte typisch ist. Zur Erläuterung soll die Zahlentafel Übersicht 2, S. 71, gewählt werden. Das einfache arithmetische Mittel aus allen Preiszahlen (2,— bis 22,—) ist mit 10,77 DM errechnet worden. Das Streuungsmaß zu diesem Mittelwert kann folgendermaßen angegeben werden:

[38]) Donner, Otto, Statistik, S. 47.

a) 2,— bis 22,— oder 2/22. Die *Spannweite* wird mit *Tiefst-* und *Höchstwert* angegeben;

b) 20,—. Die *Spannweite* wird als *Differenzbetrag* zwischen dem Tiefst- und Höchstwert angegeben. Diese Form hat insbesondere dann einen hohen Aussagewert, wenn gleiche oder fast gleiche Mittelwerte verschiedener Reihen miteinander verglichen werden, z. B.

Mittelwert a = 3,75, Spannweite 5,50
Mittelwert b = 3,74, Spannweite 0,35.

Es ist klar, daß der Mittelwert b die zugrunde liegenden Einzelzahlen genauer charakterisiert als der Mittelwert a.

c) 9 %. Die Spannweite wird durch das *prozentuale Verhältnis* der *tiefsten* zur *höchsten* Zahl in der Reihe ausgedrückt: 2,— in % von 22,—.

Wird das *bereinigte arithmetische Mittel* (S. 73) aus den Preisen von 4,50 bis 15,— mit 9,37 zugrunde gelegt, dann ist die Spannweiten-Prozentzahl (4,50 in % von 15,—) 30 %; diese läßt den Mittelwert schon eher, aber doch nicht in sehr hohem Grad, als typisch gelten.

c) Durchschnittliche Abweichung

Die durchschnittliche Abweichung der Einzelzahlen vom bereinigten arithmetischen Mittel ist 2,62. Diese kann für das vorliegende Zahlenbeispiel folgendermaßen errechnet werden:

Übersicht 4

Errechnung der durchschnittlichen Abweichung vom bereinigten Durchschnitt

	Ursprungszahlen (DM)		Abweichungen vom Mittelwert (9,37 DM)
	1		2
	4,50		— 4,87
	5,50		— 3,87
	6,50		— 2,87
	7,50		— 1,87
	8,—		— 1,37
	8,50		— 0,87
	9,50		+ 0,13
	10,—		+ 0,63
	11,50		+ 2,13
	12,50		+ 3,13
	13,50		+ 4,13
	15,—		+ 5,63
Summe:	112,50	Summe:	31,40
Durchschnitt:	9,37	Durchschnitt:	31,40 : 12 = 2,62

Wenn *auch* in der Abweichung zum Ausdruck kommen soll, daß die Ursprungszahlen in der Reihe ***ungleich häufig*** vertreten sind, dann wird die jeweilige Abweichung der Ursprungszahl vom Mittelwert mit der *Häufigkeitsziffer der Ursprungszahl* vervielfacht. Die Summe der Produkte wird zusammengezählt und durch die Anzahl der Glieder in der Zahlenreihe geteilt.

Zur Verdeutlichung der Rechnung wird Übersicht 4 in Übersicht 5 fortgesetzt.

Übersicht 5

Errechnung der gewogenen mittleren Abweichung vom bereinigten Durchschnitt

Abweichung vom Mittelwert (Übersicht 4)	Häufigkeit der Ursprungszahlen (Übersicht 2)	Produkt aus Abweichung und Häufigkeit (Spalte 2×3)
2	3	4
— 4,87	44	214,28
— 3,87	51	197,37
— 2,87	57	163,54
— 1,87	77	143,99
— 1,37	60	82,20
— 0,87	48	41,76
+ 0,13	43	5,59
+ 0,63	37	23,31
+ 2,13	34	72,42
+ 3,13	30	93,90
+ 4,13	28	115,64
+ 5,63	21	118,23
	530	1272,23 Durchschnitt: 1272,23 : 530 = 2,40

Wird die durchschnittliche Abweichung zum Durchschnitt in Beziehung gesetzt, dann können auch Zahlen auf verschieden hohem Niveau miteinander verglichen werden.

Nach den Übersichten 4 und 5 kann die durchschnittliche Abweichung in Prozent des Mittelwertes (9,37) ausgedrückt werden. Sie lautet:

Bei der einfachen (Übersicht 4): $\frac{2{,}62 \times 100}{9{,}37} = 27{,}9\,\%$;

bei der gewogenen (Übersicht 5): $\frac{2{,}40 \times 100}{9{,}37} = 25{,}6\,\%$.

Richtungweisende Angaben über die *zulässige Höhe* der durchschnittlichen Abweichung oder des Prozentsatzes der durchschnittlichen Abweichung lassen sich nicht machen. Trotzdem sind die Streuungsmaße wichtig, insbesondere für *Zeitvergleiche*, um Entwicklungen zu erkennen, und für *Betriebsvergleiche*, um Vorstellungen vom Typischen zu gewinnen. Darüber hinaus soll der Betriebsverantwortliche aus den Streuungsmeßzahlen auch auf die Einflüsse schließen, die bei der Entstehung statistischer Zahlen wirksam waren; er soll aus der Änderung von höhenmäßigen oder zeitlichen Streuungszahlen auf eine Änderung der wirksamen Kräfte im Betrieb schließen.

Folgende Fragen können *beispielsweise* in Handelsbetrieben zur Ermittlung von Durchschnittsziffern mit Streuungsmaßstäben führen:

a) *Großhandelsbetriebe:* Wie hoch war der Durchschnittsbetrag von Auslieferungskommissionen in einem Monat der Jahre 1961, 1962, 1963? *Nebenfrage:* Hat das Bemühen um Auftragskonzentration in den drei Jahren gleichmäßige Erfolge gezeitigt? Wie hoch sind die durchschnittlichen täglichen Verkaufsbeträge eines Reisenden bei der Landkundschaft und bei der Stadtkundschaft? *Nebenfrage:* Werden Unterschiede in den Verkaufsbeträgen lediglich durch den Verkaufsbezirk bestimmt?

b) *Einzelhandelsbetriebe:* Wieviel Umsatz entfällt auf eine Verkaufskraft täglich, monatlich, in den Vormittagsstunden, in den Nachmittagsstunden usw. *Nebenfrage:* Wird der zeitliche Verkaufsrhythmus durch einheitliche Kräfte bestimmt?

Wie hoch sind die durchschnittlichen Verkaufsbeträge je Umsatzakt in den verschiedenen Saisonabschnitten. *Nebenfrage:* Wirken Saisonkräfte ausschließlich?

d) Standardabweichung

Bei der Errechnung der einfachen durchschnittlichen Abweichung ist der „mathematisch unlogische Kunstgriff" angewandt worden[39]), die Abweichungen zu addieren, einerlei, ob sie mit Plus- oder Minuszeichen versehen sind. Diese „Unsauberkeit" wird vermieden, wenn die Abweichungen ins Quadrat erhoben werden. Dann gibt es nur Zahlen mit Pluszeichen, die addiert werden können. Aus der Summe der quadrierten Abweichungszahlen kann durch Division mit der Anzahl der Glieder die durchschnittliche quadrierte Abweichungszahl gewonnen werden. Die *Quadratwurzel hieraus* wird *„Standardabweichung"* genannt. Diese Standardabweichung besitzt nach der Wahrscheinlichkeitsrechnung den Charakter eines Maßstabs für das *„Streuungsband" der Abweichungen*, auf dem die Einzelzahlen liegen müssen, wenn „die Einwirkung einer konstanten oder stetigen Ursache angenommen werden soll" [40]).

Streuungsband ist eine sehr treffende Bezeichnung für eine gedachte Fläche durch eine „gestreute" Häufung der Reihe von Einzelzahlen, die in ein statistisches *Schaubild* (Koordinatenkreuz) eingezeichnet sind. Das Streuungsband

---

39) Donner, Otto, Statistik, S. 53.

40) Lorenz, Charlotte, Betriebswirtschaftsstatistik, S. 192.

verfolgt in gleichbleibender Breite die Richtung der Zahlenanordnung. Es hat eine Bedeutung für das Urteil, ob die Einzelzahlen in *„normaler"* Entfernung um den arithmetischen Durchschnitt herum, also über oder unter diesem Mittel, liegen. Für dieses Urteil werden die Ergebnisse der *Wahrscheinlichkeitsrechnung* zu Rate gezogen, die folgendes besagen:

Eine normale Verteilung der Einzelzahlen in einer Ordnungs- oder Verlaufsreihe kann erwartet werden, wenn *gleichmäßig wirkende Ursachen* für die Entstehung einer jeden Zahl angenommen werden sollen. *Die Zahlen liegen dann innerhalb eines Streuungsbandes.* Seine *Breite* läßt auf den *Grad der Wahrscheinlichkeit* schließen, daß ein bestimmter Teil der Zahlen insgesamt umschlossen ist. *Maßstab für die Breite des Bandes ist der Mittelwert, vermehrt oder vermindert um die Standardabweichung.* Es gilt für die Einschließung der Einzelzahlen in das Streuungsband folgendes:

Arithmetisches Mittel ± 1mal Standardabweichung umschließt 68,27 % der Einzelzahlen
Arithmetisches Mittel ± 2mal Standardabweichung umschließt 95,45 % der Einzelzahlen
Arithmetisches Mittel ± 3mal Standardabweichung umschließt 99,73 % der Einzelzahlen

Wird nun bei einer Durchschnittsrechnung festgestellt, daß z. B. ein Streuungsband, gebildet vom arithmetischen Mittel ± 3mal Standardabweichung, einen großen Teil der Einzelzahlen *nicht umschließt,* dann muß damit gerechnet werden, daß unterschiedliche Kräfte auf die Entstehung der Zahlen eingewirkt haben. *Die errechnete Mittelzahl sagt also wenig aus.*

Für *Handelsbetriebe* hat eine solche Beurteilung der Mittelzahl bei innerbetrieblichen Kontrollen deswegen *kaum* eine Bedeutung, weil die Masse der Einzelzahlen in der Regel nicht sehr umfangreich ist. Anders ist das aber bei *Einzelfeststellungen,* z. B. bei den Verbraucherbefragungen, bei Kontrollen des Werbeerfolges, bei Marktbeurteilungen, weil dann zwar nur in Teilbereichen gezählt wird, aber immerhin in einem repräsentativen Umfang. Außerdem müssen die Zahlen im Hinblick auf Repräsentationsgeeignetheit beurteilt werden.

e) Häufigkeiten von Einzelwerten

Mittelwerte gleichen Unterschiede in den Einzelzahlen einer Gruppe immer aus; *Streuungsmaße* deuten zusätzlich an, inwieweit der Mittelwert als typisch in dem Rahmen der Einzelwerte anzusehen ist. Aber bei Zahlenreihen, die in einem Zeitabschnitt nacheinander folgen, wird die Bewegung undeutlich in den Mittelwerten ausgedrückt, z. B. Umsatzbeträge für nacheinander folgende Wochen oder Monate; bei Zahlenhäufungen, die örtliche Eigenarten widerspiegeln sollen, werden die tatsächlichen Unterschiede durch die Mittelwerte häufig verwischt, z. B. durchschnittliche Mietkosten für Ladenräume in verschiedenen Bezirken.

Ein Weg, solche statistischen Ausgleiche zu vermeiden, ist die Berücksichtigung der *Häufigkeiten* von Einzelwerten in einer Zahlengruppe.

Das Problem wird an einem Beispiel deutlich: „Der Einzelhändler, der einen Schuhladen aufmacht, würde sehr schlecht daran tun, nur die Mittelgröße - sagen wir, für Herrenschuhe: 42 - zu führen. Etwas besser, aber immer noch unzureichend wäre es, wenn er alle Nummern, die innerhalb des durch das Streuungsmaß bezeichneten Bereichs - sagen wir: von 40 bis 44 - gleichmäßig auf Lager nähme. Wirklich sachgemäß wäre es allein, das Lager entsprechend der relativen Häufigkeit der einzelnen Schuhgrößen auszustatten“ [41]).

„In der Beobachtungspraxis der betriebswirtschaftlichen Statistik sind die Fälle einer gleichmäßigen Anordnung der Einzelwerte um das Reihenmittel sehr selten. Das hängt damit zusammen, daß in der Verteilungsform nicht nur eine einzelne beherrschende Ursache als ordnungsbestimmender Faktor ihren Niederschlag findet, sondern daß auch eine Reihe teils unabhängiger, teils miteinander verkoppelter Ursachen mit unterschiedlicher Wirkungskraft in gleich- und gegenläufigem Sinne die Höhe und Größenordnung der Reihenglieder bestimmt“ [42]).

Nach der Übersicht 2 z. B. sind Krawatten in den Preislagen von 2,— bis 22,— DM innerhalb der vier Wochen im ganzen 588mal verkauft worden. Davon entfallen 43 + 37 Käufe auf die beiden mittleren Preise von 9,50 DM und 10,— DM. Auf die darüber hinausgehenden Preisgruppen kommen 368 Käufe, und auf die darunter bleibenden Preisgruppen kommen 140 Käufe. Trägt man in einem Koordinatensystem auf der Abszisse die Preise von links nach rechts ansteigend ein und auf der Ordinate die Zahl der Käufe von unten nach oben ansteigend, dann sind innerhalb des Koordinatenkreuzes die Schnittpunkte einzutragen, die ablesen lassen, wie viele Stücke jeweils zu den einzelnen Preisen gekauft worden sind. Werden die Punkte miteinander verbunden, dann erhält man die Häufigkeitskurve mit einem Gipfelpunkt. In unserem Beispiel liegt dieser nicht über der Mitte der Preisreihe, sondern nach links verschoben, weil die unter den mittleren Preisen liegenden Einzelpreise häufiger sind als die darüber liegenden. Man sagt dann: Die Verteilungskurve ist schief; sie besitzt eine „linkssteile Schiefe“ [43]).

Die in dem vorstehenden Beispiel schiefe Verteilungskurve mit einer Steilheit nach den niedrigen Preisen gibt zwar nicht eine exakte Erklärung, weist aber doch darauf hin, daß die *niedrigeren Preisgruppen den Käuferschichten mehr angepaßt* sind als die höheren. Betriebspolitisch sind daraus die *Folgerungen* zu ziehen, daß bei Einkauf und Lagerhaltung den niederen Preisstufen erhöhte Aufmerksamkeit zuzuwenden ist. Wenn eine Häufigkeitskurve zwei oder meh-

---

[41]) Donner, Otto, Statistik, S. 55.

[42]) Lorenz, Charlotte, Betriebswirtschaftsstatistik, S. 186.

[43]) Lorenz, Charlotte, Betriebswirtschaftsstatistik, S. 186.

rere Höchstpunkte aufweist, dann deutet das darauf hin, daß die zugrunde liegenden Einzelwerte nicht nur von einer einzigen Kraft entscheidend beeinflußt werden.

Weist z. B. die Kurve der Verkaufspreise für eine Warenart zwei deutliche Bewegungen zu Höchstpunkten auf, dann deutet das darauf hin, daß die Käuferschaft sich aus zwei unterschiedlichen Gruppen von Interessenten zusammensetzt.

8. Vergleichsmaßstäbe zur Betriebsbeurteilung

a) Begriffe

Mehrmals ist bereits darauf hingewiesen worden: Absolute Maße, Normalmaße, gibt es für Vorgänge und Erscheinungen im Betrieb nicht, soweit nicht rein technische Messungen möglich sind, z. B. für den Fassungsraum von Lieferwagen oder des Lagers, für die Mengenleistung gewisser Maschinen.

In Handelsbetrieben sind aber solche technischen Maße selten. Das ist nachteilig für die Beurteilung der Betriebs- und Personalleistungen, der Erfolgsgegebenheiten, der betrieblichen Einrichtungen sowie der Wirkungen von betriebsorganisatorischen Maßnahmen. Groß- und Einzelhandelsbetriebe müssen sich weitgehend mit dem Ersatz für Normalmaße begnügen, nämlich mit *Vergleichsmaßstäben.* Darunter werden *Verhältnisziffern* verstanden, die vergleichend zwei Zahlengrößen für Gegebenheiten zueinander in Beziehung setzen. Am häufigsten werden dabei Prozentzahlen gewählt, wobei die eine Zahlengröße als Basisgröße gleich 100 gesetzt wird; weniger häufig werden Zahlenbrüche gewählt, die das Größenverhältnis der verglichenen Zahlen unmittelbar angeben.

Auf die Frage „Wie ist die Umsatzgröße während eines Monats in einem Einzelhandelsbetrieb zu beurteilen?" kann beispielsweise geantwortet werden: Der Umsatzbetrag liegt 20 % über demjenigen eines Durchschnittsmonats oder 10 % über dem Betrag des gleichen Monats im Vorjahr; er ist $^1/_{10}$ des vorjährigen Jahresumsatzes; die Zunahme entspricht derjenigen der Lohneinkommen in der Gesamtwirtschaft usw., oder: die Zunahme entspricht derjenigen der Gesamtumsätze in der Branche. Es gibt also mancherlei Vergleichsmöglichkeiten.

Anwendungsgebiete der Vergleichsmeßzahlen sind die *Betriebs- und Unternehmungsanalysen,* bei denen die einzelnen Vorgänge in den Wirtschaftseinheiten, ihr wert- und mengenmäßiger Aufbau sowie die unternehmerische Erfolgsgestaltung beurteilt werden sollen.

Die Vergleichsmaßstäbe können sich auf *einfache* statistische Erscheinungen oder auf *zusammengesetzte* beziehen. Eine einfache ist eine solche, die durch eine einzige Ziffer gekennzeichnet werden kann. Beispiel: Umsatzbetrag in DM für einen Zeitabschnitt, Kostenbetrag in DM für ein verkauftes Stück, Gehalt eines

Verkäufers für einen Monat. *Vergleichsziffern,* die eine *einfache statistische Erscheinung* kennzeichnen, *werden Meßziffern* genannt.

Vergleichsmaßstäbe können aber auch *zusammengesetzte* statistische Erscheinungen und Vorgänge betreffen. Beispiel: Der Verkaufsbetrag eines Warenhauses wird als Summe der Teilbeträge in den einzelnen Abteilungen betrachtet; die Gehaltskosten eines Betriebes werden als Zusammenfassung der Gehälter der unterschiedlich besetzten Gehaltsgruppe erfaßt. Vergleichsziffern, die zusammengesetzte statistische Erscheinungen kennzeichnen, werden *Indexziffern* genannt.

In der Untersuchung des Instituts für Handelsforschung, Köln, über Vermögen und Kapital in Einzelhandelsbetrieben[44]) sind die Vermögens- und Kapitalverhältnisse zu den Bilanzsummen für die Branchen als Meßziffern errechnet, d. h. die einzelbetrieblichen Verhältnisziffern sind einfach arithmetisch gemittelt. Die Gesamtergebnisse für den Einzelhandel aber werden als Indexziffern in dem vorbezeichneten Sinn, d. h. nach einem Wägungsschema, ermittelt, bei dem die Gewichtung der Branchenergebnisse nach den errechneten Kapitalanteilen der Branchen am Gesamtkapital des Einzelhandels vorgenommen wird. Die Kapitalanteile wiederum werden aus den Ziffern des Verhältnisses von Branchenabsatz zu Gesamtabsatz des Einzelhandels und denjenigen der Umschlagshäufigkeit des Kapitals nach der Umsatzsteuerstatistik festgestellt.

Die dargestellten Begriffsunterscheidungen: „Meß- bzw. Indexziffer" sind in der jüngsten Zeit entwickelt worden und werden in der amtlichen Statistik allgemein beachtet[45]). Hier sollen aber die Begriffe *Meßziffer und Indexziffer* jeweils nur für *Bewegungsreihen* gebraucht werden, für andere statistische Vergleiche wird der Begriff *Verhältnisziffer* angewandt.

b) Beispiel für eine Verhältnisziffer

Als eine Verhältniszahl besonderer Art ist hier die Ziffer der *Umschlagshäufigkeit des Lagers* zu nennen. In der Praxis wird diese Ziffer häufig in der einfachen Weise errechnet, daß der Umsatz des Jahres durch den wertmäßigen Lagerwert am Ende des Jahres dividiert wird. Gegen diese Rechnung ist zunächst einzuwenden, daß hier Umsatzwerte mit Einstandswerten (Bilanzwerten) verglichen werden. In Zeiten stabiler Preise und Handelsspannen können die so errechneten Ziffern aus verschiedenen Jahren einen Vergleich ermöglichen und Änderungen anzeigen. Wertlos werden sie aber, wenn die genannten Voraussetzungen nicht gegeben sind. Deshalb ist es ratsam, den Umsatz zu Einstandspreisen anzusetzen, um so gleichartige Werte einander gegenüberzustellen. Eine weitere Störung für den Erkenntniswert jener Ziffern ist dadurch bedingt, daß die Lagergröße am Bilanzstichtag häufig von Zufälligkeiten abhängt. Um diese

---

[44]) Mitteilungen des Instituts für Handelsforschung an der Universität zu Köln, 1962/100.

[45]) Flaskämper, Paul, Art. Indexzahlen, Hwb. d. Sozialwissenschaften, Bd. 5.

nicht so stark wirken zu lassen, errechnet man einen durchschnittlichen Lagerbestand aus bilanzmäßigem Anfangs- und Endbestand des Jahres oder aus den Bestandszahlen am Ende der einzelnen Monate des Jahres.

Ziffern des Betriebsvergleichs über Umschlagshäufigkeit des Lagers in Groß- und Einzelhandelsbetrieben sind beispielsweise in den Veröffentlichungen des Instituts für Handelsforschung an der Universität zu Köln, in denjenigen der RGH und des Statistischen Bundesamtes zu finden. Eine Zusammenstellung von typischen Ziffern der Umschlagshäufigkeit gibt auch Mellerowicz in seinem Buch: „Die Handelsspanne bei freien, gebundenen und empfohlenen Preisen“ [46]. Über Korrelationen bei Umschlagshäufigkeit werden S. 123 Überlegungen angestellt.

9. Meßziffern zur Darstellung von Bewegungen

Verhältniszahlen zur Auswertung betriebswirtschaftlicher Zahlen spielen eine besonders große Rolle, wenn das Fortschreiten von Bewegungen und Entwicklungen dargestellt werden soll. Es wird dann eine *Grundzahl* gewählt, zu der *alle Zahlen* der Bewegungsreihe in ein Verhältnis gesetzt werden. Ist die Grundzahl gleich 100, so werden alle Zahlen der Bewegungsreihe in Prozent der Grundzahl (Basis) ausgedrückt. Diese Prozentzahlen sollen in diesem Zusammenhang als *Meßziffern* bezeichnet werden.

Übersicht 6

Absatz eines Großhandelsbetriebes in den einzelnen Monaten des Jahres 19..

Jan.	Febr.	März	April	Mai	Juni	Juli	Aug.	Sept.	Okt.	Nov.	Dez.
(in absoluten Zahlen: 1000 DM)											
45	50	57	90	110	160	180	140	100	70	60	50
(in Meßziffern: Jan. = 100)											
100	111	127	200	244	356	400	311	222	156	133	111

Werden die Meßziffern für den Februar errechnet, so wird die Frage gestellt: Welches Verhältnis ist gleichbedeutend dem Verhältnis 50 zu 45, wenn 45 = 100 gesetzt wird? Eine Antwort gibt die Formel:

$$\frac{50}{45} = \frac{x}{100}\,;\ x = (50 \times 100) : 45 = 111.$$

Die Meßziffern erleichtern insbesondere den *Vergleich mehrerer Bewegungsreihen*, weil sie auf diese Weise in gleiche Höhenlage gebracht werden. Das soll wiederum an einem Beispiel gezeigt werden.

---

[46]) Freiburg 1960, S. 229 ff.

Es sollen die Bewegungen von Umsatz, Lager und Kosten im gleichen Jahre miteinander verglichen werden:

Übersicht 7

Umsatz, Lager und Kosten in einem Handelsbetrieb im Jahre 19..
Absolute Zahlen in 1000 DM

Bezeichn.	Jan.	Febr.	März	April	Mai	Juni	Juli	Aug.	Sept.	Okt.	Nov.	Dez.	Durchschnitt
Umsatz	80	85	140	165	120	140	160	160	190	210	220	260	161
Lager	20	20	36	37	34	50	60	64	80	65	70	85	52
Kosten	12	11	16	17	14	18	20	19	21	23	26	29	19

Es ist fast nicht möglich, über die Verhältnisse der in vorstehenden Zahlenreihen ausgedrückten Bewegungen zueinander etwas Genaueres auszusagen, weil sie *in ganz verschiedenen Höhen* liegen. Ein klares Bild der Bewegungsverhältnisse ergibt sich aber, wenn die absoluten Zahlen in *Meßziffern* umgerechnet werden, wobei der Monatsdurchschnitt gleich 100 gesetzt wird.

Übersicht 8

Umsatz, Lager und Kosten in einem Handelsbetrieb im Jahre 19..
Meßziffern: Monatsdurchschnitt = 100

Bezeichn.	Jan.	Febr.	März	April	Mai	Juni	Juli	Aug.	Sept.	Okt.	Nov.	Dez.
Umsatz	49	53	87	102	75	87	99	99	118	130	137	161
Lager	38	38	69	71	65	96	115	123	154	125	135	164
Kosten	63	58	84	89	73	95	105	100	110	121	137	152

An sich ist es gleichgültig, welche Zahlengröße als Basis gewählt wird.

Wenn die Zahlen für stark konjunkturbeeinflußte Betriebsvorgänge oder Wirtschaftserscheinungen oder für Vorgänge mit stärkeren strukturellen Veränderungen in Meßziffern ausgedrückt werden sollen, dann wird man bei der Wahl der Basiszahl zunächst überlegen müssen, welche Bewegung in den Meßziffern besonders deutlich zum Ausdruck kommen soll. Soll die Aufwärtsbewegung gegenüber einem überwundenen Tiefstand verdeutlicht werden, dann wird das Jahr oder der Monat mit der niedrigsten Zahl als Basis gewählt; soll aber aus irgendwelchen Gründen ein ungünstiges Bild der Veränderung entworfen werden, dann wird die höchste bisher erreichte Zahl als Basis eingesetzt. Grundsätzlich soll die Basis so gewählt werden, daß sie die normale Durchschnittshöhe der Bewegungsreihe kennzeichnet. Das wird erreicht, wenn ein Durchschnittsjahr oder ein Durchschnittsmonat als Basis errechnet wird.

10. Indexziffern

a) Meßziffern für mehrere betriebliche Vorgänge

Es ist auch möglich, die Bewegungsreihen mehrerer gleichartiger Wirtschaftsvorgänge im Betrieb zu *einer einzigen* Reihe mit Hilfe von Meßziffern zusammenzufassen.

Gehen wir von zwei Beispielen aus.

Erstes Beispiel:

Für einen Einzelhandelsbetrieb soll die Entwicklung des durchschnittlichen *Qualitätsniveaus* der geführten Waren anhand der Verkaufspreise ermittelt werden. Dabei soll angenommen werden, daß der Preisstand für die gleichen Waren sich nicht ändert. Folgende Zahlen sind bekannt:

Übersicht 9

Umsatzzahlen aus einem Einzelhandelsbetrieb

Jahr	Abteilung A			Abteilung B			Abteilung C		
	DM	Stück	DM je Stück	DM	Stück	DM je Stück	DM	Stück	DM je Stück
1.	33 000	6 500	5,08	18 000	3 200	5,63	54 000	10 000	5,40
2.	34 000	6 800	5,00	17 000	3 100	5,48	56 000	10 000	5,60
3.	36 000	7 200	5,00	16 000	3 000	5,35	58 000	11 000	5,27
4.	38 000	7 400	5,13	15 000	2 900	5,18	60 000	11 200	5,36
5.	41 000	7 600	5,39	17 000	3 200	5,31	62 000	11 300	5,49
6.	43 000	7 800	5,51	19 000	3 500	5,43	63 000	11 800	5,34

Werden die für die einzelnen Jahre errechneten Durchschnittspreise je Stück in den drei Abteilungen einfach arithmetisch ermittelt, so wird das jeweilige Preisniveau (Qualitätsniveau) nicht exakt gekennzeichnet, weil die verschiedenen Preise nach dem Umsatzvolumen im Betrieb eine ganz ungleiche Bedeutung haben. Bei der einfachen arithmetischen Mittelung wirkt nämlich – wie auf S. 73 ausgeführt wurde – jede Einzelzahl gleichmäßig. Da jede Preiszahl mit dem Umsatzgewicht wirken soll, kommt hier bei der Errechnung des durchschnittlichen Preisstandes in jedem Jahr das *gewogene arithmetische Mittel* in Frage. Die Durchschnittszahl der Preise umfaßt dann die gewogenen Einzelzahlen und kann zu einer Basis in Beziehung (in Prozent) gesetzt werden. Das ist eine Meßziffer besonderer Art, nämlich eine gewogene Meßziffer, die als *Indexziffer* gilt

Übersicht 10

Indexberechnung für die durchschnittliche Qualitätshöhe im Einzelhandelsbetrieb

Jahr	Abteilung A			Abteilung B			Abteilung C			Summe der Gewichtszahlen (Sp. 2, 5 u. 8)	Summe der Produkte: Gewichtszahl mal Preis (Sp 4, 7 u. 10)	Gewogenes arithmetisches Mittel der Preise (Sp. 12 : 11)	Index: 1. Jahr = 100
	Gewichtszahl	Preis	Gewichtszahl mal Preis	Gewichtszahl	Preis	Gewichtszahl mal Preis	Gewichtszahl	Preis	Gewichtszahl mal Preis				
1	2	3	4	5	6	7	8	9	10	11	12	13	14
1.	33	5,08	167,65	18	5,63	101,34	54	5,40	291,60	105	560,59	5,34	100
2.	34	5,00	170,00	17	5,49	93,16	56	5,60	313,60	107	576,76	5,39	101
3.	36	5,00	180,00	16	5,33	85,28	58	5,27	305,66	110	570,94	5,19	97
4.	38	5,13	194,94	15	5,18	77,70	60	5,36	321,60	113	594,24	5,26	98
5.	41	5,39	220,99	17	5,31	90,27	62	5,49	340,38	120	651,64	5,43	102
6.	43	5,51	236,93	19	5,43	103,17	63	5,34	336,42	125	676,52	5,41	102

In dem vorstehenden Beispiel sind die Preise gewogen worden. Zu dem gleichen Ergebnis kommt man, wenn man zuerst die Meßziffern der Preisveränderung errechnet, dann aus den Meßziffern den gewogenen Durchschnitt bildet.

Zweites Beispiel:

In der vorstehenden Übersicht gibt der Index – entsprechend der angegebenen Voraussetzung – nicht die Preisbewegung für die im Unternehmen verkauften Waren, sondern diejenige für das *geführte Sortiment* in der jeweiligen Zusammensetzung an.

Ein Index der betrieblichen Preisbewegung muß durchgehend die gleichen repräsentativen Warenarten und ein gleichbleibendes Wägungsschema berücksichtigen.

In dem folgenden Beispiel für die Berechnung eines solchen Preisindex ist das Wägungsschema nach dem Umsatzanteil der einzelnen Waren am Gesamtumsatz der Unternehmung in einem Basiszeitraum gewählt:

Repräsentative Warenarten
(Umsatz im Basiszeitraum in % des Gesamtumsatzes)

A	B	C	D	E	Insgesamt
30 %	10 %	20 %	25 %	15 %	100 %

Die in der Übersicht 11 eingesetzten Preise der repräsentativen Waren gelten an einem bestimmten Tage des Monats. Der Gang der Rechnung ist aus der Übersicht abzulesen.

Übersicht 11

Errechnung eines Preisindex im Groß- oder Einzelhandelsbetrieb
(Monatspreise von fünf repräsentativen Waren für das Jahr 19..)

Wägungsschema: Waren in % des Gesamtumsatzes im Monat Januar

In der Monatsspalte bedeutet: 1 = Verkaufspreis
2 = gewogener Preis (nach Umsatzanteil)

Warenart	Prozentualer Anteil am Gesamtumsatz	Januar		Februar		März		April	
		1	2	1	2	1	2	1	2
Ware A	30 %	2,96	88,8	2,99	89,7	3,05	91,5	3,05	91,5
Ware B	10 %	21,—	210,-	21,45	214,5	21,60	216,-	22,—	220,-
Ware C	20 %	7,09	141,8	7,05	141,-	7,02	140,4	7,—	140,-
Ware D	25 %	14,90	372,5	15,—	375,-	15,—	375,-	15,10	377,5
Ware E	15 %	40,20	603,-	40,40	606,-	40,60	609,-	40,60	609,-
Summe der Wägungszahlen			1416,1		1426,2		1431,9		1438,-
Indexziffer (Januar = 100)			100,0		100,7		101,1		101,6

Die Errechnung von Indexziffern kommt im *Betrieb* nicht sehr häufig vor. Notwendig ist sie immer dann, wenn *Durchschnittsmeßziffern aus verschiedenartigen Einzelziffern ermittelt werden sollen,* z. B. im Großhandelsbetrieb: Veränderung der Einkaufspreise (Gewicht: Einkaufsmenge); Veränderung der Verkaufspreise (Gewicht: Verkaufsmenge); Veränderung der betrieblichen Expeditionskosten (Gewicht: Versandmenge mal Kilometer).

b) Indexziffern für allgemeine wirtschaftliche Erkenntnisse

Das Verständnis der Indexziffern ist für den praktischen Kaufmann deshalb besonders wichtig, weil von *wissenschaftlichen Stellen* viele Indexreihen bekanntgegeben werden, die in Handelsbetrieben der Betriebskontrolle dienstbar gemacht werden können. Die Ermittlung von volkswirtschaftlich wichtigen Indexziffern verlangt wissenschaftliche Gründlichkeit und ist mit einer vielseitigen und kostspieligen Erhebungsarbeit verbunden. Für die Bereitstellung kommen durchweg nur statistische Ämter in Frage. Aus den Veröffentlichungen des

Statistischen Bundesamtes sind für Handelsbetriebe folgende Indizes von Bedeutung: Lebenshaltungsindex, Index der Einzelhandelspreise, Index der Erzeugerpreise.

aa) Lebenshaltungsindex

Stellen sich die Betriebsverantwortlichen im Handel bei der Marktbeurteilung die Frage nach den Änderungen der Haushaltsausgaben, dann sind sie auf den Lebenshaltungsindex, der vom Statistischen Bundesamt veröffentlicht wird, angewiesen[47]). In der Bundesrepublik wird dieser Index der Ausgaben für die Lebenshaltung von drei Gruppen von Arbeitnehmern und Rentnern mit verschieden hohem Einkommen, die in Städten von über 20 000 Einwohnern wohnen, errechnet. Die Haushalte umfassen 4 Personen; die Zahlen werden in verhältnismäßig wenigen Haushaltungen nach den laufenden monatlichen Eintragungen in Ausgabebüchern von den Statistischen Ämtern gesammelt. Die Repräsentation ist sehr gering.

Mögen auch gewisse Bedenken gegen die Auswahl der repräsentativen Haushaltungen vorzubringen sein — der Lebenshaltungsindex spiegelt nach den bisherigen Erfahrungen mindestens die Preisbewegungen, so wie sie bei den Ausgaben im Haushalt bemerkt werden, in längeren Zeitabschnitten wider und kann für die Beurteilung der Veränderung der Kaufkraft bei den Verbrauchern ausgewertet werden.

bb) Index der Einzelhandelspreise

Von dem Lebenshaltungsindex unterscheidet sich der Preisindex für den Einzelhandel vor allem dadurch, daß bei der Beurteilung der Lebenshaltung die Ausgaben der privaten Haushalte ermittelt werden. Diese Ausgaben fließen nur zum Teil dem Einzelhandel zu. Einzelhandelspreise aber gelten *nur* für Verkäufe der *Einzelhandelsbetriebe.*

Dieser Preisindex wird aus Meßziffern für Warengruppen im Verkaufssortiment der Einzelhandelsgruppen errechnet[48]). Das Wägungsschema ist nach den Umsatzanteilen der Gruppen im Jahr 1950 festgestellt und bleibt längere Zeit bestehen. Kleinere Einzelhandelssparten, die aber nur eine geringe Bedeutung im Gesamtrahmen dieses Wirtschaftszweiges haben, mußten dabei unberücksichtigt bleiben.

---

[47]) Deneffe, Peter J., Art. Lebenshaltungsindex, Hwb. d. Sozialwissenschaften, Bd. 6, 1959.

[48]) Wirtschaft und Statistik, 4. Jahrg. N. F. 1952, S. 363 ff.

Die großen Gruppen des Wägungsschemas zum Index der Einzelhandelspreise

Branche und Warengruppe	Anteile der Warengruppen in ‰ am Gesamtumsatz	
I. Lebensmittel		404
Davon: Spezialgeschäfte	129	
Geschäfte mit Lebensmitteln aller Art	275	
II. Textilwaren und Schuhwerk		305
Davon: Geschäfte mit Textilien aller Art	154	
Textil-Spezialgeschäfte	104	
Schuhgeschäfte	47	
usw.		

Die veröffentlichten Indexzahlen sind nach Branchen, Warengruppen und Warenarten gegliedert und sind in der Monatsschrift „Wirtschaft und Statistik" sowie im „Statistischen Jahrbuch" zu finden.

Der Praktiker, der für *innerbetriebliche* Zwecke die Indexziffern der Einzelhandelspreise auszuwerten beabsichtigt, muß berücksichtigen, daß hier zur Zeit noch das Wägungsschema von 1950 gilt. Die Preisreihe wird ab 1950 geführt. Für die Zeit ab 1938 ist eine Anschlußreihe ermittelt worden, so daß Vergleiche der Preishöhen für einen verhältnismäßig langen Zeitabschnitt möglich sind. Natürlich ist bei der Beurteilung dieser Preisreihen zu berücksichtigen, daß die Rechnungen nicht alle Änderungen im Umsatzvolumen, in den Qualitäten und in den Warensorten widerspiegeln können. Einzelhandelspraktiker werden sich des vom Statistischen Bundesamt veröffentlichten Index bedienen, wenn sie nach der gleichen Methode einen *betrieblichen Preisindex* errechnen, wenn sie die *Entwicklung* des betrieblichen Preisniveaus (nach Angabe auf S. 91) mit der Preisentwicklung der eigenen Branche vergleichen oder wenn sie rückwärts schauend *Lagerbestände zu bewerten* haben; in der *Marktbeurteilung* hat auch der Vergleich des Index der Einzelhandelspreise mit den Bewegungszahlen für Verbrauchereinkommen eine Bedeutung. Vergleiche von Einzelhandelspreisen und Erzeugerpreisen bzw. Großhandelspreisen, insbesondere zur Beurteilung von Handelsspannen, können nach den entsprechenden Preisindizes nicht gezogen werden, weil sich die Indizes auf unterschiedliche Warengruppen mit nicht vergleichbaren Wägungsverhältnissen beziehen.

cc) Erzeugerpreisindex industrieller Produkte

Es handelt sich hierbei um einen Preisindex, der vom Statistischen Bundesamt für die Zeit nach 1950 monatlich in „Wirtschaft und Statistik" und auch im „Statistischen Jahrbuch" veröffentlicht wird; auch hier liegen vorgeschaltete Zahlenreihen ab 1938 vor.

Dieser Index soll die durchschnittliche Entwicklung der Inlandspreise in der BRD für Waren, die von *industriellen Produzenten abgesetzt* werden, widerspiegeln. Groß- und Einzelhändler interessieren sich dabei gemeinsam wohl vor allem für die Preisreihen der Verbrauchsgüter, gewisse Großhandelszweige aber auch für diejenigen der Investitionsgüter, der industriellen Grundstoffe und Halbwaren.

Im ganzen liegen der Indexberechnung Preismeldungen für rd. 1000 ausgewählte Waren zugrunde: Das Statistische Bundesamt hält diese Waren als geeignet dafür, daß ihre *Preisbewegungen als repräsentativ* für diejenigen großer Warengruppen in Industriezweigen und Industriegruppen gelten können.

Für die einzelnen gemeldeten Warenpreise werden Meßziffern errechnet, die für die Industriegruppen usw. sowie für Warengruppen nach einem Wägungsschema, das aus dem Verhältnis der Umsatzwerte im Jahr 1950 abgeleitet ist, zu Indexziffern zusammengefaßt werden. Diese sind nach Industriezweigen sehr weitgehend aufgegliedert. Aus einer solchen Aufgliederung, insbesondere dann, wenn die einzelnen Indexziffern monatlich veröffentlicht werden, ergibt sich die Möglichkeit, daß Betriebsverantwortliche – vor allem auch im Großhandel – für das eigene Unternehmen interessante *Vergleichszahlen* und Ausgangszahlen für die *Marktbeurteilung* finden. Darüber hinaus – so deutet das Statistische Bundesamt mit Recht an – können „Bewertungsfragen mit dem neuen Indexmaterial in Einzelheiten bearbeitet werden“ [49]).

[49]) Wirtschaft und Statistik, 5. Jahrg. N. F. 1953, S. 254.

F. Veranschaulichung statistischer Ergebnisse

I. Zweck der Veranschaulichung

Nur bei einer gewissen Übung können die statistischen Zahlen, die in einer Übersicht zusammengestellt sind, ohne Schwierigkeiten richtig gelesen und gedeutet werden. Vor allem gehört auch Zeit dazu; denn die Zahlen allein sagen nichts, wenn der Leser nicht die Vorgänge lebendig vor sich sieht, die dadurch gekennzeichnet werden, wenn er nicht *Zusammenhänge* in den Zuständen und Bewegungen erfaßt, *Ursachen* und *Wirkungen* erkennt. Zu der dazu notwendigen Vertiefung in die Zahlen haben die Praktiker in den Betrieben, insbesondere die leitenden Personen, die ihre Entscheidungen mit Ergebnissen der Statistik in Einklang bringen müssen, nicht die hinreichende Ruhe. Selbst wenn in einem sprachlichen Text die statistischen Zahlen erläutert, beurteilt, nach mehreren Richtungen ausgewertet werden, kann es nicht immer gelingen, den Inhalt der Statistik hinreichend offenzulegen und das Interesse des Praktikers dafür zu sichern. Darauf aber kommt es an. Statistische Betriebszahlen sollen nicht nur wissenschaftliche Erkenntnisse ermöglichen; sie sollen den Betriebspraktiker ansprechen und ihm Grundlage für betriebspolitische Entscheidungen und für Beurteilung seiner Maßnahmen bieten[50]).

Deshalb muß der Betriebsstatistiker *bemüht sein, die Ergebnisse* seiner Arbeit so *augenfällig und klar darzustellen, daß sie ohne weiteres erkannt und auch anerkannt* werden. Dazu stehen ihm verschiedene technische Mittel der Verdeutlichung zur Verfügung, die sich wohl ausnahmslos an den Gesichtssinn wenden. Diese Veranschaulichungsmöglichkeiten lassen sich zwei großen Gruppen zuordnen, je nachdem, ob *Einzelerscheinungen* und *Zustände* verdeutlicht und dargestellt oder ob *Bewegungsreihen* gezeigt werden sollen.

Für jede Veranschaulichung statistischer Zahlen gilt der *Grundsatz*, daß sie genau, ohne Übertreibung oder Vernachlässigung von Einzelheiten, die Ergebnisse so erkennen läßt, wie diese in Zahlen erarbeitet worden sind. Das schließt natürlich nicht aus, daß Veranschaulichungen sich auf höhere Begriffe oder größere Zusammenhänge beziehen als die zugrunde liegenden Zahlenübersich-

---

[50]) Antoine, Herbert, Betriebsstatistik in Schaubildern, Berlin (o. J.).

ten. Dadurch kann der Blick des Praktikers der wichtigeren Zahl zugewandt werden, wodurch leicht ein größerer praktischer Erfolg der statistischen Arbeit erreicht wird.

II. Zustandsangaben und Entwicklungsreihen

1. Körperliche Veranschaulichung oder Schaubild

Für den internen Handelsbetrieb kommen Veranschaulichungen, die auf vollständig uninteressierte Menschen wirken sollen, nicht in Frage. Deshalb braucht hier von körperlichen Veranschaulichungsformen, wie sie etwa in Messen und Ausstellungen von Firmen gewählt werden, um z. B. durch verschieden hohe Warenblöcke die Entwicklung von Produktion und Verkauf in Zeiträumen einer großen Masse von Menschen deutlich zu machen, nicht gesprochen zu werden. Körperliche Veranschaulichungen wenden sich in erster Linie nur an Laien, bei denen sie ihre Wirkung nur selten verfehlen.

Für Betriebszwecke ist wohl das *Schaubild* die brauchbare Form der Veranschaulichung von statistischen Ergebnissen. Es vermag aber auch zu statistischen Untersuchungen und damit zu betrieblichen Erkenntnissen hinzuführen, weil schaubildliche Darstellungen *Abhängigkeiten von Ursachen, Parallelen in Abläufen, Gleichheitsverhältnisse* von Betriebsgegebenheiten deutlich werden lassen, bevor die Zusammenhänge das statistische Interesse gefunden haben.

2. Veranschaulichung durch Schaubilder

a) Bild

Durch eine Veranschaulichung im Bild soll die Größenvorstellung von einem Zustand oder einer Erscheinung erleichtert werden. Dabei kann die anzuwendende Technik von der *einfachsten Skizze* bis zur *künstlerisch vollendeten Zeichnung* gehen.

In Schaubild 4 wird neben dem Zustand (Zahlengröße) in den einzelnen Jahren auch die Entwicklung von Jahr zu Jahr gezeigt[51]). Das geschieht für zwei Betriebserscheinungen, nämlich die Anzahl der Rechnungen und die Rechnungsbeträge. Jeder Text wird vermieden. Der Bezug der Größen zueinander ist durch die Säulen angegeben. Es handelt sich also um statistische Größenvergleiche. Die Darstellungsform gibt eine klare Aussage und macht weitere Erläuterungen unnötig.

In Schaubild 5 wird die Umsatzentwicklung in sechs Jahren dargestellt. Auf die Abteilung Herrenkonfektion weist die Zeichnung hin. Die Umsatzgröße in den Jahren kann an der seitlichen Zahlenstaffel abgelesen werden.

---

[51]) Schaubilder 4, 6, 8, 9, 10, 14 sind entnommen dem Buch des Verfassers: Zwei Partner – ein Ziel, Bd. II, Köln 1959.

Schaubild 4

Bilddarstellung für Zustand und Entwicklung

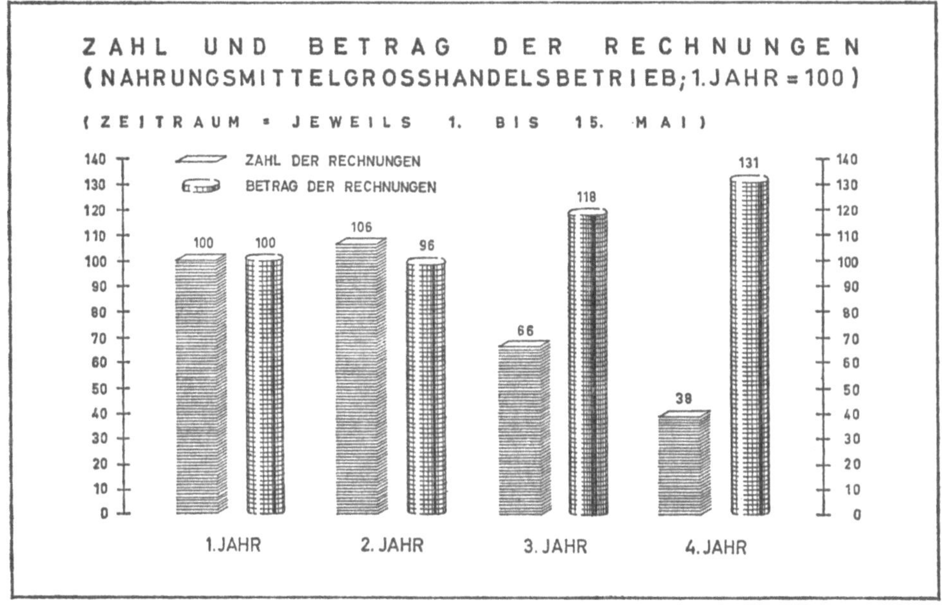

Schaubild 5

Bilddarstellung für eine Entwicklung

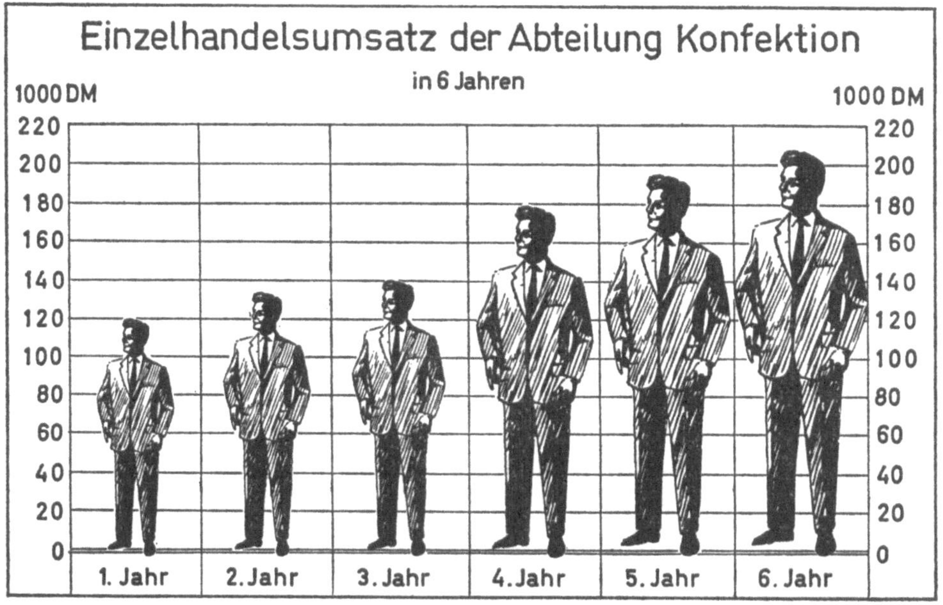

Schaubild 6

Entwicklungsvergleich im Bild

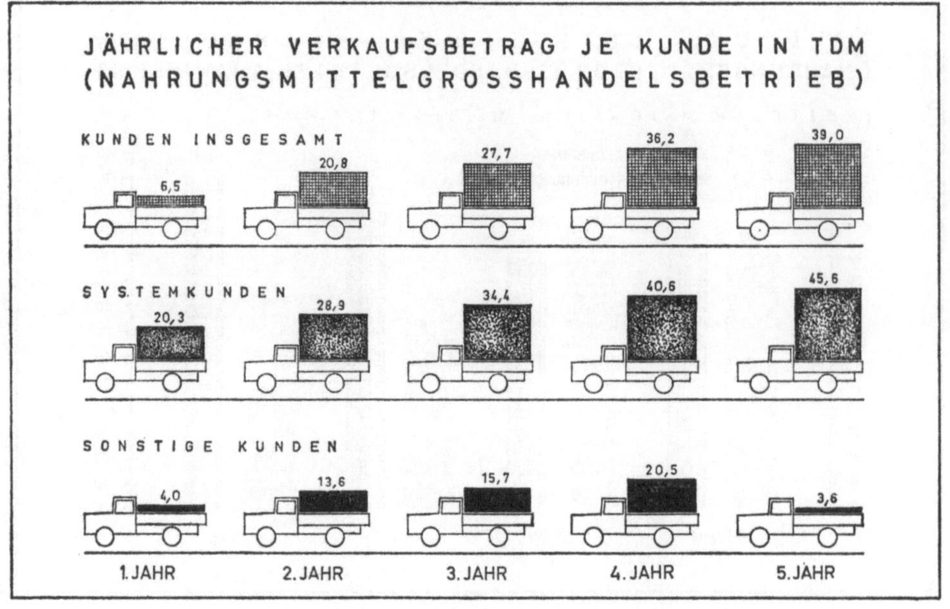

Schaubild 7

Bildliche Darstellung von Zusammenhängen

Darstellung von Entwicklungen in nacheinander folgenden Jahren und Vergleich unterschiedlicher Größen sollen durch das Schaubild 6 erreicht werden. Hier wird die Lieferung zu Kunden durch die Last auf dem Lieferwagen veranschaulicht.

Zusammenhänge im Betriebsgeschehen können anhand von Zahlendarstellungen durch Richtungspfeile angedeutet werden, wie das in dem Schaubild 7 geschehen ist. Hier wird von der Darstellung der Größen in bildlicher Form abgesehen. Dafür soll aber der Wertestrom deutlich gemacht werden.

Für reine Zwecke der Betriebsüberwachung werden solche schaubildlichen Darstellungen nur selten benutzt. Anders ist es aber, wenn statistische Betriebszahlen von weniger geübten Lesern aufgenommen werden sollen. Dazu können auch Betriebsangehörige gerechnet werden. Ganz besonders geeignet sind einprägsame Bilddarstellungen bei der Ausnutzung für Werbezwecke.

Die Anwendungsgebiete der Bilddarstellung sind sehr unterschiedlich. Sie kann sich z. B. auf Absatz, Verkaufstätigkeit und Vertretererfolge, auf Kostengestaltung, Verluste und Verlustquellen beziehen.

b) Diagramm

Bei einem Diagramm veranschaulichen verschieden große zeichnerische Formen, wie Striche, Säulen, eckige Flächen, Kreise, das Verhältnis zueinander. Die Zahlengrößen, die durch die zeichnerischen Darstellungen deutlich gemacht werden sollen, sind dann innerhalb des Diagramms angegeben.

Das *Säulendiagramm* ist aus dem *Linien-* oder *Stäbchendiagramm* entwickelt. Die Säule ist eben die verbreiterte Linie und vermag, wegen ihrer Ausdehnung, mehrere Aussagen gleichzeitig zu veranschaulichen. Das wird an dem Schaubild 8 klar, das für vier Jahre strukturelle statistische Gegebenheiten, ausgedrückt in Prozentsätzen, darstellen soll. An den senkrechten Seiten des Schaubildes sind die Prozentzahlen angegeben. Die Höhe einer jeden Säule und ihrer aufgeteilten Abschnitte, die durch Tönung voneinander unterschieden werden, ist an den seitlichen Prozentmaßen abzulesen. Ohne Schwierigkeiten ist so das Ablesen der „angehäuften" Maße von unten nach oben möglich; die Prozentmaße der einzelnen Säulenteile können außer bei dem untersten Teil nur durch Substraktion der Größen für die unteren Teile von dem beobachteten Teil ermittelt werden. Um diese Schwierigkeit dem Betrachter des Schaubildes zu ersparen, sind die Prozentzahlen für die einzelnen Säulenteile in diese geschrieben worden. So wird die *Forderung an eine Veranschaulichung erfüllt*, daß diese *leicht* ohne *beschreibende Texte* gelesen werden kann.

Die Breite der Säule ist hier nicht für eine Aussage benutzt worden. Deshalb hätte dieses Säulendiagramm durch ein Strichdiagramm ersetzt werden können, allerdings mit der Folge einer geringeren Klarheit.

Schaubild 8

Säulendiagramm: Darstellung von strukturellen Änderungen

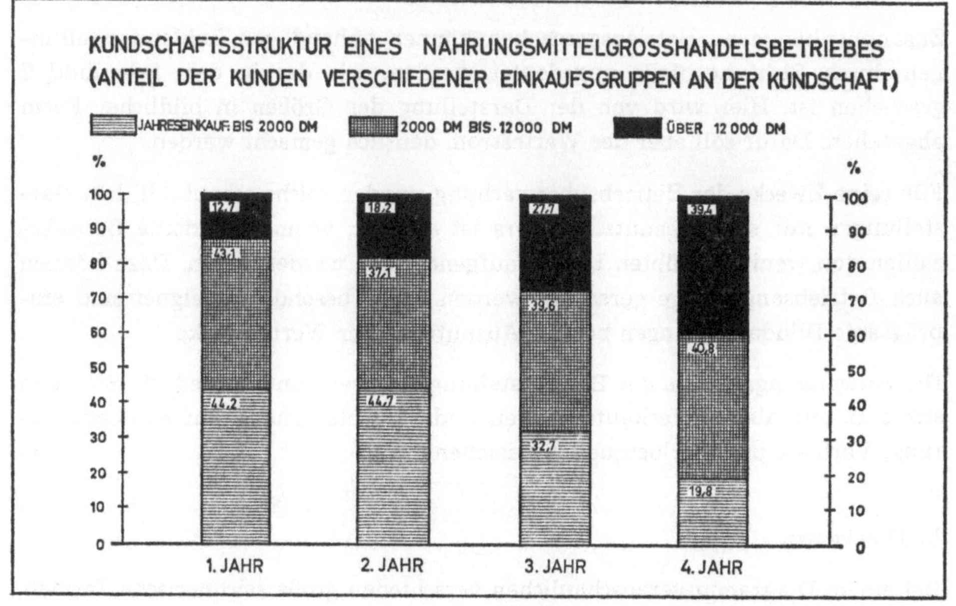

Schaubild 9

Kreisaufteilung zur Darstellung von Änderungen der Teile

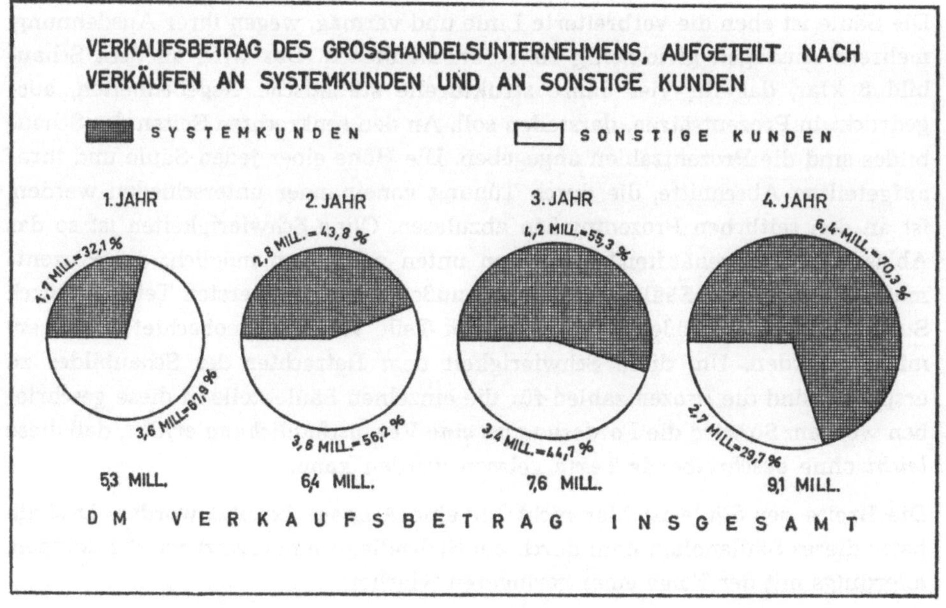

Zeichnerische Flächenaufteilungen geben das Verhältnis von ***Teilen eines Ganzen*** zueinander oder zum Ganzen selbst an. Dabei kann die Aufteilung eines ***Kreises*** oder einer anderen geometrischen Figur gewählt werden. Die Kreisaufteilung ist leichter zu lesen als die Aufteilung von Quadrat und Rechteck. (Schaubilder 8 und 9, Seite 102.)

In Schaubild 9 sind *Kreisflächen* als Darstellungsform gewählt. Sie sind für die Veranschaulichung geeignet, wenn es sich um große Unterschiede in den Zahlen handelt. In dem Beispiel sind die statistischen Zahlen neben die Kreise gesetzt. Die Vergleichsgrößen in Zahlen werden durch die Zeichnung deutlich.

Schaubild 10 soll den Vergleich von Entwicklungen der Umsatzanteile bei verschiedenen Größengruppen in der Kundschaft eines Großhandelsbetriebs erleichtern. Jede Größengruppe wird hier durch eine besondere Säule gekennzeichnet. Die Folge ist, daß – im Gegensatz zu Schaubild 7 – die statistischen Zahlen durch das Zielen auf die Staffel an den Seiten unmittelbar abgelesen werden können. Das Schaubild zeigt im ganzen das Verhältnis der Umsatzanteile der Gruppen zum Gesamtverkauf in den einzelnen Jahren sowie die Änderung von Jahr zu Jahr.

Schaubild 10

Säulendiagramm zur Darstellung von Entwicklungen

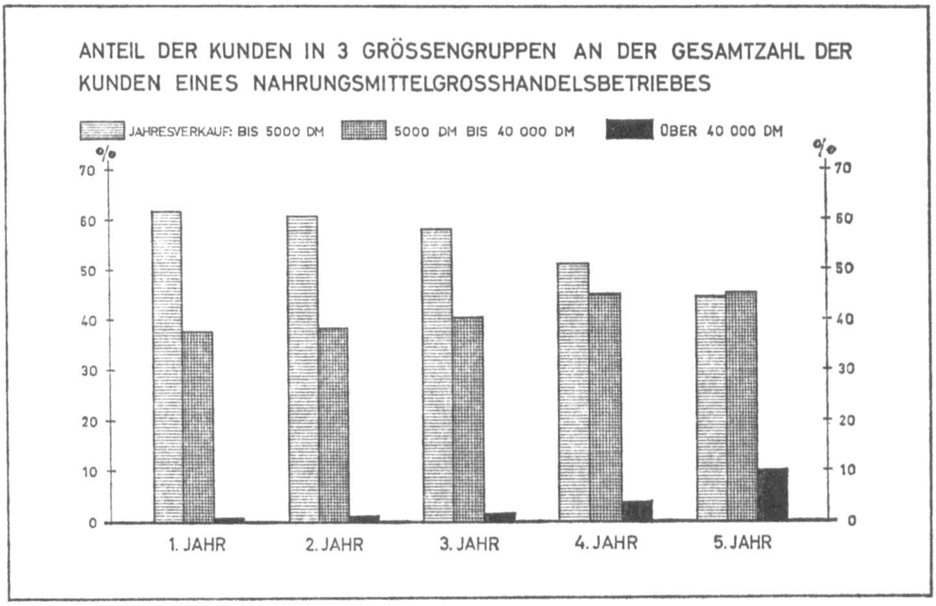

In diesem Rahmen sind auch *geographische Aufteilungen* (Kartogramme), bei denen die verschiedenen Gebiete durch die Art der Schraffierung entsprechend den für das Gebiet geltenden Zahlen nach einem festgelegten Plan kenntlich gemacht werden, zu erwähnen. Eine solche Darstellung kann beispielsweise verwandt werden bei Angaben der Umsätze von Bezirksvertretern, der Versandziffern in die einzelnen Gebiete und Städte oder der Werbeausgaben in den verschiedenen Absatzfeldern. Häufig genügt es, wenn die betreffenden statistischen Zahlen in ein bezirklich aufgeteiltes Kartenbild eingetragen werden. Solche geographisch-statistischen Schaubilder erleichtern vor allem die *Marktanalyse.* Dabei veranschaulichen die Bilder z. B. die gebietsmäßige Verteilung der Berufe, der Konsumenten, der Gewerbe.

III. Bewegungsreihen

1. Einführung in das Verständnis des Bewegungsschaubildes

Statistische Bewegungsreihen sind bei der Behandlung von Verhältniszahlen (Seite 89 f.) besprochen worden. Es wurde dort gezeigt, wie die nacheinander folgenden Zahlen einer Reihe in Prozent einer Grundzahl ausgedrückt werden.

Bei der *schaubildlichen Darstellung* der Bewegungsreihe brauchen die absoluten Zahlen nicht immer in Meßziffern umgerechnet zu werden. Die Umrechnung bringt nur einen Vorteil, wenn *mehrere Reihen miteinander verglichen* werden sollen.

Bei der Entwicklung des Schaubildes für eine Bewegungsreihe sei das Zahlenbeispiel Übersicht 7, Seite 90, zugrunde gelegt. In der Übersicht befinden sich *vier verschiedene Angaben:* Bezeichnung der Monate, Zahlen für Umsatz, für Lager und für Kosten. Die Monate geben die Beobachtungspunkte an, für die die einzelnen Ergebnisse gelten. *Beobachtungspunkte* brauchen nicht immer Zeitpunkte oder Zeiträume zu sein. Läßt man die Zeit außer acht und will man nur die drei andern Angaben zueinander in Beziehung setzen, so könnten drei Veränderungen vorgenommen werden.

Übersicht 12

Beobachtungspunkte und Beobachtungsergebnisse in einer Übersicht

I. Möglichkeit			II. Möglichkeit			III. Möglichkeit		
Beob.-Punkt:	Beob.-Ergebnisse:		Beob.-Punkt:	Beob.-Ergebnisse:		Beob.-Punkt:	Beob.-Ergebnisse:	
Lager	Umsatz	Kosten	Umsatz	Lager	Kosten	Kosten	Umsatz	Lager
20	80	12	80	20	12	12	80	20
20	85	11	85	20	11	11	85	20
36	140	16	140	36	16	16	140	36

In der Zahlenübersicht werden Beobachtungspunkte in der Regel in senkrechter Richtung angegeben, doch ist das nicht unbedingt erforderlich, wie die Übersicht 6 Seite 89 erkennen läßt. Es handelt sich dort um nur einen Beobachtungspunkt, der in der Überschrift genau angegeben ist.

Das dem Beobachtungspunkt entsprechende Ergebnis findet sich in der Zahlenübersicht in dem Schnittpunkt der von dem Beobachtungspunkt ausgehenden Waagerechten oder Senkrechten mit der von der Bezeichnung des *Beobachtungsergebnisses* ausgehenden Senkrechten oder Waagerechten. Bei einem *Schaubild* für *Bewegungsergebnisse* sind ebenfalls Beobachtungspunkte und Beobachtungsergebnisse zu berücksichtigen. Als Hilfsmittel der zeichnerischen Darstellung benutzt man die in einem rechten Winkel zueinander stehenden Achsen, eine senkrechte und eine waagerechte (*Koordinatensystem*). An der einen Linie werden die Beobachtungspunkte, an der anderen die Beobachtungsergebnisse in Zahlen angegeben. Dabei werden die Linien so aufgeteilt, daß sich die abgeteilten Stücke dieser Linien in ihrer Größe zueinander genauso wie die entsprechenden Zahlenabstände verhalten. Beispiel: Die Zahlen werden eingetragen in Abständen 0 — 5 — 10 — 15 — usw. Wird für je einen Zahlenabstand von 5 ein Stück gleich 1 cm auf der Linie abgetragen, dann muß sich verhalten:

$$\frac{5}{10} = \frac{1\ \text{cm}}{2\ \text{cm}}; \quad \frac{10}{30} = \frac{2\ \text{cm}}{6\ \text{cm}} \ \text{usw.}$$

Gewöhnlich werden bei dem Koordinatensystem als Schaubild auf der unteren waagerechten Linie, der *Abszisse*, die Beobachtungspunkte abgetragen und auf der senkrechten Linie, der *Ordinate*, die Beobachtungsergebnisse. Ein entscheidender Unterschied zwischen der Zahlenübersicht und dem Koordinaten-Schaubild besteht in der Form der Eintragung. Bei der Übersicht stehen nur die Beobachtungspunkte außerhalb der Lineatur, und die Ergebniszahlen befinden sich in der Tabelle; beim *Koordinatensystem des Bewegungsschaubildes aber befinden sich Beobachtungspunkte und Ergebniszahlen außerhalb der Lineatur.* Zieht man jetzt von den Aufteilungspunkten der Abszisse senkrechte Linien und von den Aufteilungspunkten der Ordinate waagerechte Linien, so treffen sich diese in einem Punkt innerhalb des Koordinatensystems.

Gehen von diesem Punkt (Punkt a des Schaubildes 11) im rechten Winkel zur Abszisse und zur Ordinate Pfeile ab, so weisen diese auf den Beobachtungspunkt und das entsprechende Beobachtungsergebnis hin. Das ist für das Lesen des Schaubildes von Bedeutung. Man kann auch umgekehrt sagen: *Von einem Beobachtungspunkt und von einer Ergebniszahl ausgehende Pfeile treffen sich in einem Punkt des Koordinatensystems,* der festgehalten werden soll (Punkt b des Schaubildes). Diese Tatsache ist wichtig für das Zeichnen des Schaubildes

Schaubild 11

Entstehung des Bewegungsschaubildes

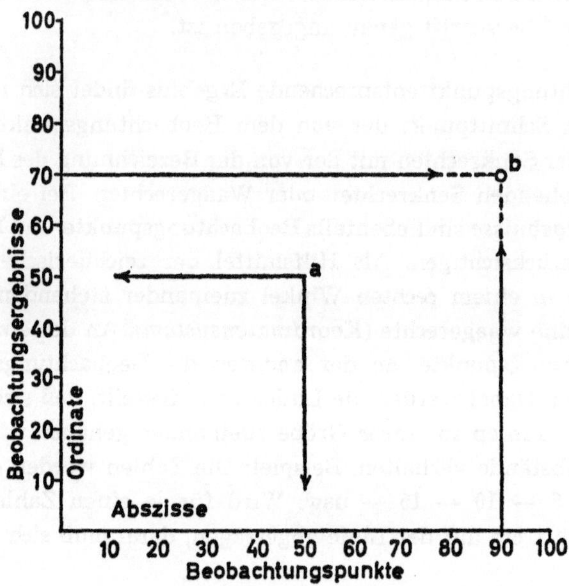

Die *Länge der Teilungsabschnitte* auf Abszisse und Ordinate wird durch die Länge der Linien und den Abstand der höchsten von der niedrigsten Zahl in der Reihe bestimmt. Soll ein kleiner Zahlenabstand auf einer langen Linie verteilt werden, so ist der Abstand zwischen den Zahleneinheiten groß und umgekehrt.

2. Darstellung im Bewegungsschaubild

a) Punktdiagramm

Eine Bewegungsreihe der Zahlen wird in dem Koordinatensystem dadurch gekennzeichnet, daß an denjenigen Stellen, in denen sich die von dem Beobachtungspunkt und dem entsprechenden Beobachtungsergebnis ausgehenden Senkrechten und Waagerechten schneiden, ein Punkt oder ein anderes Zeichen gesetzt wird.

Bleiben die Punkte unverbunden, so spricht man von einem *Punktdiagramm* (Schaubild 12). Im allgemeinen *eignen sich Punktdiagramme nur für die Berücksichtigung zweier Angaben:* des Beobachtungspunktes und des Beobachtungsergebnisses; sie werden benutzt zu Darstellungen, bei denen die Beobachtungspunkte nicht Zeitangaben sind.

Schaubild 12

Punktdiagramm

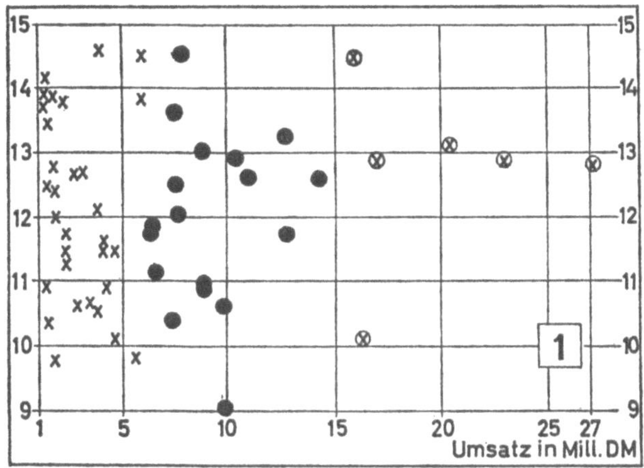

b) Kurvendiagramm

Werden die Punkte für eine Zahlenreihe innerhalb des Koordinatensystems durch eine Linie verbunden, so entsteht eine Kurve. Dann spricht man von einem *Kurvendiagramm. Die Kurve erleichtert die Übersichtlichkeit über die Bewegungsreihe* (Schaubild 13). Mit Hilfe von Kurvendiagrammen lassen sich auch *verschiedene Bewegungsreihen* von Beobachtungsergebnissen bei nur einer Reihe von Beobachtungspunkten verfolgen. In dem Schaubild 13 sind als Beobachtungspunkte die einzelnen Jahre gewählt. Drei Beobachtungsergebnisse sollen auf diese Beobachtungspunkte bezogen werden: Verkauf, Kosten, Beschäftigte. Damit die einzelnen Kurven voneinander geschieden werden können, ist es notwendig, sie in verschiedenen Farben, gepunktet oder gestrichelt, hohl oder ausgefüllt, dick oder dünn usw. zu zeichnen.

Werden über den Beobachtungspunkten Säulen gezeichnet, deren Länge jeweils durch die Beobachtungsergebnisse bestimmt wird, so entsteht eine *Fläche*, deren stufenmäßiger Kurvenrand die Veränderung der Ergebnisse anzeigt (Schaubild 14).

In einem Kurvendiagramm lassen sich auch Gliederungszahlen veranschaulichen. Dann werden auf der Ordinate Maßstäbe für absolute Zahlen eingetragen. Die Bewegungskurven lassen die Anteile am Ganzen und deren Änderungen erkennen.

Beispiel: In ein Kurvendiagramm sollen die Umsatzbeträge von drei Abteilungen und der Gesamtumsatz des Hauses als Summe der Abteilungsumsätze eingetragen werden. Die Seitenskala zeigt die Staffel der absoluten Beträge. Die untere Kurve 1 verbindet die Punkte der Umsatzbeträge der Abteilung A in den auf der Abszisse ab-

Schaubild 13

Kurvendiagramm

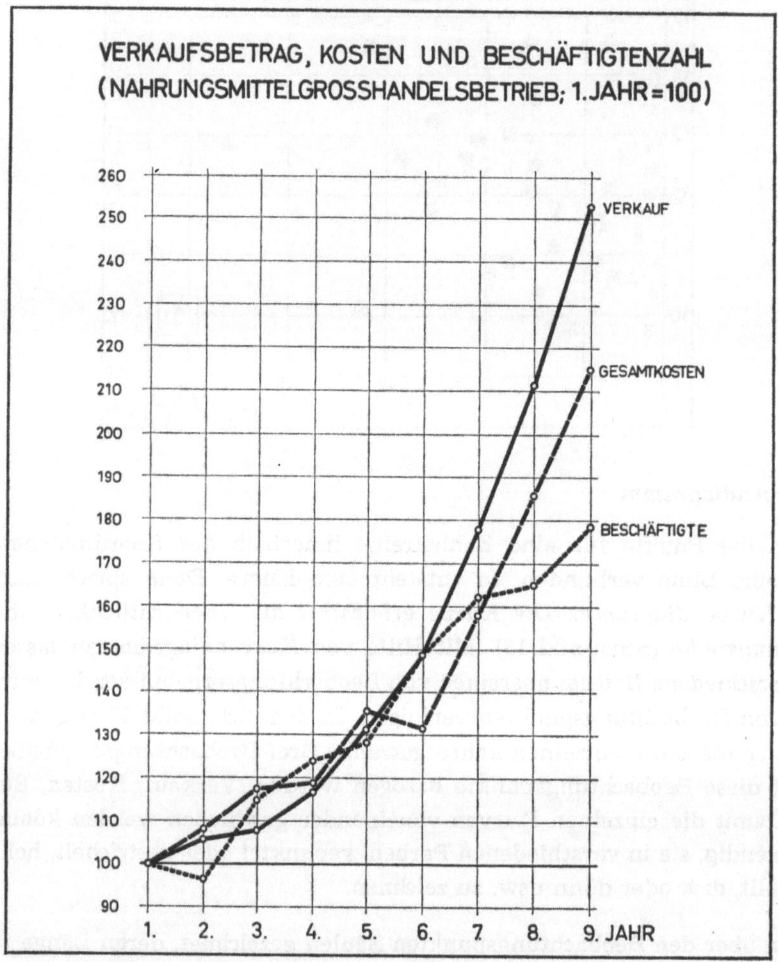

getragenen Zeiträumen; Kurve 2 verläuft in einem Abstand, der durch die Umsatzbeträge der Abteilung B bestimmt wird, höher als die Kurve 1; Kurve 3 verläuft entsprechend höher als Kurve 2. Kurve 3 zeigt gleichzeitig den kurvenmäßigen Verlauf des Gesamtumsatzes.

c) Verfahren bei der Abstandsteilung

Zwei verschiedene Verfahren haben sich für die Aufteilung der Linien des Koordinatensystems herausgebildet, je nachdem, ob in erster Linie die *tatsächlichen Abstände in Zahlen* oder das *Wachstumstempo* in der Zahlenreihe verdeutlicht werden sollen.

Schaubild 14

Stufendarstellung der Bewegung

Tägliche Beschäftigungskurve bei Schuhverkäuferinnen in einem amerikanischen Spezialgeschäft[52])

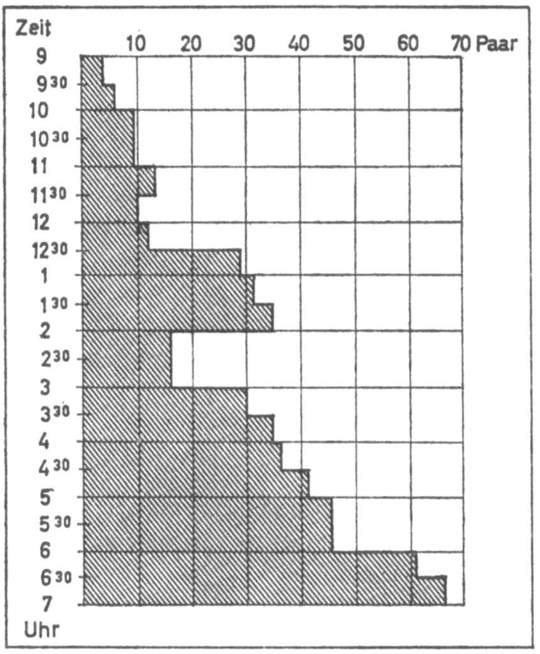

Faßt man zunächst den ersten Fall ins Auge. Den tatsächlichen Abständen der Zahlen in der Zahlenreihe entsprechen die Abschnittslängen auf den Linien des Koordinatensystems. Die Linien werden gleichmäßig fortschreitend geteilt. So entsteht die *arithmetische Darstellung* im Koordinatensystem: Die Linienlänge zwischen je zwei Teilpunkten entspricht dem Zahlenabstand der gewöhnlichen Zahlenreihe. Man teilt z. B. die ganze Strecke in Abschnitte von je 1 cm und bezeichnet die aufeinander folgenden Teilpunkte mit 10, 20, 30, 40 usw. oder 5, 10, 15, 20 usw. oder 2, 4, 6, 8, 10 oder 1, 2, 3, 4, 5, 6 usw. Diese Einteilung ist die *gebräuchlichste* und wird gewählt, *wenn nicht unverhältnismäßig große Unterschiede zwischen den Abständen der einzelnen Zahlenergebnisse* bestehen. Das kommt bei den Zahlenreihen in der Betriebsstatistik am häufigsten vor; deshalb ist die arithmetische Darstellung im Koordinatensystem die gebräuchlichste.

Wenn aber ein Betrieb aus ganz kleinen Anfängen sich sprunghaft entwickelt, bewegen sich die jüngsten Zahlen in einer *ganz anderen Höhenlage* als diejeni-

---

[52]) Witte, J. M., Neue amerikanische Verkaufs- und Lagerverfahren, Berlin 1928, S. 3.

gen vor einigen Jahren. Will man jetzt die Zahlen der Bewegungsreihe weit auseinander liegender Jahre miteinander vergleichen, so kann es sich nicht mehr um die Darstellung der tatsächlichen Zahlenabstände handeln. Dann wird ein ganz anderes Ziel erstrebt. Man will in der Regel den *Wachstumsfortschritt* von Jahr zu Jahr ermitteln.

Beispiel: Ein Großspezialgeschäft hat sich umsatzmäßig in 10 Jahren folgendermaßen entwickelt:

Übersicht 13

Umsätze im Spezialgeschäft

Jahr	Umsatz in 1000 DM	Jahr	Umsatz in 1000 DM
1.	15	6.	132
2.	24	7.	156
3.	33	8.	170
4.	52	9.	195
5.	66	10.	226

Würde man diese Entwicklung arithmetisch im Koordinatensystem darstellen, so erhielte man vom 4. Jahr ab eine *steil ansteigende* Linie. Damit ist keine besondere Erkenntnis gewonnen.

Wenn man sich aber für das prozentuale Wachstum von Jahr zu Jahr interessiert, dann muß beim Koordinatensystem eine Darstellungsform gewählt werden, bei der die *relative Veränderung* einer neuen Zahl zu der vorhergehenden deutlich in Erscheinung tritt. Das kann geschehen, wenn die *gleich großen Teilabschnitte* beispielsweise auf der Ordinate *einem gleich großen Wachstumsprozentsatz* der Beobachtungsergebnisse entsprechen.

Es gibt Zahlenreihen, bei denen die Zahlenwerte prozentual gleichmäßig fortschreiten, z. B.: 2, 4, 8, 16 usw. oder: 10, 100, 1000, 10 000 usw. Die Differenz zwischen den Zahlen der ersten Beispielreihe ist jeweils 100 %, diejenige der zweiten Beispielreihe 900 % der vorangehenden Zahl. Solche Zahlenreihen werden gefunden, wenn zu gleichbleibenden Grundzahlen unter Verwendung arithmetisch ansteigender Exponenten die Potenzwerte (Numeri) errechnet werden.

Der Exponent zu einer Grundzahl ist auch der Logarithmus der dabei errechneten Zahl als Numerus zu dieser Grundzahl. Daraus folgt, daß die Logarithmen von Zahlen, die durch Potenzieren einer gleichbleibenden Grundzahl mit Exponenten einer arithmetischen Reihe errechnet sind, zur gleichen Grundzahl auch eine arithmetische Reihe darstellen.

In der Praxis wird im allgemeinen mit einem Logarithmensystem gearbeitet, in dem die gleichbleibende Grundzahl 10 ist. In dieses System gehört als Ausschnitt folgendes Zahlenbild:

Grundzahl	Logarithmus	Numerus	Veränderung
10	1	10	—
10	2	100	+ 900 %
10	3	1000	+ 900 %
10	4	10 000	+ 900 %
10	5	100 000	+ 900 %
10	6	1 000 000	+ 900 %

Trägt man auf der Ordinate des Koordinatensystems die Logarithmen ab und schreibt an die Teilungspunkte den zugehörigen Numerus, während die Abszisse die Beobachtungspunkte, z. B. die Zeitpunkte, erkennen läßt, so hat man den Rahmen geschaffen für die Darstellung von Bewegungsreihen in logarithmischer Form.

Allgemein kann für die logarithmische Darstellung der Abstand zwischen zwei gegebenen Zahlengrößen auf der Ordinate errechnet werden, indem man den Logarithmus der kleineren Zahl von dem Logarithmus der größeren Zahl subtrahiert und die Differenz mit der gewählten Einheit für den Abstand zwischen den Zahlen auf der Ordinate multipliziert. Angenommen, die Abstandseinheit für die Logarithmen auf der Ordinate sei 3 cm. Will man nach den vorstehenden Zahlen den Abstand beispielsweise zwischen 100 und 1000 errechnen, so subtrahiert man deren Logarithmen voneinander, also 2 von 3 = 1, und multipliziert die Differenz mit 3 cm. Ebenso kann man bei beliebigen Zahlen verfahren. Die Abstände auf der Ordinate im logarithmischen Maßstab zwischen den Umsatzzahlen in dem vorgenannten Beispiel (Übersicht 13) lassen sich danach folgendermaßen entwickeln:

Übersicht 14

Berechnung der Abstände im logarithmischen Maßstab

Ursprungszahl	Logarithmus bei Grundzahl 10	Differenz der Logarithmen	Abstand in cm (Einheit = 3 cm)
15 000	4,1761	—	—
24 000	4,3802	0,2041	0,6123
33 000	4,5185	0,1383	0,4149
52 000	4,7160	0,1975	0,5925
66 000	4,8195	0,1035	0,3105
132 000	5,1206	0,3011	0,9033
156 000	5,1931	0,0723	0,2175
170 000	5,2304	0,0373	0,1119
195 000	5,2900	0,0596	0,1788
226 000	5,3541	0,0641	0,1923

Wie unterschiedlich die arithmetische und die logarithmische Darstellung einer Kurve wirken, zeigt nachfolgendes Schaubild 15.

Bei der arithmetischen Kurvendarstellung wirkt eine Steigerung des Umsatzes von 50 000 auf 100 000 ebenso wie eine Steigerung von 150 000 auf 200 000, weil hier absolute Differenzen veranschaulicht werden. Für den Betrieb haben aber Umsatzzunahmen von verschiedenen Höhenlagen aus ganz unterschiedliche Bedeutung. Es ist bedeutend schwieriger, den Umsatz von 50 000 auf 100 000 zu bringen als von 150 000 auf 200 000. Im ersten Fall handelt es sich um eine Umsatzzunahme von 100 %, im zweiten Fall nur von 33⅓ %. Das wird in dem Kurvenbild der logarithmischen Darstellung veranschaulicht: In den ersten Jahren steigt die Umsatzkurve steil an, und in den letzten Jahren verflacht sich die Kurve deutlich erkennbar.

Schaubild 15

Unterschiedliche Wachstumsdarstellung

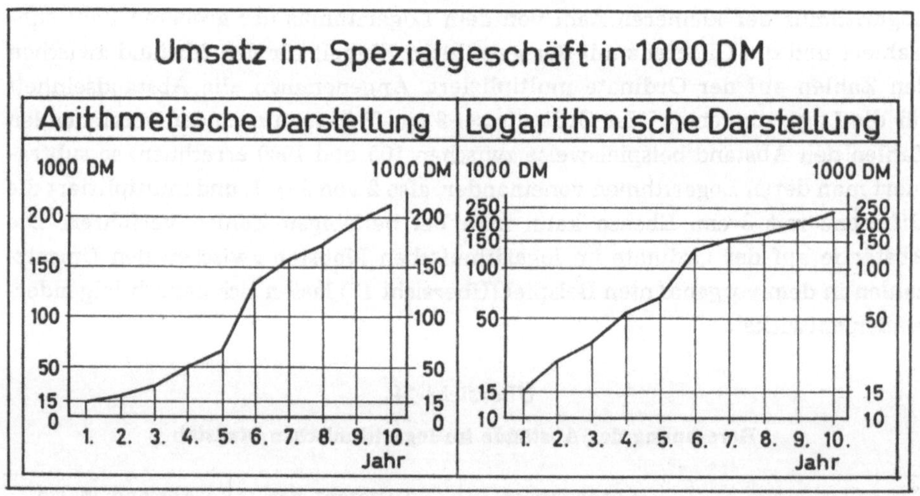

Die logarithmische Darstellung von Zahlengrößen ist dann angebracht, „wenn es darauf ankommt, die verhältnismäßigen Schwankungen einer Kurve, deren absolute Höhe stark wechselt, besonders deutlich hervorzuheben oder auch die verhältnismäßigen Schwankungen zweier Kurven mit wesentlich verschiedenem Niveau gut vergleichbar zu machen“ [53]).

Die logarithmische Kurvendarstellung hat in Inflationszeiten große Bedeutung, wenn sich die hohen Zahlen der Preise in Billionen bewegen. *In der kaufmännischen Praxis genügt im allgemeinen die arithmetische Darstellung.*

---

[53]) Lorenz, Paul, Höhere Mathematik für Volkswirte und Naturwissenschaftler, Leipzig 1929, S. 49. – Siehe auch: Lorenz, Charlotte, Betriebswirtschaftsstatistik, S. 344.

d) Dreidimensionale Darstellung

Besonders augenfällig wird die bildliche Veranschaulichung von Bewegungsreihen, wenn das *Höhenbild die Horizontaldarstellung* ergänzt.

Zu verwerten ist die dreidimensionale Darstellung bei der Veranschaulichung von *Umsatzbewegungen im Handelsbetrieb* oder von *Leistungen der reisenden Vertreter.*

e) Mechanische Veranschaulichungsmittel

Für laufend zu ergänzende Veranschaulichungen statistischer Ergebnisse haben *Organisationsfirmen fein* durchdachte Apparate herausgebracht. Es ist so möglich, saubere Darstellungen zu geben, auch wenn das entsprechend vorgebildete Personal im Betrieb nicht zur Verfügung steht.

Bei der Konstruktion dieser Veranschaulichungsmittel (Plantafeln)[54]) sind unterschiedliche Organisationstechniken angewandt worden, die allerdings für die Praxis jeweils so gewählt werden müssen, daß sich die Bearbeiter an die *Sprache einer einheitlichen Darstellungsform* gewöhnen können. Folgende *Grundsätze* der Organisationstechnik werden allgemein angewandt:

a) Schaubilder für den einzelnen Arbeitsplatz erhalten eine einheitliche Form; die Zeichen für eine Darstellung werden angeordnet.

b) Die Aufbewahrung dieser Schaubilder soll nach einem bestimmten Plan erfolgen, so daß bei Besprechungen und bei fernmündlichen Anfragen das Schaubild ohne Verzögerung beschafft werden kann.

c) Wandschaubilder werden für Gruppenbetrachtungen eingerichtet.

d) Rahmeninhalte dieser Schaubilder sind auswechselbar: Überschrift, Bezeichnung auf Abszisse und Ordinate, wie Menge, Wert, Tag, Monat, Jahr.

e) Markierungspunkte auf dem Schaubild sind leicht (auf Schienen oder in Löchern) und deutlich (mit Signalstäbchen in verschiedenen Farben) anzubringen.

f) Kurven werden in ausziehbaren Fäden dargestellt.

Die mechanischen Veranschaulichungsmittel können überall dort Verwendung finden, wo laufende Überwachungen notwendig sind:

Großhandelsbetrieb:

Bestelleingang und Auftragserledigung;

Lagerbewegung bei wichtigen Warengruppen;

Schulden;

Außenstände.

---

[54]) Glass, Joachim E., Büromaschinen-Kompaß, Jahreskatalog und Auskunftsbuch der Büromaschinenbranche 1960/61, Berlin-Charlottenburg 1960; vgl.: Prospekte von Organisationsmittel-Firmen.

Einzelhandelsbetrieb:

Umsatz in einzelnen Abteilungen (Vergleich zum Vorjahr — zum Branchendurchschnitt);

Lagerbewegung bei einzelnen Warengruppen (Berücksichtigung von Limiten).

Im allgemeinen können auch mehrere Kurven nebeneinander auf der gleichen Tafel laufen. In der Regel werden dabei die darzustellenden Zahlen in *Meßziffern* umgerechnet. Man vermeidet so die Eintragung verschiedener Maßstäbe und erleichtert das Lesen der Darstellung.

IV. Zusammenfassende Aussagen über schaubildliche Darstellungen im Betrieb

Die Anwendung der hier gezeigten verschiedenartigen Veranschaulichungen statistischer Ergebnisse muß im Betrieb einem System eingeordnet werden, damit dem Leser der Schaubilder der Inhalt der Darstellung in bequemer Weise nähergebracht werden kann. Schon beim äußeren Anschauen der Schaubilder muß derjenige, dem nach dem Organisationsplan die statistischen Ergebnisse laufend vorgelegt werden, den Inhalt erkennen. Er muß wissen, daß beispielsweise aufrechte Säulen zur Darstellung von Bestandszahlen, waagerechte Säulen zur Veranschaulichung von Umsatzzahlen, durchgehende Kurven für monatliche Statistiken, gestrichelte Kurven für Jahreszahlen verwandt werden. Wenn so die regelmäßig wiederkehrenden statistischen Berichte gewohnheitsmäßig in der gleichen Aufmachung vorgelegt werden, dann erregen Sonderdarstellungen für Ergebnisse aus Einzeluntersuchungen von selbst die notwendige Aufmerksamkeit.

Im einzelnen gelten folgende Regeln:

1. Betriebszugehörige mit *klaren Zahlenvorstellungen* lehnen Schaubilder ab, weil ihnen Zahlen selbst mehr sagen als zeichnerische Darstellungen. Anderseits finden sich im Betrieb aber auch Menschen, die ein statistisches Schaubild als *erlösende Klärung* begrüßen, wenn Zahlen sie verwirren. Es kann nicht behauptet werden, daß denjenigen Menschen, die sich gegen Zahlen wehren, diese durch eine Veranschaulichung nähergebracht werden können. Aus solchen Überlegungen ist zu folgern, daß statistische Schaubilder im Betrieb *nicht schematisch zur Anwendung empfohlen* werden dürfen.

2. Alle schaubildlichen Darstellungen müssen dem Ernst einer statistischen Betriebsüberwachung entsprechen. *Bilder* sind nur soweit zu verwenden, als sie geeignet sind, Aufmerksamkeit zu erregen und Ideen zu verbinden.

3. Statistische Schaubilder müssen *leicht lesbar* sein; sie dürfen nicht mannigfache *Einzelheiten* umfassen.

4. Die Darstellungsform muß dem *Veranschaulichungszweck* entsprechen.

5. Bilder sprechen insbesondere *Betriebsfremde an,* wenn sie auf Größenangaben aufmerksam gemacht oder wenn ihnen Zahlenzusammenhänge verdeutlicht werden sollen.

6. Das *Punktdiagramm* zeigt besonders klar *Streuungen* der Zahlen.

7. Ein *Strichdiagramm* kennzeichnet *Einzelgrößen* und Größenänderungen.

8. Das *Säulendiagramm* ist dem Strichdiagramm überlegen, weil es *mehrfache* Aufteilungen und somit auch Darstellungen von Zahlengliederungen und Zahlenvergleichen ermöglicht. Wird die Säule perspektivisch gezeichnet, dann erhöhen sich die Ausdrucksmöglichkeiten.

9. Ein *Flächendiagramm* vermag Verhältnisse von Zahlen besonders deutlich vor Augen zu führen; Quadrate und Rechtecke eignen sich vor allem für *Zeit und Betriebsvergleiche* von Zahlengruppen, Kreise lassen klar die *Teile eines Ganzen* erkennen.

10. Ein *Kartogramm* führt insbesondere die Beziehung von Zahlen zum *geographischen* Raum vor.

11. Zahlenreihen für *Entwicklungen* und *Bewegungen* werden durch das *Kurvendiagramm* widergespiegelt. Es ermöglicht die Übersicht über Veränderungen von zahlenmäßigen Einzelgrößen sowie den Vergleich der Zahlenänderungen.

12. Da in allen statistischen Schaubildern leichter als in Zahlenübersichten durch die Ausdrucksform *Täuschungsabsichten* verwirklicht werden können, muß der Betriebsverantwortliche hier ganz besonders auf Wahrheit und Klarheit hinarbeiten. Vor allem muß er darauf achten, daß durch Mißverhältnisse in den Abständen auf der Abszisse und der Ordinate je nach Absicht Bewegungen von Zahlengrößen *nicht überhöht* oder *verflacht* erscheinen, daß durch die Wahl der Linienformen oder der Farben einzelne Zahlenausdrücke dem Bewußtsein des Beschauers nicht irreführend *besonders nahegebracht* werden oder daß andere durch zeichnerische Vergröberungen nicht in den Hintergrund gerückt werden.

G. Inhaltliche Auswertung der statistischen Zahlen

I. Zweck

Statistische Zahlen können häufig ohne weiteres vollkommen befriedigen, wenn es lediglich auf die Ermittlung des Zahlenausdrucks für Tatsachen, Geschehnisse und Vorgänge im Betrieb sowie auf die Feststellung des Verhältnisses einzelner solcher Zahlen und Zahlenreihen zueinander ankommt.

Bloße Zahlenfeststellungen im Handelsbetrieb sind besonders dann notwendig, wenn Fragen für Erhebungen von amtlichen Stellen oder von Berufsorganisationen beantwortet werden müssen. Sie sind aber auch bei Kontrollen von Beständen oder bei Feststellungen von Bewegungsgrößen im Betrieb nicht selten, z. B. bei der Kontrolle des Lagers, der Außenstände, der Schulden oder bei der Ermittlung des Umsatzes, des Einkaufs, der Zahlungen. Häufiger jedoch bieten die statistischen Betriebszahlen nur den *Ausgang für die Deutung* ihres Inhalts. Dann gewinnen die statistischen Zahlen Leben und vermögen die *Kontrollen zu vertiefen* und die Betriebsdispositionen *zu erleichtern*.

II. Größenverhältnisse

Ein Urteil über wert- und mengenmäßige Zahlengrößen im Betrieb läßt sich in der Regel nur durch die Beziehung zu anderen Zahlen, also durch *Zahlenvergleiche*, gewinnen. Dabei muß aber darauf geachtet werden, daß zwischen den zueinander in Beziehung gesetzten Zahlen ein *begrifflicher Zusammenhang* besteht. Dieser kann in verschiedener Weise gegeben sein und den Zahlenvergleich rechtfertigen.

1. Zeitvergleich

Hier geht es um den Vergleich einer Gegebenheit mit einer entsprechenden des *gleichen Unternehmens* in der *Vergangenheit*. Die Vergleichsgegebenheiten beziehen sich auf einen Zeitraum oder einen Zeitpunkt. Es handelt sich um Summenbeträge, Gliederungsgrößen und Beziehungsgrößen.

a) Summenbeträge

Sie gelten für Betriebsleistungen (z. B. Verkauf, Einkauf, Lagerhaltung), Kosten (insgesamt, in Kostenstellen, je Kostenträger, als Kostenart), Kassenbewegung (insgesamt und in Abteilungen), Außenstände bzw. Schulden (gegliedert nach Fälligkeiten, Bezirken, Firmengruppen).

b) Gliederungsgrößen

Gliederungszahlen entstehen durch die Inbeziehungsetzung von Teilen zum zugehörigen Ganzen und umgekehrt in bezug auf Lager, Einkauf, Verkauf, Vermögen und Schulden, Kosten. (Beispiele: Der Umsatz in der Abteilung A beträgt 25 % des Gesamtumsatzes des Betriebes, oder: der Gesamtumsatz des Betriebes ist viermal so groß wie der Umsatz der Abteilung A.)

c) Beziehungsgrößen

Hierbei werden begrifflich gleichgeordnete Zahlen zueinander in ein Verhältnis gesetzt. Die gleichgeordneten Zahlen können gleiche und verschiedenartige Begriffe betreffen. Sie müssen zueinander in logischem Zusammenhang stehen (Beispiele: Kosten zu Verkauf; Lagerbestand zu Einstandspreisen des Umsatzes, d. i. Umschlagshäufigkeit; Kreditdauer, ausgedrückt in Zeiteinheiten; Ertrag zu Eigenkapital.)

In diesen Rahmen gehören auch die betrieblichen Kennzahlen: Umsatz je Beschäftigten, je qm Verkaufsraum, je Kassenzettel usw.[55]).

2. Betriebsvergleich

Darunter wird der Vergleich einer betrieblichen Gegebenheit mit der entsprechenden in einem *anderen Betrieb,* der auch als typischer Betrieb angenommen werden kann, verstanden.

Die Gegebenheiten entsprechen denjenigen, die beim Zeitvergleich aufgeführt sind.

3. Vergleich einer Betriebsgegebenheit mit Gegebenheiten in andern Bereichen

Hier handelt es sich vor allem um Änderungsvergleiche bei Erscheinungen und Vorgängen. Alle diese Vergleiche können verschiedenartig begründet werden:

a) Es besteht ein sicherer oder wahrscheinlicher Zusammenhang von *Ursache* und *Wirkung:* Einkommen und Kaufbereitschaft der arbeitenden Bevölke-

[55]) Schulz-Mehrin, Otto, Betriebswirtschaftliche Kennzahlen als Mittel zur Betriebskontrolle und Betriebsführung, Berlin (Deutsche Ges. f. Betriebswirtschaft) 1963.

rung, Bautätigkeit im Wohnungsbau und Möbelabsatz, Änderungen in der Zahl der Bevölkerung und Verbrauchsänderung, Angestelltentarif und Personalkosten im Handelsbetrieb, Preishöhe und Einkaufsdisposition, Zinssätze und Kredithöhe, Werbeumfang und Absatzvolumen[56]).

b) Es ist anzunehmen, daß zwei Gegebenheiten, eine betriebliche und eine außerbetriebliche, von der gleichen Ursache abhängen, z. B. Absatz in Luxusartikeln und Theaterbesuch, Absatz von Reiseartikeln und Beteiligung an Gemeinschaftsreisen.

4. Das Verhältnis zusammenhängender Betriebszahlen

a) Wesen der Korrelation

Da gewisse Betriebserscheinungen und Betriebsvorgänge zueinander in Beziehung stehen, muß angenommen werden, daß ihre Zahlenausdrücke auch gegenseitige Abhängigkeiten aufweisen bzw. Zusammenhänge erkennen lassen. In der Regel werden diese Abhängigkeiten durch das Verhältnis von Ursache zu Wirkung bei oder zwischen verschiedenen Erscheinungen und Vorgängen bewirkt. Dabei gilt die gleiche Ursache für verschiedene Tatsachen, oder die eine Tatsache ist selbst Ursache für die andere.

So muß die Lagergröße des Handelsbetriebs in einem bestimmten Verhältnis zum Umsatz stehen; die Kosten des Betriebs werden durch den Umfang der geplanten oder wirklichen Betriebsleistung bedingt. Für beide vorgenannten Zusammenhänge ist die Betriebsorganisation bestimmend, die auf die Verkaufsgröße abgestellt sein muß. Ein anderer Zusammenhang besteht für Außenstände und Kreditumsatz. Dieser letztere geht immer den Kreditforderungen im Handelsbetrieb voraus.

Solche Abhängigkeiten werden als Korrelationen bezeichnet. Sollen die gegenseitigen Zusammenhänge in vereinfachter Form gemessen und in einheitlichen Zahlen dargestellt werden, so bedient sich der Statistiker der Korrelationsrechnung, die in den vollkommenen Formen die Anwendung mathematischer Verfahren verlangt. Die von Lorenz[57]) dargestellten Arten der Korrelation treten auch in Handelsbetrieben als *strukturelle* oder als *dynamische* Korrelation auf.

aa) Strukturelle Korrelation

Bei der strukturellen Korrelation geht es um die nebeneinander auftretenden Tatsachen. Dabei können statistische Zahlengruppen aus dem gleichen Betrieb, aus verschiedenen Betrieben, Branchen oder Betriebsgruppen gebildet werden.

---

[56]) Wagemann, Ernst, Konjunkturlehre, Berlin 1928, S. 140 ff.

[57]) Lorenz, Charlotte, Betriebswirtschaftsstatistik, S. 278.

So kann eine Korrelation zwischen den einzelnen Bilanzgrößen, zwischen Kostenziffern oder Umsatzgrößen im gleichen Zeitpunkt bzw. Zeitabschnitt bestehen.

Diese Korrelationen können *gleichgeordnet* oder *entgegengeordnet* sein. Es lautet das Urteil über die Korrelationen entweder: Wenn die eine Gegebenheit zahlenmäßig hoch ist, dann ist es auch die andere und umgekehrt, oder: Wenn die eine Zahl verhältnismäßig hoch liegt, dann liegt eine andere Zahl entsprechend niedrig und umgekehrt.

Beispiele: Bei ausgedehntem Verkaufsbereich und direkter Zulieferung der Ware im Großhandelsbetrieb ist der Fuhrpark umfangreich; ein weites Sortiment im Einzelhandelsbetrieb verlangt ein großes Lager; hoher Kreditumsatz in einem Zeitabschnitt bewirkt hohe Außenstände, kleiner Nutzen am Stück kann großen Umsatz im ganzen Zeitabschnitt bewirken.

bb) Dynamische Korrelation

Die dynamische Korrelation ist an der Bewegung von Zahlengrößen, die zwei oder mehrere Tatbestände kennzeichnen, im Zeitablauf zu erkennen. Sind die Bewegungen gleichartig, dann wird von einer *gleichgerichteten dynamischen Korrelation,* im entgegengesetzten Fall von einer gegengerichteten Korrelation gesprochen. Die Zahlen für Verkaufsvolumen und Einkaufsmengen bewegen sich während eines längeren Zeitabschnittes jeweils in der gleichen Richtung, weil sie voneinander abhängen; Tage mit Niederschlägen in einem Monat bewirken den Umfang von Einzelhandelsverkäufen in Regenmänteln bzw. Schirmen; Einzelhandelsumsätze sind in ihrem Umfang vom Arbeitseinkommen abhängig[58]), Umsatzmenge und fixe Kosten je Stück ändern sich in der Zeit entgegengesetzt.

Bei allen besprochenen Korrelationsformen können die Verhältnisse zwischen den beobachteten gleichartigen Gegebenheiten in der Zahlenreihe unterschiedlich sein. Korrelation in Zahlenreihen braucht nicht einmal durch gleichzeitige Ausschläge an den Punkten der Bewegungsreihe deutlich zu werden; die Ausschläge können sich vielmehr in der einen Reihe verspätet gegenüber der anderen Reihe zeigen. Dafür sind die Bewegungsreihen von Einkauf und Verkauf ein Beispiel. Der Verkauf folgt normalerweise dem Einkauf.

b) Analyse einer Korrelation

aa) Beurteilung von Umsatzleistungen

Überlegungen, die zu der Beurteilung einer Korrelation führen können, sollen beispielhaft an der Darstellung der Zusammenhänge von Umsatzbeträgen je

---

[58]) Donner, Otto, Statistik, S. 90.

Kassenzettel und je Beschäftigten in einem Einzelhandels-Großbetrieb verdeutlicht werden.

Nach statistischen Feststellungen (Auszählungen) lassen sich folgende Zahlen in die „Korrelationstabelle" eintragen:

Übersicht 15

Umsatz je Beschäftigten und je Kassenzettel (Zahl der Fälle)

Durchschnitts-Umsatz je Beschäftigt. in der Woche (DM)	Umsatz je Kassenzettel (DM)							
	5,76 — 6,00	6,01 — 6,25	6,26 — 6,50	6,51 — 6,75	6,76 — 7,00	7,01 — 7,25	7,26 — 7,50	Insges
751 — 780 (766)	37	40	55	85	52	47	26	342
721 — 750 (736)	42	47	69	86	64	56	32	396
691 — 720 (706)	53	62	80	85	72	64	45	**468**
661 — 690 (676)	46	54	62	70	65	52	52	394
631 — 660 (646)	28	32	47	58	50	42	31	288
601 — 630 (616)	25	31	40	46	40	28	19	229
	231	266	353	**430**	343	289	205	2117

Aus der vorstehenden Tabelle geht folgendes hervor:

1. In den untersuchten 2117 Fällen trifft die höchste Zahl der Kassenzettel die Gruppe der Einzelumsätze von 6,51—6,75 (430); die höchste Zahl der Umsätze je Beschäftigten entfällt in die Gruppe der durchschnittlichen Wochenumsätze von 691—720 (468).

2. Die Zahl der Fälle nimmt sowohl beim Umsatz je Kassenzettel als auch beim Umsatz je Beschäftigten von den unter 1. bezeichneten Höchstzahlen nach beiden Seiten hin ab.

3. Die unter 2. gekennzeichnete allgemeine Bewegung gilt fast gleichmäßig für jede einzelne Gruppe der beiden beobachteten Betriebserscheinungen: In fast jeder vertikalen und horizontalen Zahlenreihe gibt es eine Höchstzahl, von der aus nach beiden Seiten die Zahlen abfallen.

4. Ganz allgemein trifft also zu, daß bei einer Steigerung der Umsatzbeträge je Kassenzettel die Zahl der auf die Umsätze je Beschäftigten bezogenen Fälle zunächst zunimmt und dann absinkt (Schaubild 16).
5. Umgekehrt nimmt überwiegend die Zahl der Kassenzettel in den einzelnen Preisstufen bei einer Erhöhung der Durchschnittsumsätze je Beschäftigten zuerst zu und vermindert sich dann.

Schaubild 16

Darstellung einer Korrelation

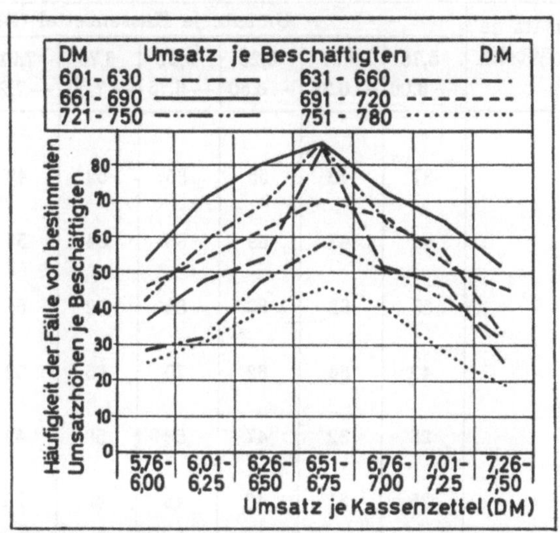

Diese Tatsachen sind für den Betriebsverantwortlichen bereits bedeutsam; denn er erkennt nach solchen Feststellungen, daß die Umsätze in den höheren Preisgruppen die mengenmäßige Umsatzleistung der Beschäftigten herabdrücken. Daraus folgen Überlegungen über *Kosten* und *Gewinne* bei denjenigen Sortimentsteilen, die vielleicht erhöhte Beratungstätigkeit erfordern.

Werden für die einzelnen Abteilungen des Handelsbetriebs gegenseitig abhängige Zahlen nach dem vorstehend gekennzeichneten Muster erfaßt, dann sind folgende Fragen für die *Sortiments-* und *Umsatzpolitik* von Bedeutung:

1. Für welchen Wochen-Umsatzbetrag je Beschäftigten besteht die höchste Wahrscheinlichkeit des Eintreffens bei den verschiedenen Gruppen von Durchschnittsumsätzen je Kassenzettel und umgekehrt;
2. für welche Durchschnittsbeträge je Kassenzettel besteht die höchste Wahrscheinlichkeit des Eintreffens bei den verschiedenen Gruppen von Umsätzen je Beschäftigten?

Das sind Fragen nach der „mathematischen Erwartung“. Diese kann nach den Zahlen der vorstehend aufgeführten Korrelationstabelle als gewogenes arithmetisches Mittel aus den Bezugszahlen und der Zahl der Fälle errechnet werden; also beispielsweise für die zuerst (unter 1) gestellte Frage:

Gruppe 5,76 — 6,00 :

$$\frac{616 \times 25 + 646 \times 28 + 676 \times 46 + 706 \times 53 + 736 \times 42 + 766 \times 37}{231}$$

In der nachfolgenden Übersicht sind die Ergebnisse zusammengestellt:

Übersicht 15a

Rechnerische Erwartungen

Es betragen die durchschnittlichen DM-Wochenumsätze je Beschäftigten:	698,0	696,3	697,8	700,1	695,7	698,7	694,3
bei DM-Betrag je Kassenzettel:	5,76 — 6,00	6,01 — 6,25	6,26 — 6,50	6,51 — 6,75	6,76 — 7,00	7,01 — 7,25	7,26 — 7,50

Der höchste durchschnittliche Umsatz je Beschäftigten läßt auf den höchsten Umsatz insgesamt schließen. Und der muß erstrebt werden; denn höchster Umsatz in einem Zeitabschnitt bedeutet günstigste Verteilung der fixen Kosten, und höchster Umsatz je beschäftigte Person bewirkt niedrige relative Personalkosten. Infolgedessen wird der Betrieb im Sortiment die Waren in der Preislage 6,51—6,75 DM bevorzugen.

bb) Umschlagshäufigkeit des Lagers und Handelsspanne

In dem Kapitel „Verhältniszahlen“ ist die Umschlagshäufigkeit des Lagerbestandes als Meßziffer aus den Größen Umsatz und durchschnittlicher Warenbestand behandelt worden (Seite 118).

Die gegenseitige Abhängigkeit von Preishöhe für die umgesetzten Waren und Umschlagshäufigkeit des Lagers wird von Mellerowicz folgendermaßen gekennzeichnet: „Weil die Umschlagshäufigkeit groß ist, kann der Händler mit einer geringen Handelsspanne auskommen; aber auch: weil der Händler mit einer niedrigen Spanne kalkuliert, erzielt er eine hohe Umschlagshäufigkeit und hat entsprechend niedrigere Kosten“[59]).

Die vorstehenden Angaben sind natürlich nur im Vergleich bei sonst gleichbleibenden Gegebenheiten zu verstehen. Es wird deshalb von Mellerowicz erläuternd hinzugefügt: „Die Kosten sind rechnerisch vom wirklichen Absatz abhängig.“ – „Der Absatz wiederum wird in hohem Maß von dem geforderten Preis, also zum guten Teil von der Kalkulationsspanne beeinflußt.“

[59]) Mellerowicz, Konrad, Die Handelsspanne bei freien, gebundenen und empfohlenen Preisen, Freiburg 1960, S. 42 ff.

Im ganzen können aus diesen Überlegungen nach unseren Begriffen entgegengeordnete Korrelationen gefunden werden:

Je höher die Ziffer der Umschlagshäufigkeit ist, um so niedriger sind gewisse Vertriebskosten.

Oder:

Je mehr die Kalkulationsspanne den Preis hochdrückt, um so geringer ist die Umschlagshäufigkeit eines gegebenen Lagerbestandes.

Ergeben Zahlenordnungen oder Zahlenreihen äußere Bilder von Korrelationen, dann wird dadurch der Zusammenhang der Tatsachen nicht bewiesen. Immer sind Überlegungen über mögliche und wahrscheinliche Ursachen, Wirkungen und Abhängigkeiten notwendig, um die Korrelation zum Ausgang von betriebspolitischen Forderungen zu wählen[60]).

„Welche Veränderliche in Wahrheit die verursachende, die unabhängige, ist, können wir mit Hilfe der Korrelation nicht beantworten. Dafür müssen wir auf die sachlogischen Zusammenhänge zurückgehen. Nur mit ihrer Kenntnis sind wir imstande, Aussagen über kausale Beziehungen zu machen"[61]).

c) Stärke der Korrelation

Bisher ist einfach von den Abhängigkeiten der Zahlengruppen und Zahlenreihen gesprochen worden, ohne zu berücksichtigen, daß der Grad der Abhängigkeit durchaus unterschiedlich sein kann.

Der Betriebspraktiker interessiert sich naturgemäß am stärksten für die hohen Abhängigkeitsgrade der Zahlengrößen, weil nur diese ihm ein gesichertes Urteil über die in Abhängigkeit stehenden Betriebserscheinungen, vor allem bei der Vorschaurechnung, ermöglichen.

In der Statistik sind manche mathematischen Meßverfahren zur Ermittlung der Stärke der Korrelation erarbeitet worden. Hier sollen nur allgemeinverständliche Verfahren dargestellt werden, die auch in Klein- und Mittelbetrieben des Handels angewandt werden können.

aa) Errechnung der Abstände zwischen den nacheinander folgenden Zahlen

Die nachfolgende Übersicht geht von den Ursprungszahlen aus, die nach Übersicht 15 für sechs zusammenhängende Vorgänge, Umsatz je Kassenzettel und Wochenumsatz je Beschäftigten, ermittelt worden sind. Es sind dann in der Übersicht 16 die Abstände der einzelnen Ursprungszahlen von der jeweilig

[60]) Graf, Hunziker, Scheerer, Betriebsstatistik und Betriebsüberwachung, S. 51.

[61]) Wagenführ, Rolf, Statistik leicht gemacht, 4. Aufl., Köln 1963, S. 164.

Übersicht 16

Abstand von Reihenzahlen als Maß der Korrelation

Ausgangszahlen (Umsatz in DM)		
Betrag je Kassenzettel (Durchschnitt)		Wochenumsatz je Beschäftigten (Durchschnitt)
5,88		698,0
6,13		696,3
6,38		697,8
6,63		700,1
6,88		695,7
7,13		698,7
39,03	Summe	4186,6
6,50	Arithmetisches Mittel	697,8

Veränderung (absolut)			
Betrag je Kassenzettel gegenüber		Wochenumsatz je Beschäftigten gegenüber	
vorangehender Ursprungszahl	arithmetischem Mittel	vorangehender Ursprungszahl	arithmetischem Mittel
—	— 0,62	—	+ 0,2
+ 0,25	— 0,37	— 1,7	— 1,5
+ 0,25	— 0,12	+ 1,5	± 0,0
+ 0,25	+ 0,13	+ 2,3	+ 2,3
+ 0,25	+ 0,38	— 4,4	— 2,1
+ 0,25	+ 0,63	+ 3,0	+ 0,9

vorangehenden Zahl in absoluten Beträgen aufgeführt. Die Korrelation der Reihen: Betrag je Kassenzettel und Wochenumsatz je Beschäftigten ist dadurch gekennzeichnet, daß bei einer gleichmäßigen Steigerung der Beträge je Kassenzettel die Wochenumsätze anfangs fast in gleicher Höhe verharren bzw. leicht ansteigen, in der zweiten Hälfte der Reihe aber den Höhepunkt der Bewegung nicht wieder erreichen. Man könnte sagen: Die Korrelation der beiden Reihen ist bis zu einem bestimmten Punkt etwa gleichgeordnet und von da ab entgegengeordnet. Im ganzen ist die Korrelation nicht sehr deutlich.

bb) Abstände vom Mittelwert

Die Abstände der Ursprungszahlen gegenüber deren Mittelwert in Übersicht 16 lassen noch deutlicher die unvollkommene Korrelation der beiden Zahlenreihen erkennen. Die durch die Zahlengrößen dargestellten Betriebsvorgänge sind eben nicht durch gesetzmäßig wirkende Kräfte allein beeinflußt.

Ergibt sich, daß sämtliche Abweichungen vom arithmetischen Mittel übereinstimmende Vorzeichen haben, dann ist daraus auf *vollständige positive Korrelation* zu schließen. Entsprechende Schlüsse sind zu ziehen, wenn alle Vorzeichen einander entgegengesetzt sind *(negative Korrelation)*. Sind dagegen die beiderseitigen Abweichungen so geartet, daß die Zahl der Reihenpaare mit übereinstimmenden Vorzeichen ebenso groß ist wie die Zahl der Reihenpaare mit abweichenden Vorzeichen, so muß daraus geschlossen werden, daß beide Reihen in *keinerlei ursächlichem Zusammenhang* miteinander stehen. Besteht kein Zusammenhang zwischen den Zahlenreihen über die sie beeinflussenden Kräfte, dann kann das vor allem dadurch deutlich werden, daß die Abweichungen der Zahlen vom arithmetischen Mittel ganz willkürlich erscheinen.

In dem in Übersicht 16 gewählten Zahlenbeispiel ist das Auszählen der Plus- und Minus-Abstände einfach. Kommen mehr Zahlenpaare aus den Beobachtungen in Frage, dann empfiehlt es sich, in einem Schaubild die Abstände zum arithmetischen Mittel zu verdeutlichen.

In den rechten oberen Abschnitt (I. Quadrant) eines Koordinatensystems werden auf der Horizontalen, der Abszisse, z. B. nach Übersicht 16 die durchschnittlichen Umsatzbeträge je Kassenzettel, auf der Vertikalen, der Ordinate, die durchschnittlichen Wochenumsätze je Beschäftigten eingetragen. Waagerechte und Senkrechte, die von den zugehörigen Zahlenpaaren ausgehen, bilden innerhalb des I. Quadranten Schnittpunkte, auf die es hier ankommt.

Auf Abszisse und Ordinate werden dann zusätzlich die arithmetischen Mittelwerte der Zahlengrößen eingezeichnet und von hier aus Parallelen zur Abszisse und Ordinate gezogen. Die Parallelen werden über ihren Schnittpunkt hinaus verlängert. Dadurch wird der I. Quadrant in vier Abschnitte geteilt.

Die vorhin besprochenen Schnittpunkte können dann im Verhältnis zu den Linien der Mittelwerte als höher oder niedriger erkannt werden. Die Lage der Schnittpunkte zu dem Kreuz der Mittellinien wird also augenfällig und läßt ein Urteil über die Korrelationen und deren Stärke zu.

cc) Zahlenausdruck für eine Korrelation

Bei den bisher behandelten Verfahren wird die Korrelation nur allgemein beurteilt. Es gibt aber auch einen einfachen Weg, die Stärke der Korrelation anzugeben.

Folgende Überlegungen dürften zum Ziele führen: Wenn im Vergleich zu ihrem arithmetischen Mittel alle Vorzeichen der Zahlenpaare übereinstimmen, dann wird die positive Korrelation mit + 1, die entgegengeordnete mit — 1 bezeichnet. Zwischen + 1 und — 1 müssen also *alle Grade der Korrelation* liegen, die durch das *Verhältnis der Zahlenpaare mit übereinstimmenden oder entgegen-*

gesetzten Vorzeichen zu der Gesamtzahl der Paare bestimmt werden. Um dieses Verhältnis festzustellen, werden von den übereinstimmenden Vorzeichenpaaren die nicht übereinstimmenden bzw. von den nicht übereinstimmenden Vorzeichenpaaren die übereinstimmenden abgezogen; die Differenz wird zur Gesamtzahl der Paare in Beziehung gesetzt und gibt als Bruch den *Korrelations-Koeffizienten* an.

Beispiel: Die Gesamtzahl der Zahlenpaare sei 10. Folgende Korrelationsgrade lassen sich errechnen:

Übersicht 17

Ermittlung von Korrelationsgraden

G = Gleiche Vorzeichen gegenüber arithmetischem Mittel
U = Ungleiche Vorzeichen gegenüber arithmetischem Mittel

Paare mit		Differenz	Bruch (Korrelations-koeffizient)	Korrelation
G	U			
10	0	+ 10	$+ ^{10}/_{10} = + 1{,}0$	vollständige positive Korrelation
9	1	+ 8	$+ ^{8}/_{10} = + 0{,}8$	verminderte positive Korrelation
8	2	+ 6	$+ ^{6}/_{10} = + 0{,}6$	klar verminderte positive Korrelation
7	3	+ 4	$+ ^{4}/_{10} = + 0{,}4$	sehr verminderte positive Korrelation
6	4	+ 2	$+ ^{2}/_{10} = + 0{,}2$	stark verminderte positive Korrelation
5	5	+ 0	$+ ^{0}/_{10} = 0{,}0$	keine Korrelation
Paare mit				
U	G			
10	0	— 10	$- ^{10}/_{10} = - 1{,}0$	vollständige negative Korrelation
9	1	— 8	$- ^{8}/_{10} = - 0{,}8$	verminderte negative Korrelation
8	2	— 6	$- ^{6}/_{10} = - 0{,}6$	klar verminderte negative Korrelation
7	3	— 4	$- ^{4}/_{10} = - 0{,}4$	sehr verminderte negative Korrelation
6	4	— 2	$- ^{2}/_{10} = - 0{,}2$	stark verminderte negative Korrelation
5	5	— 0	$- ^{0}/_{10} = 0{,}0$	keine Korrelation

Nach dem besprochenen einfachen oder einem anderen, aber komplizierten Verfahren einer Errechnung von Korrelationskoeffizienten kann ein Zusammenhang von *Bewegungsreihen* festgestellt werden. Eine solche rechnerische Feststellung darf aber nicht dazu verleiten – das sei noch einmal betont –, mit Bestimmtheit die Entsprechung der Zahlen und damit die gegenseitige Abhängigkeit oder diejenige von gleichen Ursachen anzunehmen oder abzulehnen. Solche Abhängigkeiten müssen immer nach vernünftigen Überlegungen begründet werden können. Sollte sich z. B. für einen Einzelhandelsbetrieb rechnerisch eine positive Korrelation zwischen dem Körpergewicht oder der Größe der Verkäufer und deren Jahresumsatz ergeben, dann ist das sicherlich ein Zufall, weil einleuchtende Gründe für den Zusammenhang der Gegebenheiten kaum gefunden werden können. Es muß „wahrscheinlich gemacht werden, daß innere Zusammenhänge bestehen, daß es sich um keine Scheinkorrelation handelt. Dieser Nachweis kann immer nur unter Zuhilfenahme eines umfassenden Sachwissens geführt werden, niemals allein durch formalistische Methoden, und seien sie noch so ausgeklügelt"[62]). Wenn aber die Überlegung ergibt, daß innere Zusammenhänge zwischen den zahlenmäßig erfaßten Betriebstatsachen bestehen, dann fragt sich immer noch, wie der Grad der Korrelation beurteilt werden soll.

In Übersicht 17 sind die verminderten Korrelationen in Abstufungen gekennzeichnet. Soll man nun bei einem Koeffizienten von 0,6 oder von 0,4 aufhören, von Korrelation zu sprechen? Die Entscheidung ist nur nach langen Beobachtungen möglich.

5. Verhältnis von Betriebszahlen zu gesamtwirtschaftlichen Zahlen

Durch die Statistik amtlicher Stellen, wissenschaftlicher Institute oder beruflicher Organisationen werden häufig Betriebsverhältnisse ganzer Gewerbegruppen erfaßt. Für die Betriebsbeurteilung bedeutungsvoll ist dann die Feststellung, welchen Platz der einzelne Handelsbetrieb im Rahmen der Branche einnimmt, beispielsweise im Hinblick auf Beschäftigtenzahl, Ausfuhr, Umsatz, Lager, Einkauf, Betriebsgröße, Leistung usw. (Auf die Einzelangaben – S. 40 – wird hier verwiesen.)

In dem „Börsen- und Wirtschaftsbuch" der „Frankfurter Allgemeinen Zeitung für Deutschland", Band 1963, wird beispielsweise (S. 39) folgendes ausgeführt: „Im Jahr 1962 haben die *Einzelhandelsumsätze* (einschl. West-Berlin) nach vorläufiger Berechnung einen Betrag von etwa 103 Mrd. DM erreicht. Das ist ungefähr das Dreieinhalbfache des Standes von 1949." (Für 1963 sind in dem Band 1964 die Angaben eingeschränkt.)

Übersicht 18

Umsätze nach Warengruppen im Einzelhandel

(Veränderung gegenüber dem Vorjahr in %)

Beispiel aus: Börsen- und Wirtschaftsbuch der FAZ 1963

Bereich	1961		1962	
	Werte	preisbereinigt	Werte	preisbereinigt
Nahrungs- und Genußmittel	+ 7	+ 6	+ 7	+ 3
Bekleidung, Wäsche, Schuhe	+ 11	+ 8	+ 7	+ 4
Hausrat und Wohnbedarf	+ 9	+ 5	+ 7	+ 3
Sonstiges	+ 10	+ 7	+ 11	+ 7
Insgesamt	+ 9	+ 7	+ 8	+ 4

[62]) Donner, Otto, Statistik, S. 90.

Solche allgemeinen statistischen Zahlen vermögen die Betriebsleiter zu Vergleichen anzuregen. Sie versuchen, folgende Fragen zu beantworten:

Hat der eigene Betrieb gegenüber den Vorjahren eine Umsatzzunahme zu verzeichnen, die etwa derjenigen des Branchenbereichs entspricht? Welche Gründe sind gegebenenfalls zu erkennen, die eine Abweichung von der durchschnittlichen Veränderungsziffer erklären?

Noch mehr umfassend ist in dem Handbuch der „Frankfurter Allgemeinen Zeitung" die statistische Berichterstattung über den *Großhandel.* Von Bedeutung sind hier die Änderungsziffern der Umsätze in den einzelnen Branchen, die Angaben über die Gruppenbildungen im Handel (S. 40 f.), über die Preisentwicklung (S. 35 f.), über den Außenhandel (S. 203 f.).

6. Vergleich von statistischen Zahlen aus gleichartigen Bereichen

Hier handelt es sich nicht um den Betriebsvergleich, bei dem die Betriebe selbst anhand von Richtzahlen das eigene Betriebsgeschehen laufend überprüfen. Darüber wird auf S. 145 gesprochen. Vielmehr sollen die Fälle ins Auge gefaßt werden, bei denen *Außenstehende* sich anhand öffentlich bereitgestellter Zahlen oder allgemeiner Berichte ein Urteil über einen Betrieb, mehrere Betriebe oder Betriebsgruppen verschaffen, um danach ihr eigenes wirtschaftliches Handeln einzurichten. Das kann beispielsweise geschehen, wenn *Versandgeschäfte* die regionalen Produktions-, Beschäftigungs- und Einkommenszahlen für die Steuerung ihrer Werbe- und Absatzplanung auswerten, wenn eine *Einkaufsabteilung* sich durch Beobachtung der Preisbewegungen in verschiedenen Erzeugungsgebieten bei der allgemeinen Richtung ihrer Kaufinteressen leiten läßt.

Brauchbare Unterlagen für solche Vergleiche bieten beispielsweise die „Konjunkturspiegel" in der Presse, auch wenn sie nicht auf Zahlen aufgebaut sind. Um das zu veranschaulichen, sei auf einen wirtschaftlichen Situationsbericht des Ifo-Instituts im „Handelsblatt" (vom 23. 10. 1963, S. 11) verwiesen.

Großhandel:

„*Konsumgütergroßhandel:* Leichte Belebung der Absatztätigkeit. Umsatz etwas stärker gestiegen als im Durchschnitt der zurückliegenden Jahre. Umsatzzunahme gegenüber Vorjahr schätzungsweise 5 vH."

„*Lagersituation:* Lagerbestände des Konsumgütergroßhandels stärker gestiegen als im August. Bestände von den Firmen teilweise als überhöht angesehen."

Einzelhandel:

„*Geschäftslage* des Einzelhandels von August auf September konjunkturell spürbar verschlechtert. *Umsätze* im Gegensatz zur saisonüblichen Entwicklung stark zurück-

gegangen. Einzelhandelsbetriebe hatten im Gegensatz hierzu mit einer merklichen Umsatzbelebung gerechnet. Umsätze im September kaum mehr größer als vor Jahresfrist; im Durchschnitt der ersten acht Monate hat die Wachstumsrate noch 3 bis 4 % betragen. Enttäuschung der Firmen spiegelt sich in ihren Urteilen: Anteil der „gut"-Stimmen von 25 auf 18 % verringert, Anteil der „schlecht"-Stimmen von 13 auf 21 % gestiegen. Geschäftsbeurteilung war nur im Februar und Juni noch ungünstiger."

Lagersituation: **Lagerbestände in allen Fachzweigen – vom Brennstoffhandel abgesehen – kräftig gestiegen. Firmen bezeichnen Lagerhaltung überwiegend als normal."**

Den allgemeinen Urteilen folgen jeweils Hinweise auf die Besonderheiten der Branchen.

III. Entwicklung und Veränderung im Betriebsablauf

1. Langfristige Entwicklung

Langfristige Entwicklungen von wirtschaftlichen Erscheinungen und Vorgängen lassen sich nur durch *zeitlich lange* statistische Zahlenreihen oder durch den Vergleich der Zahlen aus *weit auseinanderliegenden* Jahren feststellen. Um Entwicklungen laufend verfolgen zu können, werden Betriebszahlen in regelmäßigen Zeitabständen in Tabellen eingetragen und schaubildlich in Kurven dargestellt.

Erleichtert wird der Überblick durch die Errechnung von *Meßziffern*. Sollen Zahlen weit auseinanderliegender Jahre miteinander verglichen werden, so müssen sie in der Regel in einem gesonderten Arbeitsgang festgestellt werden. Für die Beurteilung von Entwicklungen können alle Betriebszahlen von Bedeutung sein. Am häufigsten werden auch in Handelsbetrieben diejenigen Zahlen herangezogen, die eine *Betriebsleistung* kennzeichnen: Umsatz; Zahl der Beschäftigten, der Verkäufer, der Vertreter; Größe des Lagers oder des Verkaufsraumes. Ausgedrückt wird die Entwicklung entweder in dem Veränderungsprozentsatz (Veränderung gegenüber dem Vorjahr: + oder — ... %) oder in Meßziffern (vgl. Übersicht 19).

Die Beobachtung der Entwicklung des Handelsbetriebs durch viele *Jahrzehnte* hat für innerbetriebliche Kontrollen in der Regel *kaum eine Bedeutung*. Deshalb soll hier nur kurz die Entwicklungslinie, Trend genannt, behandelt werden. Der *Trend* einer Entwicklung gibt im großen den Zug eines Anwachsens oder eines Rückgangs im Verlauf vieler Jahre an, unbekümmert um kurzfristige, vorübergehende Ausschläge. Der Trend ist aus den Zahlen der Wirtschaftsbewegungen in der *Vergangenheit* zu erkennen und kann einen Hinweis auf die Entwicklung in der *Zukunft* geben. Aber die Grundrichtung der Entwicklung von

Übersicht 19

Zahlen zur Beurteilung der Betriebsentwicklung

Angaben	Angabe in:	1963		1964		usw.
		absolut	Veränderung gegenüber Vorjahr %	absolut	Veränderung gegenüber Vorjahr %	
Verkäufer	Zahl					
Vertreter	Zahl					
Beschäftigte	Zahl					
Umsatz	DM					
Lagerbestand	DM					
Lagergröße	qm					
usw.						

Erscheinungen und Vorgängen im Betrieb ist nicht immer ohne weiteres deutlich zu erfassen, weil sie von Bewegungen, die zufällig, konjunkturell oder saisonmäßig sind, überlagert ist. Deshalb muß die Grundrichtung in einer Zahlenreihe bloßgelegt werden; der Trend muß ermittelt werden. Dafür sind verschiedene Verfahren erarbeitet worden: einfache und schwierige mathematische. „Ihrer logischen Qualität nach stehen sie einander gleich: Kein Verfahren liefert die Garantie einer ‚richtigen' Wiedergabe der langfristigen Veränderungstendenzen; und keine Trendlinie kann für sich in Anspruch nehmen, durch Verlängerung in die Zukunft hinaus den Grundzug der kommenden Dinge zu prognostizieren" [63]).

Aus einem Schaubild, das eine Zahlenreihe für einen längeren Zeitabschnitt darstellt, ist in der Regel die Grundrichtung der Entwicklung der Zahlengrößen zu erkennen. Als Beispiel seien die jährlichen Umsatzzahlen eines Textil-Einzelhandelsbetriebs für elf Jahre gewählt (vgl. Übersicht 20).

In einer Kurve des Schaubildes 17 sind die Meßziffern der Umsatzbewegung dargestellt. Im ganzen ist eine Zunahme der Umsätze von Jahr zu Jahr zu erkennen. Aber die Grundrichtung der Kurve wird durch Überlagerungen verschiedener Bewegungen undeutlich. Um diese Störungen bei der Ermittlung der Grundrichtung auszuschalten, sind *bewegliche Durchschnitte* der Meßziffern aus drei Jahren in das Schaubild eingezeichnet worden. Die beweglichen Durchschnitte (siehe Übersicht 20) ergeben sich aus der Summe der Meßziffern

$$\frac{1. + 2. + 3.\,\text{Jahr}}{3}\,;\ \frac{2. + 3. + 4.\,\text{Jahr}}{3}\ \text{usw.}$$

[63]) Donner, Otto, Statistik, S. 80.

Übersicht 20

Kennzeichnung des Trends

Umsatzbeträge im Textil-Einzelhandelsbetrieb in 11 vergangenen Jahren

Jahr	Umsatz in 1000 DM	Meßziffern 1. Jahr = 100	Jährliche Veränderung in %	Meßziffern aus drei Jahren	
				Summe	Durchschnitt
1.	150	100,0	.	.	.
2.	165	110,0	+ 10,0	338,6	112,8
3.	193	128,6	+ 16,9	371,9	124,0
4.	200	133,3	+ 3,1	399,9	133,3
5.	207	138,0	+ 3,5	419,3	139,7
6.	222	148,0	+ 7,2	445,3	148,4
7.	239	159,3	+ 7,7	475,3	158,4
8.	252	168,0	+ 5,5	499,3	166,4
9.	258	172,0	+ 2,4	523,3	174,4
10.	275	183,3	+ 6,6	555,3	185,1
11.	300	200,0	+ 9,1	.	.

Schaubild 17

Der Trend

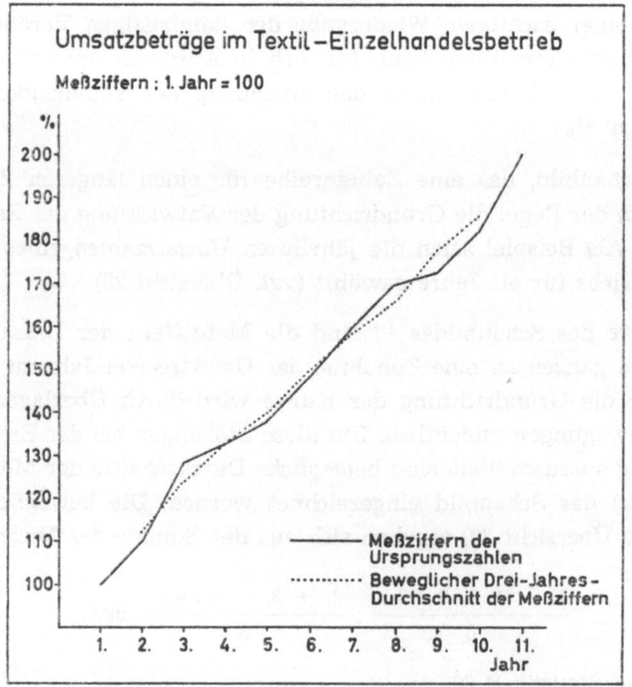

Die „geglättete" Kurve läßt deutlich eine etwa gleichartig aufwärts gerichtete Grundrichtung bis zum 9. Jahr erkennen. Es scheint, daß von da ab die Grundrichtung stärker nach oben tendiert. Das ist für die *Prognose* der zukünftigen Entwicklung von Bedeutung.

Auch auf das Schaubild 18 (im Anhang Seite 187) kann hier verwiesen werden. Die Entwicklung der Umsätze in fünf Jahren wird in einer Kurve gezeigt. Ein Ansteigen der Kurve vom 2. zum 3. Jahr und ein Rückgang vom 3. zum 5. Jahr sind ohne weiteres zu erkennen. Störend wirken die starken *Saisonausschläge*. Deshalb wird die Grundrichtung, die in diesem verhältnismäßig kurzen Zeitabschnitt vielleicht durch Konjunktureinflüsse bestimmt ist, am besten beurteilt werden können, wenn die Saisonspitzen, z. B. im Dezember oder im Januar oder im Juni der einzelnen Jahre, miteinander verglichen werden. Die Grundrichtung der Zahlenreihe wird noch klarer, wenn der Jahresdurchschnitt für die einzelnen Monatsbeträge errechnet wird, wie das in der Übersicht 34 geschehen ist, und wenn die so errechneten Durchschnittszahlen für die einzelnen Jahre in das Schaubild eingetragen werden (Schaubild 19). Es könnten auch noch die Mitten der waagerechten Durchschnittslinien durch eine Gerade miteinander verbunden werden, um die Entwicklung erkennbar zu machen.

Soeben ist von der Überlagerung der Grundrichtung durch Saison- und Zufallsschwankungen gesprochen worden. Es leuchtet ein, daß die Grundrichtung nahezu erkennbar werden kann, wenn zahlenmäßig bekannte Saisonschwankungen rechnerisch aus der Zahlenreihe ausgeschieden werden. Im Anhang (Seite 187) wird gezeigt, wie *Saisonindexziffern* errechnet und zur Bereinigung von Meßziffern benutzt werden können. Damit ist gleichzeitig dargestellt worden, wie eine Kurve ohne typische Saisonausschläge aussieht (Schaubild 20, oberer Teil). Die dann noch verbleibenden zufälligen Schwankungen sind in dem Beispiel auf Seite 190 durch *gleitende Durchschnitte* aus jeweils drei der saisonbereinigten Monatsziffern ausgeschaltet worden. Die „geglättete" Kurve im unteren Teil des Schaubildes 20 läßt die Grundrichtung für die beobachteten Umsatzzahlen in fünf Jahren erkennen.

Die Ermittlung einer Grundrichtung der Entwicklung für Betriebsgegebenheiten hat zunächst Bedeutung für eine *rückschauende Beurteilung*. Isoliert kann die Änderung einer Grundrichtung Veranlassung zu Überlegungen über deren Ursachen und über die Wirkungen von betrieblichen Maßnahmen geben. Wichtiger noch als die Beobachtung einer einzelnen Erscheinung im Betrieb sind *Vergleiche* als Ausgang der Beurteilung von Entwicklungen. Dabei können die Grundrichtungen für Vorgänge im einzelnen Betrieb mit solchen verglichen werden, die für die Branche aus dem *Betriebsvergleich* bekanntgeworden sind, oder mit solchen, die für charakteristische Änderungen in der Gesamtwirtschaft bzw. für diejenigen in benachbarten – vorgelagerten oder nachgelagerten – Wirtschaftsbereichen gelten. Statistische Zahlen für solche Vergleiche werden in großem Umfang durch amtliche und institutsmäßige Veröffentlichungen bereitgestellt.

Zur Beurteilung der Grundrichtung des Umsatzes greifen zurück: *Großhandelsbetriebe* auf Produktionsziffern, auf Zahlen der Außenhandelsstatistik, auf Umsatzzahlen des Einzelhandels; *Einzelhandelsbetriebe* auf Umsatzzahlen des Großhandels, auf Preisindizes, auf Zahlen über Verbrauch und Einkommen, auf die Zahlen der Bevölkerungsstatistik.

Wenn die ermittelte Grundrichtung einer Entwicklung für die Vorausschau ausgewertet wird, dann darf sie nicht blindlings in die Zukunft verlängert werden. Immer müssen *Überlegungen* darüber angestellt werden, ob die bisher bestimmenden Wirtschaftskräfte auch für die Zukunft als gegeben angenommen werden dürfen oder ob sie sich in der Stärke ändern werden bzw. ob sie, mit anderen Kräften gemischt, von ihnen überlagert oder verdrängt werden[64]). Solche Kräfte können aus dem *nationalen* oder *internationalen* Wettbewerb, aus Strukturwandlungen des Verbrauchs, der Produktion und der Vertriebsorganisation, des Einkommens, der Einkommensverwendung und der Preisrelationen, insbesondere auch aus gesetzlichen Wirtschaftsbeeinflussungen erwachsen.

In diesem Zusammenhang muß auch an *gesamtwirtschaftliche Strukturveränderungen* gedacht werden, die auf den Betriebsablauf, auf die Wettbewerbsverhältnisse, die Einkaufsmärkte und die Kostenentwicklung wirken. Während des laufenden Jahrzehnts gehört in das hiermit angesprochene Interessengebiet die Marktausweitung im Rahmen der EWG, wodurch Groß- und Einzelhandelsbetriebe der meisten Branchen betroffen werden.

2. Periodisch wechselnde Wirtschaftsbewegungen

Aus den vorstehenden Ausführungen über den Trend wirtschaftlicher Entwicklungen ist bereits deutlich geworden, daß die scharfe Trennung zwischen *langfristiger Grundrichtung* und *Konjunkturbewegung* heute schwierig ist. In den Jahrzehnten vor dem ersten Weltkrieg konnte bei dem freien Spiel der wirtschaftlichen Kräfte ein gleichmäßig periodisch begrenztes Auf und Ab der Wirtschaftslagen beobachtet werden; Aufschwung, Hochspannung, Krise, Abschwung, Tiefstand lösten sich in einer bestimmten Regelmäßigkeit in der Gesamtwirtschaft ab und machten sich mehr oder weniger in allen ihren Teilgebieten fühlbar. In den Jahren zwischen den Kriegen verschwanden nach und nach jene gesetz-

[64]) Schäfer, Erich, Grundlagen der Marktforschung, 3. Aufl., Köln und Opladen 1953. S. 293 ff.

mäßigen periodischen Bewegungen. Infolge der immer stärker werdenden zentralen Einflußnahme auf das Wirtschaftsgeschehen in den Jahren nach der weit um sich greifenden allgemeinen Wirtschaftsdepression 1929 und vor allem in den Kriegsjahren nahmen die aus dem Wechsel der Kräftekonstellationen folgenden wirtschaftlichen Spannungen und Reaktionen an Häufigkeit und an Stärke ab. Veränderungen im Wirtschaftsablauf wurden immer mehr und schließlich ganz durch die wirtschaftspolitische Lenkung bestimmt. Infolgedessen verloren die Betriebe das Interesse an Wirtschaftsdiagnosen; das Betriebsgebaren konnte sich danach nicht mehr ausrichten. Wirtschaftsprognosen waren unmöglich. Die Rückkehr zur freien Marktwirtschaft nach 1948 hat einen deutlich erkennbaren konjunkturellen Rhythmus, der auch auf Handelsbetriebe ausstrahlt, nicht wieder aufleben lassen. Das bedeutet aber nicht, daß sich der Statistiker im Handelsbetrieb um die Vorgänge in der Gesamtwirtschaft gar nicht mehr zu kümmern brauche. Immer noch treten in der Gesamtwirtschaft Bewegungen und Veränderungen hervor, die auf den Betrieb wirken, nur nicht in gleichem Maß wie früher und in dem blinden Automatismus, den man früher annahm. Die gesamtwirtschaftlichen Bewegungen sind vielfach nur die Ursachen für die Betriebserscheinungen.

In Wirtschaftsberichten wird trotz vorstehender Überlegungen noch von „Konjunktur" gesprochen[65]), aber nicht in dem Sinne der Regelmäßigkeit in den Wirtschaftsschwankungen, sondern in dem *Sinne von Aneinanderreihungen* zunehmender, guter, nachlassender und schleppender Geschäftstätigkeiten.

Die allgemeine Darstellung der Kräfte, die sich in der Wirtschaft durchsetzen und Änderungen in dem Geschäftsablauf herbeiführen, ist für die Betriebsverantwortlichen in Groß- und Einzelhandelsbetrieben aber *nicht weniger bedeutungsvoll* als die Konjunkturberichte der Forschungsinstitute früherer Jahre. Wie damals, so müssen die Betriebsleiter den Zusammenhang zwischen den Betriebs- und Marktvorgängen, zwischen Änderungen der Produktion, der Einkommen, der Preise und zwischen den Auf- und Abwärtsbewegungen der Umsatztätigkeit, der Kosten, der Erfolgsgestaltung erkennen und laufend verfolgen, um rechtzeitig Folgerungen für ihre Betriebspolitik ziehen zu können. Soweit insbesondere *Großhandelsbetriebe* in der Beschaffung oder im Absatz auf ausländische Märkte angewiesen sind, muß die Aufmerksamkeit der verantwortlichen Betriebspersonen auch den allgemeinen und speziellen Wirtschaftsberichten aus dem Ausland gelten. Bedeutsam ist, daß sowohl für ausländische als auch für inländische Marktgebiete heute in zunehmendem Maße Zahlenmaterial und darauf aufbauende Analysen bereitgestellt werden, die in erster Linie *strukturelle* und *vorübergehende Änderungen* erkennen lassen. Dabei ist

[65]) Siehe z. B.: Börsen- und Wirtschaftsjahrbuch der Frankfurter Allgemeinen Zeitung, 1963, S. 25.

auch wichtig, daß die Beobachtungen wirtschaftlicher Gegebenheiten und deren Erklärungen immer mehr aus einer einseitigen Enge herausführen, indem möglichst alle Kräfte beleuchtet werden, die wirksam sind und sich durchsetzen, insbesondere auch die rechtlichen, soziologischen, psychischen. Die aus statistischen Zahlen erwachsenden allgemeinen Urteile über Wirtschafts- und Marktlagen können die Grundlage für die *Beurteilung der Situation* des eigenen Betriebs, für die *betriebliche Vorausschau* seiner wahrscheinlichen Entwicklung auf dem Markte sowie für die erforderlichen *Betriebsentscheidungen* bilden. Voraussetzung ist immer, daß die Betriebsverantwortlichen die Abhängigkeiten von den allgemeinwirtschaftlichen Kräften für ihre eigenen Betriebsverhältnisse und für die eigene Branche kennen. Die Anpassung der Betriebsmaßnahmen an die durch die Wirtschaftsbeobachtung gewonnenen Einsichten kann auch in Zukunft ebensowenig wie früher nach einem Rezept geschehen; vielmehr sind die Abhängigkeiten jeder Branche und jedes einzelnen Betriebes in ihr von den allgemeinwirtschaftlichen Bewegungen individuell zu erfassen und zu beurteilen. Wichtig ist insbesondere, daß jeweils die für das zu beobachtende Wirtschaftsgeschehen charakteristischen Zahlen herausgestellt und ausgewertet werden.

Beispiele:

Für die Beurteilung des *Absatzes* von Textilien im ganzen als Verbrauchsgüter des elastischen Bedarfs sind allgemeine Wirtschaftszahlen über Beschäftigung, Löhne, Einkommen, Verbrauch, Preise bedeutsam;

für Lagerdispositionen überhaupt sind Einfuhr-, Produktions- und Lagerbestandszahlen der Vorstufen wichtig;

für *Finanzplanungen* sind die Urteile weitgehend auf den Zahlen zur Kennzeichnung des Geld- und Kapitalmarktes aufzubauen;

für *Erfolgsplanungen* sind die Preis- und Kostenentwicklungen genau zu beobachten.

Wirtschaftsdiagnosen und betriebliche Prognosen werden nicht deshalb unmöglich, weil häufig Sonderbewegungen auf den Märkten zeitweilig vorherrschen oder weil Sonderkräfte das Bild der Wirtschaftsgestaltung trüben. Im allgemeinen setzen sich doch bestimmende Grundkräfte durch. Aber in der Regel gibt es deren viele. Deshalb lassen sich durch einzelne statistische Zahlen und Zahlenreihen die ineinander aufgehenden Kraftströme nicht klar erfassen. Nur wenn sich der Betriebsverantwortliche bemüht, *recht viele Seiten* des Wirtschaftsgeschehens zahlenmäßig zu beleuchten, kann er sich vor groben Fehlurteilen bewahren.

3. Kurzfristige Schwankungen der Vorgänge in Handelsbetrieben

a) Allgemeines

Im kurzfristigen Rhythmus können sich mannigfache Erscheinungen und Vorgänge in Handelsbetrieben ändern: Im *Großhandelsbetrieb* verändern sich taktmäßig Auftragseingänge, Lieferungen, Lagerauffüllungen, Zahlungseingänge und -ausgänge; im *Einzelhandelsbetrieb* bewegen sich mit einer regelmäßigen Wiederkehr der Ausschläge vor allem die Verkäufe und durchweg in Abhängigkeit davon die anderen Betriebsvorgänge: Einkauf, Lagerzugänge, Zahlungen, Werbung. Die *Gründe* für die kurzfristigen Bewegungen sind teils außerhalb, teils innerhalb der Handelsbetriebe zu finden. Von *außen* wirken Gesetzesbestimmungen, gewohnheitsmäßige Beeinflussung des Kaufwillens durch die Lage von Feiertagen, klimatische Änderungen, Wetter; *aus dem Betrieb* heraus wirken vor allem Abwehrmaßnahmen gegen die von außen kommenden negativen Einflüsse: Sonderveranstaltungen mit Preisvergünstigungen für Waren und Warengruppen, Räumungsausverkäufe, allgemeine Verkaufszeiten bzw. -pausen.

b) Saisonschwankungen

In sehr vielen Handelsbetrieben spielt die Jahreszeit für die Betriebsvorgänge eine große Rolle: Absatz, Einkauf und Lagerhaltung im Textilhandel, aber auch im Handel mit Wohnbedarf, Luxuswaren, sogar im Handel mit Lebensmitteln. Hier zeigt sich ein fast gleichmäßiger, von Jahr zu Jahr wiederkehrender saisonmäßiger Rhythmus, der durch Witterung, Lage von Festen, Veranstaltung von Märkten und Messen, Verbrauchsgewohnheiten der Konsumenten herbeigeführt wird. Diese saisonbedingten Schwankungen sind neben den „Konjunkturbewegungen" und Zufallsbewegungen der Entwicklungslinie aufgelagert, so daß es im ganzen sehr schwierig ist, die einzelne Bewegungsart zu erkennen.

Das ist vor allem nachteilig bei der Beurteilung der jahreszeitlichen Schwankungen, die überall dort stark hervortreten, wo die Betriebsleistung auf der Beschaffungs- oder Absatzseite von der Witterungslage und von Witterungsveränderungen mittelbar oder unmittelbar abhängt. Über das Ausmaß der saisonbedingten Bewegungen in den Betrieben herrschen bei den Praktikern vielfach unklare Vorstellungen. Deshalb vermögen sie auch die Veränderungen im Betriebsgeschehen nicht jederzeit klar zu beurteilen. Sie sprechen vom Rückgang der Geschäfte, wenn es sich nur um regelmäßig wiederkehrende und vorübergehende saisonmäßige Umsatzverminderungen handelt; sie begnügen sich mit der Feststellung, daß ein Rückgang des Umsatzes saisonmäßig sei, wenn er schon längst das saisonmäßige Maß überschritten hat. Durch solche Fehlurteile wird eine vernünftige Betriebsdisposition verhindert. Dem Praktiker muß deshalb daran liegen, diejenigen Schwankungen ihrer Natur nach zu erkennen, die isoliert betrachtet werden können. Dazu gehören im allgemeinen die Saisonschwankungen im Betriebsablauf. *Maßstab* zur Beurteilung der Saisonschwankungen bietet die *typische Saisonzahl,* die eine durchschnittliche Höhenlage der Betriebszahl in einem bestimmten Saisonabschnitt auf Grund der Erfahrung anzeigt. Diese typische Saisonzahl wird als *Saisonindexziffer* bezeichnet. Ihr Wesen soll an Hand eines Rechenbeispiels näher erläutert werden.

Es soll angenommen werden, ein Großhandelsbetrieb für Kolonialwaren habe in den Jahren 1 bis 3 folgende Umsätze erzielt:

Übersicht 21

Umsätze in einem Kolonialwaren-Großhandelsbetrieb
(Angaben in 100 DM)

Jahr	Jan.	Feb.	März	April	Mai	Juni	Juli	Aug.	Sept.	Okt.	Nov.	Dez.	Summe	Monatsdurchschnitt
1	137	153	178	158	167	163	196	143	141	163	160	218	1940	162
2	170	181	224	182	197	180	182	185	190	179	178	213	2264	189
3	163	180	191	178	195	181	185	179	183	178	177	220	2220	185

Aus der vorstehenden Zahlenübersicht 21 ergibt sich, daß in den Jahren 2 und 3 das Niveau höher liegt als im Jahr 1. Deutliche Saisonspitzen, also regelmäßige Umsatzzunahmen, zeigen sich zum Oster-, Pfingst- und Weihnachtsfest. Verhältnismäßig niedrig sind dagegen die Umsätze im Februar (nur 28 Tage) und im August.

Am Schluß der Tabelle sind Monatsdurchschnitte für die einzelnen Jahre angegeben. Werden die Monatswerte jeweils in Prozenten des dazugehörigen Jahresdurchschnitts ausgedrückt, so ergeben sich die in nachfolgender Zahlenübersicht aufgeführten Ziffern.

Übersicht 22

Berechnung der Saisonindexziffern

Jahr	Jan.	Feb.	März	April	Mai	Juni	Juli	Aug.	Sept.	Okt.	Nov.	Dez.	Summe
1	85	95	110	98	103	101	104	88	87	101	99	129	1200
2	90	96	119	97	105	95	96	98	100	95	95	114	1200
3	89	98	104	97	106	98	100	97	99	97	96	119	1200
Summe	264	289	333	292	314	294	300	283	286	293	290	362	3600

Zieht man aus den Monatsziffern der drei Jahre in der vorstehenden Übersicht das *arithmetische Mittel* (vgl. S. 72), d. h. dividiert man die Summen der Monatszahlen durch drei, so ergeben sich Durchschnitte, die als Saisonindexziffern angesehen werden können. Diese Saisonindexziffern sind in nachfolgender Übersicht zusammengestellt.

Übersicht 23

Saisonindexziffern für den Umsatz im Betrieb

Jan.	Feb.	März	April	Mai	Juni	Juli	Aug.	Sept.	Okt.	Nov.	Dez.
88	96	111	97	105	98	100	94	95	98	97	121

Die Kenntnis der Saisonindexziffern bei verschiedenen Betriebsvorgängen hat für die Einzelbetriebe eine ungleiche Bedeutung.

Im *Einzelhandel*, wo die Saisonschwankungen fast überall sehr stark hervortreten, wird durch die Berücksichtigung der typischen jahreszeitlichen Bewegungen der Umsätze nicht nur die Einkaufsdisposition, sondern auch die Aufstellung des Umsatz- und Kostenplans beeinflußt; sie wirkt sich bei der Kreditinanspruchnahme und bei der Durchführung der Werbung aus.

Im *Großhandelsbetrieb* müssen die Saisonschwankungen des Verkaufs der einzelnen Waren bekannt sein, wenn vernünftig disponiert werden soll. Wenn nach den Erfahrungen vergangener Jahre bekannt ist, daß der Absatz bei den einzelnen Waren oder Warengruppen einem bestimmten Rhythmus unterworfen ist, so kann der für ein Jahr geschätzte Absatz mit Hilfe der Saisondifferenz auf die einzelnen Monate verteilt werden.

Angenommen, der Gesamtumsatz in einem Jahr ist auf 100 000 Stück bei einer Ware geschätzt worden und der Saisonindex des Absatzes zeige folgende Bewegungen:

Jan.	Febr.	März	April	Mai	Juni	Juli	August	Sept.	Okt.	Nov.	Dez.
50	60	80	130	150	180	120	100	90	90	80	70

Dann ist der Absatz auf die einzelnen Monate im Jahr folgendermaßen zu verteilen:

Januar $\frac{100\,000 \times 50}{1\,200}$; Februar $\frac{100\,000 \times 60}{1\,200}$; März $\frac{100\,000 \times 80}{1\,200}$ usw.

oder: Bis Ende Februar sind an Waren bereitzuhalten:

$\frac{100\,000 \times 110}{1\,200}$ (50 im Januar + 60 im Februar).

Auf diese Weise entsteht in Handelsbetrieben das *Umsatzprogramm* für die einzelnen Monate.

Die rechnerische Ausschaltung des Saisoneinflusses aus einer Betriebszahl geschieht dadurch, daß die monatlichen Ursprungswerte der Zahlenreihe durch die Saisonindexziffer des betreffenden Monats geteilt werden; der Quotient wird dann mit 100 multipliziert. Berechtigt ist dieses Verfahren auf Grund folgender Überlegung:

Der Saisonindex gibt das Verhältnis der saisonmäßig bedingten Höhe des Monatswertes zum Jahresdurchschnitt an. Ist der Saisonindex 80, so bedeutet das: Wenn der Jahresdurchschnitt 100 ist, so ist der saisonmäßig beeinflußte Wert 80. Soll von dem Saisonwert (80) auf den Durchschnitt (100) geschlossen werden, also auf den von Saisonschwankungen bereinigten Wert, so wird die Zahl gesucht, die mit 100 % dem Saisonwert 80 % entspricht.

Das Verfahren zur Ausschaltung von Saisonbewegungen aus einer Zahlenreihe ist beispielhaft im *Anhang* dargestellt.

Saisonindizes können für viele Vorgänge in Handelsbetrieben errechnet werden: für die Umsatzbewegung, für die Einkaufstätigkeit, den Wareneingang und die Lagergröße, für Zahlungsvorgänge, Außenstände und Schulden, für Leistungen des Verkaufspersonals im Innen- und Außendienst. Die Indizes erleichtern manche Betriebsdispositionen, ermöglichen die Verteilung von Jahreszahlen auf die einzelnen Monate und sind auch für den Betriebsvergleich von Bedeutung.

Typische Saisonbewegungen können sich im Laufe der Zeit ändern. Insbesondere ein Wechsel in den Terminen für Sondergehaltszahlungen zum Rechnungsabschluß großer Unternehmungen, vor hohen Festen und vor den Betriebsferien kann den Saisonrhythmus umstellen; Änderungen sind ferner Folgen von Umlagerungen, Verstärkungen oder Verminderungen der Sonderveranstaltungen im Verkauf, aber auch vom Wechsel der Werbetätigkeit; besonders deutliche Verschiebungen in der Saisonkurve führen Strukturänderungen des Verbrauchs herbei.

Entsprechende Überlegungen gelten für alle saisonmäßigen Bewegungen. Im Laufe der letzten Jahrzehnte sind bei einzelnen Waren die Dispositionen verkürzt, bei anderen aber verlängert worden mit der Folge einer entsprechenden Änderung des Saisonrhythmus der Lagerbewegung, der Kreditorenhöhe und des Zahlungsausganges, vielleicht auch der Kreditinanspruchnahme, in einzelnen Unternehmungen.

c) *Typische Schwankungen im Monat, in der Woche und im Tag*

Fragen nach den Bewegungen bei den Betriebsvorgängen während der Monate, Wochen, Tage werden nur selten gestellt, obschon Umfang und Rhythmus kurzfristiger Bewegungen das Betriebsgeschehen in einigen Betriebsgruppen des Handels doch stark beeinflussen. Von der Kenntnis der kurzfristigen Schwankungen, insbesondere der Betriebsbeanspruchung, sind nämlich wichtige betriebspolitische Maßnahmen abhängig, z. B. Einsatz von Arbeitskräften im Einzel- und Großhandel, Bereitstellung von Transportgeräten im Großhandel. Soweit Feststellungen über sehr kurzfristige typische Schwankungen in der Betriebsbeanspruchung gemacht werden, erfolgen sie meist auf Grund besonderer Aufzeichnungen während eines kürzeren oder längeren Zeitraums. Von Zeit zu Zeit müssen dann aber die Ergebniszahlen kontrolliert werden.

Kurzfristige Schwankungen der Betriebsleistung haben im *Einzelhandel* im allgemeinen (außer im Versandgeschäft) eine größere Bedeutung als im Großhandel, weil dort der Leistungsrhythmus in der Hauptsache von außen, nämlich durch die Käufer bestimmt wird. In *Großhandelsbetrieben* kann der größte Teil der innerbetrieblichen Absatzleistung nach eigenem Betriebsplan erledigt werden. Kurzfristig schwankt die Verkaufstätigkeit hier nur dann, wenn Käufer den Großhandelsbetrieb aufsuchen, also beim Lagerverkauf und im Selbstbedienungsbetrieb (C.-u.-C.-Betrieb).

In den Veröffentlichungen des deutschen Konjunkturinstituts[66]) wird die Methode zur Errechnung des Rhythmus der typischen Umsatzbewegungen innerhalb des Monats in einem Einzelhandelsbetrieb entwickelt. Die entgegenstehenden Schwierigkeiten ergeben sich aus der unterschiedlichen Zahl der Verkaufstage in den einzelnen Monaten und aus der unterschiedlichen Lage der Wochentage zum typischen Gehaltszahltag. Die besonderen Überlegungen zur Beseitigung der Störungen bei der Gewinnung eines statistischen Bildes der typischen Tagesumsätze im Ablauf eines Monats führen zu der Konstruktion von Normalmonaten mit 25 Verkaufstagen. Dabei werden die Umsatzbeträge aus je 15 Verkaufstagen vor und nach einem Monatsultimo für mehrere Jahre jeweils zu dem durchschnittlichen Tagesumsatz in den zwei Monaten, zu denen die zweimal 15 Tage gehören, ins Prozentverhältnis gesetzt. Extreme werden bei der Ermittlung der so gewonnenen Prozentzahlen ausgeschaltet. Diese Durchschnitte werden für 25 Verkaufstage so geordnet, daß am Schluß der Reihe der letzte Verkaufstag des Monats steht. Die Prozentzahl für Tage, an denen sich die Reihen vor und nach dem Ultimo in der Mitte des Monats überschneiden, müssen gemittelt werden. So läßt sich der typische Monatsrhythmus in einem Handelsbetrieb erkennen. Der Wochenrhythmus des Verkaufs, d. h. der typische Unterschied der Belastung der einzelnen Tage in einer Woche durch Verkaufshandlungen, spielte eine besondere Rolle bei der Entscheidung für die *verkaufsfreien Tage* in den Verkaufsläden des Einzelhandels. Es ist deshalb verständlich, daß statistische Untersuchungen über diesen Verkaufsrhythmus in der BRD in jener Zeit angestellt worden sind, als Pläne zur gesetzlichen Regelung der verkaufsfreien Zeit entwickelt wurden (vor 1955). In einer sehr umfassenden Arbeit hat Schoneweg[67]) den typischen Wochenrhythmus für 53 Warenhausbetriebe in 51 Städten ermittelt. Das von ihm entwickelte und begründete Verfahren der Feststellung statistischer Zahlen dürfte auch für den Einzelbetrieb brauchbar sein und soll kurz dargestellt werden:

Es bleiben bei der Untersuchung diejenigen Wochen unberücksichtigt, die durch Festtage und durch Sonderveranstaltungen einen besonderen Charakter aufweisen. So verbleiben 42 Wochen. Für die Abteilungen werden nach den vorhandenen Belegen die Tagesumsätze festgestellt. Aus den Umsätzen von einer Woche wird durch Division mit 6 das arithmetische Mittel errechnet. Die einzelnen Tagesumsätze in jeder Abteilung werden in Prozent dieses Mittels ausgedrückt. Auf diese Weise werden für jeden Tag der 42 Wochen 42 Meßziffern gewonnen, aus denen das arithmetische Mittel er-

---

[66]) Sonderheft 10, Berlin 1928 (Grünbaum, Heinz, Die Umsatzschwankungen des Einzelhandels als Problem der Betriebspolitik).

[67]) Schoneweg, Rüdiger, Ladenzeiten im Einzelhandel, Entwicklung und Probleme, Köln und Opladen 1955.

rechnet wird. Diese Meßziffern werden für die Tage als typische Meßziffern im Wochenrhythmus des Verkaufs der Abteilungen angesehen.

So wie hier das Verfahren für eine Abteilung des Hauses dargestellt ist, kann der Wochenrhythmus des Verkaufs auch für den ganzen Betrieb ermittelt werden.

Begründet wird der *Wochenrhythmus* des Verkaufs in Einzelhandelsbetrieben für Waren des laufenden Bedarfs vor allem durch den *Lohnempfang* der Arbeiterkundschaft vor dem Sonntag. In den einzelnen Branchen ist der Rhythmus ganz unterschiedlich je nach dem Sortiment und der sozialen Struktur der Kundschaft. Einen einheitlichen typischen *Stundenrhythmus* für Umsätze selbst in begrenzten Branchen des Einzelhandels zu ermitteln ist nicht möglich. Die Bewegungen ändern sich nach Jahreszeiten und werden stark durch Zufälligkeiten, wie Werbung oder Wetterlage, beeinflußt. Je nach Bedarf müssen die zur statistischen Auswertung bestimmten Umsatzzahlen für die Verkaufsstunden in den einzelnen Abteilungen erfaßt und zu Meßziffern umgerechnet werden. Die Beobachtung nur eines Tages oder weniger Tage vermittelt kein typisches Bild; andererseits müssen vor allem die Saisongrenzen beachtet werden. Ergibt sich für Entscheidungen eine neue Frage, dann müssen in der Regel neue Feststellungen getroffen werden, weil damit zu rechnen ist, daß frühere Daten veraltet sind.

d) Betriebspolitische Maßnahmen

Sowohl der Monatsrhythmus als auch der Wochenrhythmus des Umsatzes sind für die einzelnen Branchen und für Betriebe mit verschiedenartiger Käuferstruktur uneinheitlich. Durch betriebspolitische Maßnahmen lassen sich die regelmäßig wiederkehrenden Ausschläge der Betriebsleistungen kaum ändern. Es bleibt für die Betriebe die Anpassung vor allem im *Personaleinsatz* sowie in der Durchführung von *Sonderangeboten* und von *Werbung*. Den Rhythmus des Umsatzes im Laufe des Tages durch betriebliche Maßnahmen zu beeinflussen ist möglich. Das hat sich bei Sonderveranstaltungen mit spürbaren Preisvergünstigungen gezeigt. Da damit aber wirtschaftliche Nachteile für *berufstätige Verbraucher* verbunden sind, werden in der BRD solche Betriebsmaßnahmen durch obrigkeitliche Bestimmungen in Grenzen gehalten.

IV. Zeitvergleich-Betriebsvergleich in der Kontrollfunktion

1. Wesen und Aufgaben

Trotz aller zahlenmäßigen Kontrollen im Betrieb ist eine *objektive* Beurteilung des Betriebsgeschehens nicht möglich. Die Betriebszahlen geben nämlich keinen Aufschluß darüber, ob und inwieweit der Umfang der Betriebsleistung, der betrieblichen Wertschöpfung, im Rahmen der Branche als normal anzusprechen ist. Der *Einzelbetrieb steht immer isoliert da.* Das Fehlen einer objektiven Beurteilung des Betriebsgeschehens ist aber nicht nur für den Betrieb selbst, sondern auch für die Gesamtwirtschaft nachteilig, weil nicht festgestellt werden kann, ob der Betrieb die ihm gestellte Aufgabe im Dienst der Bedarfsversorgung in der Volkswirtschaft in der wirtschaftlichsten Weise löst.

Es wurde bereits mehrfach ausgeführt: *Absolute Maßstäbe* zur Beurteilung des Betriebsgeschehens müssen durch *relative Maßstäbe* ersetzt werden.

Auf ein statistisches Verfahren zur Gewinnung solcher Maßstabsziffern ist bereits hingewiesen worden: Errechnung von Meßziffern im *Zeitvergleich.* Er besteht darin, daß Zahlen zur Beurteilung, Beobachtung und Wertung von Betriebserscheinungen eines begrenzten Zeitabschnittes mit den entsprechenden Zahlen eines vergangenen Zeitraumes verglichen werden. Dieser Vergleich kann an allen Zahlengrößen, die eine strukturelle Unternehmungserscheinung oder eine Bewegung in den Betrieben kennzeichnen, durchgeführt werden: an absoluten und relativen Zahlen der Bilanz sowie der Gewinn- und Verlustrechnung; an Zahlen des Verkaufs im ganzen und bei den einzelnen Sortimentsgruppen in den Regionalbereichen, in den Saisonabschnitten, im Lager- oder Streckengeschäft des Großhandels usw.; an Zahlen der Stückrechnung; an Handelsspannen und Gewinnaufschlägen; an abgeleiteten Kontrollzahlen, wie Umschlagshäufigkeitsziffern für das Lager im ganzen und bei den Warengruppen; an Zahlen des Umsatzes je beschäftigte Person, je Käufer, je reisenden Vertreter. Der Zeitvergleich fördert aber nur Urteile zutage, die aus den Verhältnissen der einzelnen Unternehmung erwachsen. Es fehlt ihm der *von außen gegebene Maßstab.*

Dieser Mangel wird beseitigt, wenn relative Maßstäbe *aus gleichgelagerten Betrieben* ermittelt werden können. Gerade in manchen Zweigen des Groß- und Einzelhandels ist man in dieser Richtung bereits durch eine Gemeinschaftsarbeit im Betriebsvergleich ein großes Stück vorwärts gekommen (siehe S. 145). Der Begriff *Betriebsvergleich,* wie ihn die Praxis verwendet, schließt den *Unternehmungsvergleich* ein.

Auch der Betriebsvergleich im e. S. kann sich auf sämtliche Strukturerscheinungen und Vorgänge des Betriebs erstrecken: auf Kosten und Leistungen im ganzen und in ihren Teilen, auf Umsatz, Einkauf, Lagerhaltung, Auftragsbewegung, Zahlungen usw. sowie auf die Relation dieser Zahlen: Wirtschaftlichkeit, Umschlagsgeschwindigkeit des Lagers usw. Der Unternehmungsvergleich bezieht sich dagegen auf Zahlen, die sich aus der Kapitalrechnung des Unternehmens ergeben: Erfolgsrechnung, Kapital- und Vermögensstruktur, Rentabilität usw. Daraus folgt, daß sich der Betriebsvergleich in erster Linie auf der Selbstkostenrechnung und der Betriebsbuchhaltung aufbaut, der Unternehmungsvergleich dagegen auf der kaufmännischen Buchhaltung und der Bilanz.

Der Betriebsvergleich ist nicht nur ein statistisches Kontrollinstrument für Groß- und Mittelbetriebe mit Filialen und Vertriebsabteilungen, wie das leicht von Inhabern der Kleinbetriebe des Handels angenommen wird. Hier überschätzen Praktiker gern ihr „Fingerspitzengefühl" und lehnen dann eine planvolle zahlenmäßige Betriebsüberwachung ab.

Einzelne Betriebe bzw. Unternehmungen der gleichen Branche können für den Betriebsvergleich Betriebszahlen untereinander austauschen. Das birgt aber gewisse Gefahren in sich. Die Betriebe sind gezwungen, ihrer Konkurrenz Betriebsgeheimnisse, wenn sie vielleicht auch nicht gerade sehr groß sind, aufzudecken. Infolgedessen suchen die Betriebe einen solchen Weg möglichst zu vermeiden. Immerhin wäre es möglich, daß Betriebe der gleichen Branche (Einzelhandel oder Großhandel in Lebensmitteln, Konfektion, Drogen), die jedoch nicht in der unmittelbaren Konkurrenzsphäre liegen, die also z. B. als Einzelhandelsfirmen ihren Sitz in verschiedenen Städten haben, als Großhandelsbetriebe ihren Standort in verschiedenen Landesteilen haben, Betriebszahlen gegenseitig austauschen. Aber selbst das wird im allgemeinen nur mit größter Vorsicht geschehen können; denn hier muß darauf geachtet werden, daß die Verhältnisse, unter denen die Unternehmungen ihre Geschäfte betreiben, *gleicher Art sind.* Sind nämlich die Voraussetzungen der Einheitlichkeit in der Betriebsart, in der Rechnungsführung, in der Kostengruppierung usw. nicht gegeben, so können die zwischenbetrieblichen Vergleiche allzu leicht zu Fehlurteilen führen.

2. Zentral organisierte Gemeinschaftsarbeit

Um aber auch Betriebe, die nicht zum gleichen Unternehmen bzw. zum gleichen Konzern gehören, in den Betriebsvergleich einbeziehen zu können, wählt man einen anderen Weg der Gemeinschaftsarbeit: die Einschaltung einer neutralen Zentralstelle. Dieser Zentrale melden die Einzelbetriebe die in den Vergleich einzubeziehenden Zahlen und Zahlenreihen. Zwar werden dieser Zentrale auch Betriebsgeheimnisse aufgedeckt, doch müssen hier Sicherungsmaßnahmen getroffen werden, daß die Angaben nicht im Konkurrenzkampf ausgewertet werden können.

Ziel dieser zentralen Stellen ist, den am Betriebsvergleich beteiligten Firmen *typische Durchschnittsmeßziffern* für die zu beobachtenden Wirtschaftsvorgänge an die Hand zu geben. Wirklichen Wert für die Betriebe sowie für die Gesamtwirtschaft haben die so gewonnenen Zahlen zum Betriebsvergleich aber nur, wenn in die Arbeitsgruppen jeweils nur solche Betriebe einbezogen werden, die *vergleichbar* sind. Das bedeutet aber nicht, daß nur Betriebe mit vollständig gleichen Verhältnissen: gleichem Standort, gleicher Größe, gleichem Sortiment, miteinander verglichen werden können. Dies wäre nur dann zu fordern, wenn Meßzahlen für *viele* einzelne Betriebsvorgänge und Betriebserscheinungen – wie

Umsatz kleiner Warengruppen, eng begrenzte Teilkosten - gewonnen und bereitgestellt werden sollen. Auch aus Handelszweigen mit Betrieben unterschiedlicher Struktur, z. B. Kohlenhandel mit Lager- und Streckengeschäft, Großhandel mit Textilien aller Art, kann sehr häufig ein hinreichend großer Ausschnitt ausgewählt werden, der zu Richtzahlen für die Beurteilung mindestens von Veränderungen im Betriebsgeschehen statistisch zu verarbeiten ist. Das sichert die praktische Durchführung des Betriebsvergleichs.

Wollte man die Forderung stellen, daß alle Betriebe, die zum Betriebsvergleich herangezogen werden sollen, eine mindestens annähernd gleiche Struktur aufweisen, so wäre das gleichbedeutend dem Verzicht auf die Zusammenarbeit; denn es werden auch im Handel kaum Betriebe gefunden werden, die einander in allen Einzelheiten gleichen.

Von ausschlaggebender Bedeutung für die Brauchbarkeit der Durchschnittsmeßziffern für den Betriebsvergleich ist weiter die Methode ihrer Berechnung. Im allgemeinen gelten hierfür die Grundsätze, die über die Mittelwertbildung S. 70 entwickelt wurden.

Eine schematische Verwendung der so errechneten Durchschnittsziffern für den Betriebsvergleich ist aber nicht angängig, weil jeder einzelne berichtende Betrieb Besonderheiten aufweist, die bei dem Messen der Betriebsvorgänge berücksichtigt werden müssen.

3. Praktische Arbeit

Im allgemeinen hat der einmalige Vergleich der Betriebszahlen mit den Richtzahlen keine große Bedeutung, weil in einer vielleicht vorhandenen Verschiedenheit nichts anderes als die Besonderheit des einzelnen Betriebs zum Ausdruck kommt. Viel aufschlußreicher ist vielmehr die Beobachtung des *Verhältnisses der Meßziffer* der eigenen Unternehmung bzw. des eigenen Betriebs zu den Richtzahlen in mehreren nacheinander folgenden Zeitabschnitten. Erst *Verschiedenheiten in der Bewegung von Richtzahlen und eigenen Betriebszahlen,* und nicht der Unterschied in der Höhenlage der Zahlen, müssen die Aufmerksamkeit der verantwortlichen Personen erregen. Die Gemeinschaftsarbeit wird im allgemeinen nur auf verhältnismäßig wenige Betriebserscheinungen ausgedehnt, weil nur auf Teilgebieten Einheitlichkeiten in der Organisation usw. der beteiligten Betriebe erreicht werden können.

Aus den Einzelangaben werden bei der statistischen Zentralstelle die verschiedenartigsten *Richtzahlen* errechnet, z. B. Umsatz je Beschäftigten, Verhältnis der Personalkosten zum Umsatz, Handelsspannen, Kostenarten im Verhältnis zu den Gesamtkosten usw.

Voraussetzung für die Errechnung von Richtzahlen ist die Inhaltsgleichheit der zugrunde liegenden Begriffe. Dabei ist eine Einigung sogar für solche Begriffe notwendig, die im praktischen Betriebsleben laufend und ohne Schwierigkeiten angewandt werden, wie Umsatz, Beschäftigung, Einkaufswert, Lohn usw.

Einzel- und Großhandelsbetriebe können in ihrem wirtschaftlichen Aufbau und in ihrer geschäftlichen Entwicklung *nicht an einem einzelnen Symptom* gemessen werden, weil die Gesamtaufgabe sich aus Teilaufgaben zusammensetzt, die dem Betrieb ihren besonderen Charakter verleihen und einzeln nicht immer in vollkommenster Weise gelöst werden können. Zwar spielen in Handelsbetrieben die fixen Kosten eine hervorragende Rolle und begründen das besondere Interesse an der Umsatzgröße. Wichtig ist aber, daß nach Umsatzzahlen allein das Verhältnis des Betriebsgeschehens zum durchschnittlich erreichbaren Gütegrad der Gesamtorganisation nicht gemessen werden kann. Insbesondere können aus den Umsatzzahlen allein Erklärungen für nicht zufriedenstellende Erfolgszahlen kaum abgeleitet werden. So ist es verständlich, daß im Betriebsvergleich des Handels ein *großer Katalog von Vergleichszahlen* vorgelegt wird. Die Betriebsvergleichsziffern werden teilweise für Monate, teilweise für Vierteljahre oder für Jahre ermittelt und bekanntgegeben.

Wichtige Richtzahlen für den Betriebsvergleich des Groß- und Einzelhandels

Ziel des Betriebsvergleichs	Inhalt der Richtzahl	Art der Richtzahl
Bewegung und Entwicklung	1. Umsatzbewegung 2. Veränd. d. Wareneingänge 3. „ „ Kundenzahl 4. „ „ Gesamtkosten 5. „ „ Lagerbestände 6. „ „ Lieferantenschuld. 7. „ „ Außenstände	Meßziffern im Verhältnis zum Basisjahr oder zum Vorjahr (1—5 für Gesamtbetrieb und Abteilungen)
Beurteilung der Kapazitätsausnutzung	1. Umsatz je besch. Person 2. Kunde je besch. Person 3. Umsatz je Kunde 4. Kosten je Kunde	Absoluter Betrag (für Gesamtbetrieb und Abteilungen)
Beurteilung der Betriebsdisposition	1. Größe d. Lagerhaltung	Umschlagshäufigkeitsziffer; % des Umsatzes
	2. „ „ Lieferantenschuld. 3. „ „ Außenstände 4. „ „ Eigenkapitals 5. „ „ Kostenarten	% des Umsatzes

Besonders bedeutsam sind die vom Kölner Institut für Handelsforschung seit 1956 durchgeführten Erhebungen über die Vermögens- und Kapitalstruktur im Einzelhandel. Die dabei gewonnenen Ergebnisse, die für die Zeit ab 1954 vorliegen, sollen nicht nur dem Betriebsvergleich, sondern auch der Beurteilung von Vermögen und Kapital im gesamten deutschen Einzelhandel dienen[68]).

Von dem Institut für Handelsforschung an der Universität zu Köln ist die *synoptische Betriebsvergleichstabelle* entwickelt worden[69]).

In diese werden für jeden am zentralen statistischen Betriebsvergleich beteiligten Betrieb die errechneten Verhältnisziffern eingetragen. Der Betriebsverantwortliche kann in dieser Tabelle seinen Betrieb unter den ihm bekannten Kenn-Nummern finden, die ihn betreffenden Ziffern ablesen und mit denjenigen der übrigen Betriebe mit gleichen Strukturmerkmalen vergleichen. Eine solche Tabelle kann je nach Bedarf für die einzelnen Vergleichstatsachen aufgestellt werden, kann also für die verschiedenen Beobachtungszeiträume ein unterschiedliches Aussehen haben.

In einem Filial-Großunternehmen des *Einzelhandels* können die internen Vergleichsziffern von der Unternehmensleitung zur zentralen Lenkung ausgewertet werden. Dabei sind die Unternehmungen heute in der Lage, die Vergleichsziffern mit Hilfe der automatisch arbeitenden Rechenanlagen sehr kurzfristig zu erstellen. Die durch den Betriebsvergleich der Filialen auf mechanischem Wege gewonnenen Zahlenangaben können Antworten auf Fragen ermöglichen, die zur Durchleuchtung auch der letzten Winkel in der Organisation der einzelnen Vertriebsabteilungen dienen. Der Fragenkatalog ist aber von Unternehmen zu Unternehmen verschieden. Er wird auch laufend erweitert, vor allem parallel mit der Leistungsfähigkeit der Maschinen-Kombinationen. In der Regel können hier Betriebsvergleich und Zeitvergleich kombiniert werden.

Der *Kostenvergleich* bezieht sich nur auf diejenigen Kosten der Filialen, die von dem Filialleiter zu verantworten sind. Es wird also abgesehen von Kosten der großen Instandhaltungen, des Umbaus, der Mieten, der Versicherungen. Die Kostenkontrolle erstreckt sich auf *Gesamtkosten* und *Kostenarten* eines kürzeren oder längeren Zeitabschnittes der einzelnen Filialen und deren Abteilungen in absoluten Beträgen oder in % des Verkaufs, im Vergleich zum entsprechenden früheren Zeitraum und zur Filiale mit gleichen Merkmalen.

Die Vergleichsrechnung der Warenbewegungen ergibt insbesondere folgende Vergleichszahlen je Filiale und je Abteilung: Umsatz, Wareneingang, Lagerbestand, Orderrückstände.

Für den Betriebsvergleich können hier absolute Zahlen oder Relativzahlen je nach der gestellten Frage von den *Maschinen* ausgeworfen werden. Einzelkosten und Arbeitszeit, die für die Bereitstellung der Einzelzahlen benötigt werden, sind verhältnismäßig gering.

---

[68]) Mitteilungen des Instituts für Handelsforschung an der Universität zu Köln, 1962/100.

[69]) Seyffert, Rudolf, Wirtschaftslehre des Handels, 4. Aufl., Köln und Opladen 1961, S. 564 f.

Von besonderem Interesse in dem internen Betriebsvergleich sind die Ziffern für die *Beurteilung der Betriebsleistung.* In der Regel richten sich die Fragen zur Messung der Leistung auf das Verhältnis des Umsatzes zu den beiden Gegebenheiten, die fixe und große Bestandteile der gesamten Betriebskosten bewirken: Personal und Raum.

Folgende *Vergleichsziffern* werden zur Kontrolle errechnet:

a) Umsatz je Quadratmeter oder im traditionellen Bedienungsbetrieb je Thekenmeter;

b) Umsatz je Verkaufskraft;

c) Verhältnis von Personalkosten zu Flächeneinheit des Verkaufsraums.

Diese Ausführungen haben die besondere Stärke des Großunternehmens des Handels in der Betriebskontrolle deutlich gemacht. In jüngster Zeit haben die statistischen Arbeitsgemeinschaften der *Einkaufsgenossenschaften* und der *Selbstbedienungsbetriebe* steigende Bedeutung gewonnen. Ihr Ziel ist die Beschaffung von Unterlagen für die Betriebskontrolle und die Betriebsberatung. (Erwachsen ist hier die statistische Gemeinschaftsarbeit aus den zentralen Buchstellen der Organisation.) Die Zusammenarbeit ermöglicht den Einzelhandelsbetrieben einen laufenden Betriebsvergleich. Mit der Zeit können die in *privaten Buchstellen* (bei Steuerberatern und Organisatoren) anfallenden Buchhaltungsergebnisse ebenfalls für statistische Betriebskontrollen ausgewertet werden. Zwar werden auch heute schon in den Buchstellen datenverarbeitende Maschinen verwendet, doch werden sie dem Betriebsvergleich bei weitem nicht in dem Maße dienstbar zu machen sein wie die Großanlagen.

Eine weiterführende Entwicklung ist für den mittelständischen Handel bei den *freiwilligen Ketten* zu erwarten. Hier können Einrichtungen entstehen, die denjenigen der Filialunternehmungen ähnlich sind, wenn bei den beteiligten Einzelhändlern das Interesse für den Betriebsvergleich wächst. Dann kann die statistische Betriebsüberwachung der Einzelhandelsbetriebe bei dem führenden Großhändler zentralisiert werden.

Alle die genannten Buchhaltungszentralen für selbständige Einzelhandelsbetriebe vermögen zwar mit der Zeit den Betriebsvergleich auszubauen; sie werden aber, selbst wenn sie durch Übertragung von Lohnarbeiten an sogen. „Rechenzentren" höchstentwickelte Aggregate auszunutzen streben, wahrscheinlich noch lange in weitem Abstand hinter der kontrollierenden Leistungsfähigkeit der Großunternehmen des Einzelhandels zurückbleiben.

H. Statistik im Dienste von Buchhaltung, Stückrechnung und Betriebsplanung

I. Buchhaltung

Zu den statistischen Arbeiten sind alle Zahlenzusammenstellungen zu rechnen, die eine zusammenfassende Verbuchung ermöglichen. Auf diese Weise werden Häufungen von Verbuchungen gleichartiger Geschäftsvorfälle vermieden. Die *gleichartigen Geschäftsvorfälle* werden vielmehr außerhalb des Kontensystems zunächst für kürzere oder längere Zeitabschnitte zusammengestellt und erst dann in Summenbeträgen buchhalterisch erfaßt. Hierher gehören auch die Sammelbelege als Unterlagen für gleichartige Buchungen, z. B. Belastungen des Kontos „Anlagen im Bau" nach den Zusammenstellungen in Karteien oder auf Zwischenkonten, Abschreibungen auf die Anlagewerte auf Grund der Auszüge aus der Anlagenkartei; auch der „Kassenbericht" nach den Mindestanforderungen der Wirtschaftsgruppe des *Einzelhandels* ist eine statistische Zusammenstellung für die Verbuchung. In diesem Rahmen sind auch alle Hilfsbücher des *Großhandelsbetriebs* zu nennen, in denen Buchungszahlen zusammengetragen werden, z. B. das kleine Kassenbuch für Aufzeichnungen laufender allgemeiner Ausgaben; das Portobuch für Eintragungen von Ausgaben für die Nachrichtenbeförderung.

Die Bedeutung statistischer Zusammenstellungen haben ferner die verschiedenen *Grundbücher,* die Zahlen häufig wiederkehrender Geschäftsvorfälle chronologisch festhalten und die Buchungsbeträge zum Zwecke der Verminderung der Eintragungen auf den Hauptbuchkonten in den einzelnen Buchführungssystemen sammeln: das *Kassenbuch* zur Erfassung der Buchungszahlen des Barverkehrs; das *Wareneingangsbuch* (Einkaufsbuch) für Sammlung aller Rechnungsbeträge der eingegangenen Waren; das *Warenausgangsbuch* (Verkaufsbuch) für Zusammenfassung der Rechnungsbeträge der ausgegangenen Waren.

Auch die sonstigen Grundbücher, die je nach der Größe des Betriebes und dem Umfang gleichartiger Geschäftsvorfälle ausgesondert werden können, müssen in diesem Zusammenhang genannt werden.

Aus der modernen Buchhaltungsorganisation sind die Zusammenstellungen nach der „*Offene*-Posten-Buchhaltung" anzuführen:

Die eingegangenen Rechnungen bzw. Durchschläge der ausgegangenen Rechnungen werden nach einem Ordnungsprinzip, z. B. nach Fälligkeitstagen und in diesem Rahmen nach Firmen oder Personen, geordnet und abgestellt. Täglich werden die Beträge neu hinzugekommener oder erledigter Belege gesammelt und als Tages-Summen in die Debitoren- bzw. Kreditoren-Sachkonten übernommen. Viele Debitoren- und Kreditorenposten werden zu je einer Last- oder Gutschrift zusammengefaßt[70]).

Das *Memorial* (Journal), das – ebenfalls als Grundbuch geführt – die in den sachlich ausgegliederten sonstigen Grundbüchern nicht unterzubringenden Geschäftsvorfälle in zeitlicher Reihenfolge aufnimmt, kann selbst nicht zu den Büchern für statistische Zusammenstellungen gerechnet werden. Aber die auf dem Memorial aufbauende *Zahlensammlung,* in der die gleichartigen Buchungsstoffe nach den Hauptbuchkonten, die letzten Endes die Buchungsbeträge aufzunehmen haben, geordnet und zusammengefaßt werden, gehört zu den statistischen Zusammenstellungen. Hier entstehen typische Massenzahlen, also statistische Zahlen, die eine Vereinheitlichung bedeuten. Solche Zahlen können auf verschiedene Weise ermittelt werden.

Im *Sammeljournal* werden die Soll- bzw. Habenposten des Grundbuchs nach den einzelnen Hauptbuchkonten untereinander geschrieben und durch Addition zusammengefaßt. Dabei können eine Vorspalte für die Einzelposten und Hauptspalten für die zusammengefaßten Soll- bzw. Habenbeträge vorgesehen sein (Muster A); oder es werden die Konten des Hauptbuches in einer horizontalen Kopfspalte aufgeführt, und unter jeder Kontenbezeichnung werden vertikale Spalten zur Aufnahme der Einzelbeträge des Memorials in Soll oder Haben vorgesehen (Muster B). (Beispiele: Seite 151.)

Das Sammeljournal nach Muster A ermöglicht ohne weiteres, die Summen der Soll- und Habenspalten aneinander zu kontrollieren. Das Sammeljournal nach Muster B gewährt einen klaren Überblick über die Zusammenfassung der Einzelposten. Eine Erschwerung der Abstimmung von Soll- und Habensummen in einer besonderen Zusammenstellung muß in Kauf genommen werden.

Eine Verbindung der Vorteile nach Muster A bzw. Muster B des Sammeljournals wird in der *„Statistischen Übersicht der Memorialbuchungsbeträge"* erreicht, die allerdings den Rahmen der sonst üblichen Methoden der Zahlenerfassung im System der Buchführung sprengt. Diese Übersicht wird nach den Regeln aufgestellt, die allgemein für Tabellen gelten und S. 65 dargestellt worden sind. Die vordere vertikale Textspalte enthält die Aufzählung der zu belastenden Konten; in der horizontalen Kopfspalte sind die zu erkennenden Konten aufgeführt. Die Übersicht wird von oben nach unten und von links nach rechts gelesen: Der

[70]) Formvorschriften zur O-P-B enthält ein Erlaß des FM NRW v. 10. 6. 1963 (abgedruckt: Die Wirtschaftsprüfung 1963, Heft 14).

Kalveram, Kaufmännische Buchführung, Leipzig 1939, S. 120 ff.

Übersicht 24

Sammeljournal

(Muster A)

31. März 19 . .

Übertrag Hauptbuch	Konto	Grundbuch	Betrag DM	Soll DM	Haben DM
17	Kasse	K 15		37 517,—	
19	Debitoren	M 30	1240,—		
		M 31	320,—		
		M 32	3200,—	4 760,—	
20	Kreditoren	M 30	620,—		
		M 31	1200,—	1 820,—	
17	Kasse	K 16			30 230,—
19	Debitoren	M 30	820,—		
		M 31	3080,—		3 900,—
20	Kreditoren	M 30	2207,—		
		M 31	3560,—		
		M 32	4200,—		9 967,—
				44 097,—	44 097,—

Übersicht 25

Sammeljournal

(Muster B)

Kasse				Debitoren				Kreditoren			
Soll		Haben		Soll		Haben		Soll		Haben	
GB	DM	GB	DM	GB	DM	GB	DM	GB	DM	GB	DM
K 15	37 517	K 16	30 230	M 30	1 240	M 30	820	M 30	620	M 30	2 207
				M 31	320	M 31	3 080	M 31	1 200	M 31	3 560
				M 32	3 200					M 32	4 200
	37 517		30 230		4 760		3 900		1 820		9 967
	HB 17		HB 17		HB 19		HB 19		HB 20		HB 20

Zusammenstellung

Konto	Soll	Haben
Kasse	37 517,—	30 230,—
Debitoren	4 760,—	3 900,—
Kreditoren	1 820,—	9 967,—
Summe	44 097,—	44 097,—

Buchungssatz ergibt sich aus der Vorderspalte (Per Konto ...) und der Kopfspalte (An Konto ...), der Buchungsbetrag findet sich in dem Schnittpunkt der von dem Belastungskonto nach rechts und dem Erkennungskonto nach unten ausgehenden Geraden.

Die Beträge für die Sollbuchungen auf den in der Vorderspalte aufgeführten Konten sind in der rechten Summenspalte angegeben, diejenigen für die Habenbuchungen in der unteren Summenspalte. Die Abstimmung zeigt ein richtiges Ergebnis, wenn bei der horizontalen und bei der vertikalen Addition der beiden Summenspalten die gleiche Zahl errechnet wird.

In diesem Zusammenhang muß erwähnt werden, daß durch eine geeignete Organisation auch Unterlagen für statistische Zahlen im normalen Arbeitsablauf durch Ausnutzung der *Durchschreibung* in der Buchhaltung und bei anderen Aufzeichnungen gewonnen werden können.

Beispiel: Eine Brennstoffgroßhandlung liefert aus dem Lagerbestand Kohlen verschiedener Sorten. Durch Durchschreibung entstehen gleichzeitig folgende Formulare:

Auftragsbestätigung mit *Rechnung* für den Abnehmer, *Lieferschein, Empfangsschein, Beleg* für die Buchhaltung oder für die Offene-Posten-Kartei, *Ausgangsnachweis* für Kohlensorten, *Beleg* für Mengen- und Wert*verkauf* nach Verkaufs*gebieten, Beleg* für Berechnung der *Vertreterprovision.*

Entsprechende Organisationsmöglichkeiten gibt es auch vor allem in der Einkaufs- und Personalabteilung.

Die Organisation der mit *Lochkarten* und Lochstreifen gesteuerten automatischen Buchhaltung in Großunternehmen des Handels ermöglicht manche statistischen Übersichten, die der Unternehmungsführung sehr brauchbare Unterlagen für ihre Entscheidungen bieten.

Dabei sind folgende Tabellen wichtig:

Monatliche oder für kürzere Fristen abgestimmte Aufstellungen der *Gläubiger* und *Schuldner;*

tägliche Liste der *fälligen* Gläubigerposten;

periodische Liste der *überfälligen* Schuldnerposten;

Tages- und Monatsübersichten der *Umsätze* nach den täglichen Eintragungen auf den Sach-Konten des Hauptbuches oder auf den Lagerkarten;

Auszüge für *Kontenkontrollen,* insbesondere für Kontrollen der Kostenkonten und der Konten der Warenbewegungen in den Abteilungen (Filialen);

kurzfristige *Erfolgsübersichten.*

Je nach der Zusammensetzung des Maschinenaggregates können die statistischen Auswertungen der modernen Buchhaltung in Großbetrieben des Handels verschiedenen Graden der Kontrollnotwendigkeiten gerecht werden. Laufend werden durch die Entwicklung von Maschinen und Zusatzgeräten neue Möglichkeiten zu statistischen Betriebskontrollen geschaffen. Die dabei durch Menschenarbeit auszufüllenden Lücken werden immer weniger. Der *Mensch* zieht sich bei der Beschaffung des statistischen Zahlenmaterials immer mehr in die Rolle des *Planers* und *Organisators* zurück; er herrscht und verlangt die Dienste der Maschine und sogar des Automaten.

Die Unternehmensleitung und ihr Stab müssen die *Kunst des Fragens* entwickeln. Sie müssen die Mängel in dem ihnen vorgelegten Zahlenmaterial erkennen, müssen die Vervollständigung der entwickelten Zahlenübersichten – das ist nicht immer eine Ausweitung, sondern sehr oft ein Zusammenpressen – von dem technisch-kaufmännischen Fachmann fordern und Aufgaben nach den erkannten Notwendigkeiten stellen. Aber alle Beteiligten in der Unternehmungsleitung und in der Auftragsdurchführung müssen zur Beschränkung auf die wirklich notwendigen und zweckdienlichen statistischen Übersichten bereit sein. Kleinunternehmungen des Handels müssen in ihren Forderungen nach Auswertung statistischer Übersichten aus maschinellen Buchhaltungen gegenüber Großunternehmungen zurückstehen[71]). (Siehe auch Seite 33.)

Großhandelsbetriebe, die ein weites Absatzfeld bearbeiten, können von Tabelliermaschinen Übersichten zur Marktanalyse erwarten: Umsatzbewegungen bei den verschiedenen Waren und Warengruppen in den einzelnen Bezirken; Geschäftsänderungen in Abhängigkeit von konjunkturellen Gegebenheiten, wie Bewegung von Preisen, Löhnen, Beschäftigung. Außerdem bieten die durch die Maschinen erarbeiteten Übersichten den Vergleich von Plan und Wirklichkeit in der Verkaufsgestaltung, in der Werbung, in der Kostenüberwachung[72]).

In der BRD sind auch Ansätze bemerkbar, die hochentwickelten elektronischen Buchhaltungsmaschinen dem Rechnungswesen *kleiner* und *mittlerer Unternehmungen* dienstbar zu machen. Das geschieht durch die Zusammenarbeit von privaten Buchstellen mit modern ausgerüsteten „Rechenzentren". Die Buchstellen erarbeiten Lochkarten oder -streifen; die Rechenzentren erstellen die Buchungsergebnisse. Die Kunst des Organisators ist darauf gerichtet, in das Leistungsprogramm der Rechen- und Buchungsmaschinen die in Einzelfällen gewünschten Zahlenverarbeitungen einzuordnen. Im ganzen wird aber durch die Bindung der Buchungsarbeit an ein entwickeltes Programm die Organisation

---

[71]) Heining, Heinz, Die preisgünstigste Lochkartenanlage für Mittel- und Kleinbetriebe, IBM-Nachrichten, April 1963, S. 1936 ff.

[72]) Aikele, Erwin, Hauptanwendungsgebiete des Lochkartenverfahrens, AWV-Handbuch der Lochkarten-Organisation (IBM Formular Nr. 78020, Sonderdruck).

Chapin, Ned, Einführung in die elektronische Datenverarbeitung (Deutsch: Leitner, Rudolf), München 1963.

des Rechnungswesens innerhalb der Kundschafts-Betriebe solcher Buchstellen *zwangsmäßig vereinheitlicht.* Das gilt dann auch für die maschinell ausgeworfenen statistischen Zahlen als Nebenprodukte der Buchhaltung.

II. Stückrechnung

Die Stückrechnung dient in Handelsbetrieben der Verrechnung der Kosten und Erlöse auf die Umsatzgruppen und Umsatzeinheiten. Die *Besonderheiten* dieser Rechnung im Handelsbetrieb hängen mit der Eigenart der Kosten und der Betriebsleistungen zusammen.

Wenn in *Parallele zum Produktionsbetrieb* auch im Handelsbetrieb bei der Stückrechnung *alle Wertbewegungen* durch den Betrieb erfaßt werden, dann reicht die Rechnung von der Schwelle des Eingangs bis zu derjenigen des Ausgangs der Werte. Also müssen auch die *Einkaufspreise* einschließlich der Aufwendungen für die Beschaffung der Umsatzwaren auf der einen Seite und die Erlöse aus dem Verkauf auf der anderen Seite mit berücksichtigt werden. Stückrechnung ist also *mehr als Kostenrechnung,* mehr auch als *Preisrechnung. Statistische Arbeiten* erwachsen bei der Zusammenstellung der Aufwands- und Erlöszahlen, bei der Zurechnung dieser Zahlen zu den einzelnen Betriebsteilen und -vorgängen, bei der Belastung der Betriebsleistungen und bei den zahlenmäßigen Kontrollen.

Statistische Sammlungen von Aufwands- und Erlöszahlen werden notwendig, wenn solche nicht ohnehin im Rechnungswesen anfallen.

Das gilt immer, wenn Zahlengruppen verlangt werden für *Zeitabschnitte,* deren Länge *nicht mit derjenigen der Buchhaltungsabschlüsse* übereinstimmt, z. B. für Wochen oder Dekaden, wenn die buchhalterische kurzfristige Erfolgsrechnung monatlich erfolgt, oder für Fünfjahresabschnitte, wenn die normale zeitliche Erfolgsrechnung jährlich abgeschlossen wird;

wenn Aufwands- und Erlöszahlen für *sachlich* oder *wertmäßig* verselbständigte Umsatzgruppen verlangt werden, die nach der Organisation des Rechnungswesens nicht besonders erfaßt sind, z. B. Beobachtung der Markenartikel in der Abteilung Lebensmittel oder der Waren in besonderen Preishöhengruppen;

wenn *besonders interessierende* Zahlen ermittelt werden sollen, die für eine einmalige Erkenntnis bedeutsam sind, im übrigen aber nicht laufend erfaßt werden, z. B. Aufwand für den Zubringerdienst bei Kleinkäufern oder Dauer von Verkaufsgesprächen.

Die Zurechnung der Erlös- und Aufwandszahlen zu den einzelnen Betriebsvorgängen bereitet im Groß- und Einzelhandelsbetrieb deshalb Schwierigkeiten, weil in der Hauptsache die *Betriebsabläufe hier verbunden* sind: Verkäufe umfassen in den Einzelfällen verschieden große Zahlen vom Umsatzposten, die jeweils ungleiche Abwicklungszeiten und ungleichen Einsatz der Verkaufspersonen und der Betriebsmittel verlangen.

Die zahlenmäßigen Kontrollen in der Stückrechnung stellen manche statistischen Aufgaben: *Planungszahlen* werden ausgenutzt bei der Beurteilung von Zahlen der Wirklichkeit, im *Zeitvergleich* sollen Zahlen aus nacheinander folgenden Zeitabschnitten miteinander, im *Betriebsvergleich* sollen Zahlen des eigenen Betriebs mit solchen eines anderen Betriebs verglichen werden.

Die Kostenverrechnung auf Betriebsteile und Einzelleistungen kann die statistischen Vorbereitungen nicht entbehren, weil die Betriebskosten fast durchweg *Gemeinkosten* sind, die nur schlüsselmäßig und ungenau auf Kostenstellen und Kostenträger umzulegen sind.

Durch statistische Zusammenstellungen der Betriebskosten werden sowohl die *Divisions-* als auch die *Zuschlagskalkulation* vorbereitet. Ausgang der Rechnung ist der Aufwand. Das *Organisationsmittel* für die Verteilung des in der Buchhaltung für einen Zeitraum erfaßten Betriebsaufwandes ist der *Abrechnungsbogen*. Dieser kann die Einstandspreise der umgesetzten Betriebswaren in den einzelnen Abteilungen, die Abteilungs-Aufwendungen und die auf die Verkaufsabteilungen schlüsselmäßig verteilten gemeinsamen Aufwendungen ausweisen[73]).

In dem BAB erscheinen die Salden der Kostenartenkonten (Klassenbezeichnung ist unterschiedlich nach den Kontenplänen des Einzelhandels und der übrigen Handelsstufen), die dort in einer statistischen Übersicht nach Kostenstellen aufgegliedert werden. So entstehen für die einzelnen Kostenstellen zusammengefaßte Zahlen, die bei einer buchhalterischen Verrechnung oder bei einer Kontrolle der Kosten je Abteilung verwertet werden können.

Um eine schnellere Kostenerfassung für die Betriebsabrechnung zu erreichen, werden in Großbetrieben während der Abrechnungsperiode die *Kostenarten der einzelnen Stellen statistisch festgehalten und zusammengestellt*. Voraussetzung dafür ist, daß auf den Buchungsbelegen die Kostenstellen-Nummer angegeben wird. Die Buchungsbelege sind dann vor oder nach der Verbuchung in der Geschäftsbuchhaltung der Betriebsabrechnungsstelle zwecks Übernahme der Beträge in eine Kartei zuzuleiten.

Zur Kontrolle und Ergänzung dieser Eintragungen erhält die Betriebsabrechnung laufend die Journalbogen aus der Geschäftsbuchhaltung. Die statistische Betriebsabrechnung kann so auch zur Kontrollstelle für die Kostenverbuchung in der Finanzbuchhaltung werden. Aus der statistischen Kartei können die Kostenbeträge für die einzelnen Kostenstellen auf den Abrechnungsbogen übertragen werden. Die zu errechnenden Summen können mit den Buchhaltungszahlen abgestimmt werden.

---

[73]) Ruberg, C., Absatzförderung im Einzelhandel, Wiesbaden 1939, S. 151.

Der Handelskaufmann muß sich darüber im klaren sein, daß auch bei vorsichtiger Organisation die für die einzelnen Betriebsabteilungen gewonnenen Kostenzahlen in der Hauptsache auf *Schätzungen* beruhen. Die Zahlen lassen ein nicht vollkommenes Urteil über die Kostenverursachung in den Kostenstellen zu, weil die exakten Verteilungsgrößen für die Gemeinkosten fehlen[74]).

Trotzdem ermöglichen diese Zahlen in beschränktem Rahmen eine *Kontrolle der Wirtschaftlichkeit* in den einzelnen Betriebssparten. Sie dienen also der Kostenstellenkontrolle, indem die Kostenzahlen den Erlöszahlen gegenübergestellt werden[75]).

Im Prinzip geht es hier um die gleichen Probleme wie im Industriebetrieb, wenn auch im Handelsbetrieb die Schwierigkeiten graduell größer sind.

Für die Leistungs- und Kostenkontrolle müssen alle Posten der Ertrags- und Aufwandsrechnung im Hinblick auf die Betriebsbedingtheit *bereinigt* werden. Das bedeutet z. B., daß steuerlich günstige Abschreibungserhöhungen auf den kalkulatorisch notwendigen Betrag zurückgeführt werden, daß überhöhte Personalaufwendungen vermindert werden, daß die Zinsen kalkulatorisch richtig in bezug auf Menge und Werte angesetzt werden. Das bedeutet anderseits, daß nicht betriebsbedingte Erträge (aus Auflösung von Rücklagen oder Rückstellungen, aus dem Verkauf von Anlagegegenständen) aus der Rechnung eliminiert werden. Alle diese Ermittlungen erfolgen in statistischen Feststellungen außerhalb der Buchhaltung.

In der weiteren statistischen Arbeit werden diese bereinigten Zahlen nach besonderen Überlegungen auf die Kostenstellen und von dort auf die Waren und Warengruppen verteilt, in der Regel schlüsselmäßig umgelegt.

Bei dieser statistischen Analyse geht es zwar um Zahlen, die Vorgänge der Vergangenheit widerspiegeln, doch können aus einer solchen Beurteilung Folgerungen für die Zukunft abgeleitet werden. Das geschieht durch die Verwendung dieser Kostenzahlen für die Kalkulation, und zwar in der Hauptsache *rückschauend* für die Divisionskalkulation und *vorwärtsschauend* für die Zuschlagskalkulation.

Eine Divisionskalkulation zur Ermittlung der Kosten je Mengeneinheit (Stück), je Gewichts- oder Längeneinheit, sowohl in der einfachen Form als auch in der Äquivalenzziffern-Rechnung, kommt nur in wenigen Groß- und Einzelhandelsbetrieben vor, weil Betriebe und Abteilungen mit nur gleichartigen Umsatzeinheiten sehr selten sind.

Die Regel ist – soweit in den Handelsbetrieben nach den Kosten selbständig kalkuliert wird – das Verfahren der Zuschlagskalkulation, für die aus den

[74]) Kilger, Wolfgang, Flexible Plankostenrechnung, Köln und Opladen 1961, S. 28 ff.

[75]) Ziegler, Franz, Die Kostenstellenrechnung des Großhandels, Köln (RGH) 1963.

Abteilungszahlen des Betriebsabrechnungsbogens die *Zuschlagssätze* ermittelt werden.
Ob die nach den Erfahrungen der Vergangenheit ermittelten Zuschlagssätze tatsächlich in der Zukunft angewandt werden, hängt von den Planüberlegungen und den darauf aufbauenden Schätzungen der Kosten und Gewinne ab.

Insbesondere muß überlegt werden, ob eine an den geschätzten Vollkosten ausgerichtete Ermittlung der Angebotspreise notwendig ist oder ob Preise im Markt gegeben sind. Im letzteren Fall behauptet bei der Kostenrechnung und der Kostenstatistik die Kontrolle den hervorragenden Platz. (Damit ist auf die Methode der Verrechnung von Beiträgen zur Deckung von Gemeinkosten verwiesen. Literatur: Böhm - Wille, Direkt Costing und Programmierung, München 1960, S. 66.)

III. Planrechnung

1. Wesen der Planung im kaufmännischen Unternehmen

Die Idee eines Wirtschaftsplans, eines Budgets, ist in dem Rechnungswesen der *öffentlichen Verwaltung* verankert. Hier werden Einnahmen und Ausgaben für eine zukünftige Rechnungsperiode geschätzt und, soweit wie möglich, auch in ihrer Höhe geplant und festgelegt. So entstehen in dem „Haushaltsplan" *Sollzahlen,* die der Geldbewegung in der Verwaltung die Grenzen bestimmen. In *kaufmännischen Unternehmungen* und Betrieben ist das Planen als geistiger Akt zur Erfassung von Zusammenhängen, zur Beurteilung von Gründen und Zwecken des wirtschaftlichen Handelns, als Vorausschau, als geistige Vorwegnahme späterer Wirklichkeiten immer eine Selbstverständlichkeit gewesen. Aber die Notwendigkeit einer *systematischen* Planrechnung ist in der Entwicklung der Unternehmungen und Betriebe verhältnismäßig spät erkannt worden. Erst als in den Großunternehmungen die Übersicht über den Aufbau der Teile und den Ablauf der Betriebsvorgänge verlorenging, wurde im Gesamtrahmen des Rechnungswesens die Unternehmungsplanung ausgebaut. Dabei ging es nicht um nur *allgemeine* Überlegungen als *Vorbereitung von Entscheidungen,* sondern um rechnerische Feststellungen und zahlenmäßige Darstellung zukünftiger Tatsachen und Bewegungen. Diese Entwicklung zur systematischen betrieblichen Planungsrechnung wurde ganz deutlich nach Beendigung des ersten Weltkrieges, zuerst in den USA und später auch in Europa. Da das Wirtschaftsgeschehen besonders risikoreich erschien, glaubten die Unternehmer, durch Vorausplanen „den größten Gefahren rechtzeitig ausweichen und zukünftige Chancen früh genug ausnutzen zu können"[76]).

---

[76]) Kilger, Wolfgang, Flexible Plankostenrechnung, S. 65.

Von den Großunternehmungen aus wird mit der Zeit die Planrechnung in vereinfachter Form auch auf *Mittel- und Kleinbetriebe* übertragen. Es entsteht dabei aber keine Sollzahl, nach der das Betriebsgeschehen in einem zukünftigen Zeitabschnitt sklavisch ausgerichtet werden muß. Der Betriebs- und Unternehmungsplan enthält Schätzungszahlen. Diese Planungszahlen können aus den Betriebszahlen der *Vergangenheit* abgeleitet werden; sie können aber auch aus *selbständigen Überlegungen* erwachsen.

Mit den Etat- und Sollzahlen des kameralistischen Rechnungswesens sind also die Planungszahlen der kaufmännischen Statistik nicht identisch. Im kaufmännischen Betrieb bedeuten die Zahlen aus Planungen keine Begrenzungen und Einengungen. Sie sind lediglich *geschätzte Kontrollzahlen,* nach denen sich die Beurteilung der Wirklichkeit richten kann.

Die Planzahlen ordnen die Betriebsdispositionen nach einheitlichen Gesichtspunkten, geben einen Anhalt für den Umfang der Betriebsleistung sowie der Betriebsaufwendungen und bieten Kontrollzahlen zur Beurteilung des Betriebsgeschehens; sie haben die spezielle betriebswirtschaftliche Aufgabe, „den Betrieb gegen die andrängende Fülle unvorhersehbarer Geschehnisse abzusichern“[77]).

In Groß- und Einzelhandelsbetrieben kann – ebenso wie in Industriebetrieben – die Planungsrechnung sich auf *alle* Vorgänge und Erscheinungen des Betriebs erstrecken; sie braucht nicht immer in Geldwerten ausgedrückt zu sein. So kann z. B. der Plan Verkaufszeiten, Fahrtkilometer, aber auch Verkaufsstücke betreffen. Aber im ganzen sind in Handelsbetrieben Planungszahlen, die nicht Geldwerte sind, seltener als in Produktionsbetrieben. Die geplanten Zahlen betreffen in Handelsbetrieben vor allem den Umsatz, den Einkauf, die Lagerhaltung, die Kosten sowie die Kapital- und Kreditverhältnisse.

Erfahrungsgemäß kann jeder dieser Pläne *isoliert* aufgestellt werden. Das bedeutet aber nicht, daß auch die Planungsüberlegungen einseitig vollzogen werden. Jeder Betriebsteil und jeder Betriebsvorgang sind auf das Ganze der Unternehmungseinheit ausgerichtet. Durch diese wird der Zweck der Betriebsstruktur und der Betriebsbewegung bestimmt, wird der Umfang der Betriebsaufgabe begrenzt. Deshalb muß jede Einzelplanung, auch wenn sie nicht in Zahlen klar vorliegt, mehr oder weniger auf *andere Teilplanungen Rücksicht* nehmen. Es müssen also Planungsentscheidungen in Teilbereichen der Unternehmung nach der Wirkung der Planerfüllung auf das Ganze der Wirtschaftseinheit ausgerichtet werden; denn die einzelnen Betriebsvorgänge, auf die sich die Planung bezieht, sollen zur Erreichung eines einheitlichen Zieles beitragen. Ein solches Ziel braucht – insbesondere in Klein- und Mittelbetrieben – nicht immer der *höchstmögliche*

---

[77]) Gutenberg, E., Grundlagen der Betriebswirtschaftslehre, II. Band, Der Absatz, Berlin 1955, S. 53.

Derselbe, Planung im Betrieb, Ztschr. f. Betriebswirtschaft 1952/12, S. 669 ff.

Gewinn auf das eingesetzte Kapital zu sein. Der Handelskaufmann kann z. B. erstreben, Arbeitseinsatz und Arbeitsverdienst, persönliche Selbständigkeit und dispositive Freiheit in einem *eigenen* Betrieb zu besitzen, auch wenn er die Möglichkeit hat, bei anderen für ihn offenstehenden Gelegenheiten höheren Zins auf sein Eigenkapital und ein höheres eigenes Arbeitseinkommen in nicht selbständiger Stellung zu erzielen.

Es wäre bei der gegenseitigen Abhängigkeit und der notwendigen Abstimmung der Teilpläne sicherlich von großem Vorteil, wenn alle Teilpläne *gleichzeitig* entstehen könnten. Versuche, ein solches Ziel nach mathematischen Methoden zu erreichen, werden in Großunternehmen angestellt. Mittel- und Kleinbetriebe aber müssen bei dem *Nacheinander* der Entwicklung von Teilplänen bleiben. Dabei muß für die Planungsziele eine Rangordnung erkannt werden, durch die *Leitpläne* und *Nebenpläne* ihren Platz erhalten. Die Planung kann sich auf eine lange oder eine kurze Frist erstrecken. *Langfristige* Planungen bestimmen das Gesicht der Unternehmung und können ihre ganze Lebenszeit betreffen. In Handelsbetrieben wird aber auch schon bei einem Plan für fünf Jahre im allgemeinen von einem langfristigen gesprochen.

Der *kurzfristige* Plan umfaßt in Handelsbetrieben durchweg vier Saisonabschnitte und kann bis auf Pläne für Monate, Dekaden und Wochen verkürzt werden.

Zwischen dem lang- und dem kurzfristigen Plan ist der Platz für den *mittelfristigen.* Der Zusammenhang der Planungsrechnung mit der betriebswirtschaftlichen Statistik ist durch das zu bearbeitende Zahlenmaterial, seine Beschaffung, Zusammenstellung, Bearbeitung und Auswertung, sowie durch die Rechnungsverfahren, insbesondere des Schätzens, bestimmt. Das *Ergebnis der Planungsrechnung,* der eigentliche Betriebsplan mit seinen Teilplänen, steht bereits außerhalb der Planung; denn die Pläne lassen bereits Entscheidungen erkennen. Zwar geht es nicht um die laufenden Entscheidungen in der Wirklichkeit der Unternehmungsarbeit; die bleiben den Menschen in den Betrieben und Unternehmungen. Es geht vielmehr bei der Planaufstellung um Entscheidungen für die Beurteilung zukünftigen Geschehens und für Bestätigungsabsichten. Trotzdem kann die Bezeichnung „Planung" vertreten werden, weil es hier bei einer vorbereitenden Leistung bleibt, der das endgültige Entscheiden folgt.

Planungszahlen sind größtenteils auf Annahmen über die *Wirtschaftskräfte* und die daraus erwachsenden *Wirtschaftsbewegungen* aufgebaut. Deshalb können sie mannigfache *Irrtümer* einschließen. Daraus folgt die Notwendigkeit, daß die Planziffern laufend zu kontrollieren und gegebenenfalls abzuändern sind, wenn sie für die Betriebsbeurteilung ihren Wert behalten sollen. Die exakte Planrechnung im ganzen gewinnt ihre besondere Bedeutung in wirtschaftsunruhigen Zeiten für die Betriebsführung, damit sie vor Überraschungen bewahrt bleibt und damit die Betriebsentscheidungen von zahlenmäßig weitgehend gesicherter Grundlage ausgehen können.

2. Investitionsplan

Unter Investition im Handelsbetrieb wird die Einordnung von Vermögensteilen in den betrieblichen Dauerapparat zur laufenden Durchführung der Be- und Vertriebsaufgaben verstanden. Zu diesem Apparat gehören der Raum, dessen betriebliche Einrichtung, das Warenlager, die offenen Buchforderungen, der notwendige Bestand an liquiden Mitteln.

Investiert wird bei *Beginn* des Betriebes, bei dessen *Ausweitung* oder *Umstellung* und beim *Ersatz* von verbrauchten Betriebsteilen. Allen diesen Investitionsvorgängen gehen *Investitionsplanungen* voraus, auch dann, wenn sie nicht schriftlich und in Zahlen niedergelegt werden. Systematisch aufgebaute Investitionspläne geben an, welche Vermögensteile in dem Bereich erstmalig oder als Ersatz für bereits vorhandene dauernd eingesetzt werden sollen. Dabei werden die Angaben in Sachbezeichnungen und in der Regel auch in Werten gemacht. Einer solchen Planung liegt die Vorstellung der verantwortlichen Menschen in der Unternehmung von der *Leistungsaufgabe* der einzustellenden Vermögensteile im Betriebsgesamt und von deren Beitrag zum *wirtschaftlichen Erfolg* in der Zukunft zugrunde. Hinzu kommt noch die Feststellung, ob die für die Ausgaben bei der Investition notwendigen Mittel zeitgerecht bereitstehen. So entsteht der Investitionsplan aufgrund von *Schätzungen* und *Berechnungen*. Die Investitionsplanung bezieht sich also auf Arten und Mengen der *Güter* sowie auf *Geldbeträge*, die bei der Investition oder bei deren wirtschaftlicher Leistung den Betrieb durchfließen.

Die Investitionsgüter im Einzel- und Großhandelsbetrieb und deren Leistungen sind in der Regel nach Erfahrungen zu bestimmen[78]).

Beispiele für den *Einzelhandel:* Wird ein Verkaufsraum investiert, dann ist aus der Erfahrung bekannt, mit wieviel Verkauf in einem Jahr je qm Verkaufsfläche zu rechnen ist, wieviel Ware je qm Stellfläche unterzubringen ist, wie das Verhältnis von Warenfläche zu Lauffläche normalerweise sein soll, wie hoch die mengenmäßige Leistung von Verkaufspersonen, von Kasse und Verpackung in der Zeiteinheit ist; geschätzt werden die typischen Spitzen der Betriebsinanspruchnahme durch Kaufwillige, die Leistungen der Verkaufsautomaten, der Fernbestelleinrichtungen, des Zubringerdienstes, der Kreditüberwachung.

Beispiele für den *Großhandel:* Nach den Betriebsuntersuchungen ist bekannt, wieviel Lagerraum je Verkaufsmenge im Jahr in den einzelnen Branchen typischerweise

[78]) Siehe: Schriften der Forschungsstelle für den Handel, des Instituts für Handelsforschung an der Universität zu Köln, der RGH usw.

benötigt wird, mit wieviel Fahrleistung des Fuhrparks zu rechnen ist, welche Tagesleistung die Transportgeräte im Lager besitzen, welches die Sollwerte der Flächengrößen für Lager und Besucher im C.-u.-C.-Betrieb sind.

Die für die Bestimmung der mengenmäßigen Investitionsgüter durchzuführenden Schätzungen als statistische Arbeiten sind in der Hauptsache solche auf Grund der Übertragung (S. 55).

Dem zweiten Teil der Arbeiten zur Aufstellung eines Investitionsplanes, der Planung von Ausgabebeträgen für Investitionen, müssen Überlegungen über deren *Wirtschaftlichkeit* vorangehen. Die Wirtschaftlichkeitsrechnung bei Investitionen hat die Fragen nach der Rentabilität des einzusetzenden Kapitals für die geplanten Vermögensbindungen sowie nach den verhältnismäßigen Vorteilen verschiedener Möglichkeiten von Investitionsentscheidungen zu beantworten. Dabei hat die Statistik die Zahlen zu sammeln, zu ordnen und zu schätzen, die ein Bild des zukünftigen wirtschaftlichen Nutzens aus der Investition zeichnen lassen: nämlich

betriebliche Leistungen daraus,

dadurch notwendige Kosten (Abschreibung, Einzelkosten und Gemeinkosten für Personal und Betriebsstoffe, Steuern und Abgaben).

So sichert eine Planrechnung die richtige Wahl der Investitionsgüter, der Investitionsausgaben sowie des Investitionszeitpunktes. Natürlich kann die *Wirtschaftlichkeitsrechnung* allein die *Investition nicht* bestimmen. Zu berücksichtigen ist vor allem auch die *Finanzsituation*, also die Frage, ob die Mittel vorhanden sind, um die notwendigen Ausgaben ohne schädliche Störung des normalen Betriebsablaufs zu tätigen. Dabei zielt die Rechnung nicht allein auf die Ausgaben in der Zeit der Investition ab, sondern auch auf diejenigen, die im Laufe der Betriebstätigkeit dadurch nötig werden, wie Erhaltungsausgaben, Personalausgaben, Steuern.

Für die Gesamtheit dieser Ausgaben gilt der Hinweis von Albach: „Eine Investitionsentscheidung kann, selbst wenn sie noch so vorteilhaft erscheint, dann nicht durchgeführt werden, wenn die erforderlichen Mittel nicht bereitgestellt werden können“ [79]).

Dagegen kann die Erfahrungstatsache nicht ins Feld geführt werden, daß nicht selten investiert wird, ohne daß die erstmaligen oder späteren Geldmittel dafür vorhanden sind. Die dadurch ausgelösten Sorgen und wirtschaftlichen Verluste sind eine verdiente Quittung.

Die Betriebswirtschaftslehre wendet der Investitionsplanung vor allem unter dem Einfluß der amerikanischen Richtung in den letzten Jahrzehnten erhöhte

---

[79]) Albach, Horst, Investition und Liquidität, Wiesbaden 1962, S. 29.

Aufmerksamkeit zu. Insbesondere die zugrunde liegende Wirtschaftlichkeitsrechnung und die Beschaffung des statistischen Materials für die notwendigen Schätzungen werden nach der grundsätzlichen Seite erforscht, um auch leicht verwertbare Ergebnisse für die Unternehmungspraxis zu finden. Dabei richten sich die Überlegungen auf das *Typische beim Planen und Entscheiden,* auf das Normale bei den Beurteilungen der zukünftigen Erfolgsgestaltung nach den Investitionen, so daß versucht werden kann, individuelle und schwierige Rechenverfahren als Ausgang der Planaufstellung durch die *Anwendung von Formeln* und im Anschluß daran durch die Ausnutzung figürlicher Rechenhilfsmittel (Tabellen, Zeichnungen) zu ersetzen[80]).

Abgesehen von den Investitionsplanungen bei der Gründung von Unternehmungen, werden Betriebsverantwortliche in *laufenden* Groß- und Einzelhandelsbetrieben immer wieder zu Investitionsüberlegungen gezwungen. Die Richtung dieser Überlegung ist aber anders als in Industrieunternehmungen. Hier geht es um Maschinen, um Aggregate von Produktionseinrichtungen, in Handelsbetrieben stellt sich die Frage nach der äußeren Aufmachung der Verkaufsräume und nach der Form der Geschäftsdurchführung, z. B. im *Einzelhandel:* Selbstbedienungsverkauf, Bestellverkauf, Zubringerdienst, Automatenverkauf; – im *Großhandel:* Kreditgewährung, Einrichtung von Einzelhandelsbetrieben, Beratungsdienst, Cash-and-Carry-Verkaufslager.

Es sind also in Handelsbetrieben *nicht immer* Aufgaben der wirtschaftlichen Gestaltung des Betriebes, die zu Investitionen für eine Neuordnung des Betriebes führen. Käufer und Konkurrenten, also *Außenstehende,* erzwingen Zeit und Art einer Investition, wenn die vorhandenen oder traditionellen Verkaufseinrichtungen dem Wettbewerb nicht mehr voll gewachsen sind. Dieser Zwang erspart aber die Wirtschaftlichkeitsrechnung vor der Investition nicht; die Rangordnung der einzelnen Schätzungen und Rechnungen kann aber wechseln. Es kann durchaus sein, daß zuerst der Plan der notwendigen Investition gefaßt wird. Aus der Wirtschaftlichkeitsrechnung ergibt sich dann die Forderung nach Erhöhung der Umsatzleistung und der günstigen Gestaltung des Vertriebsaufwandes. Entsprechende Überlegungen gelten auch, wenn eine Investition infolge von äußeren Kräftekonstellationen notwendig wird – wenn z. B. der Mangel an Verkaufspersonen das Selbstbedienungssystem im Einzel- und Großhandelsbetrieb verlangt – oder wenn Handelsunternehmungen, insbesondere in begrenzter Größenordnung, in erster Linie geplant werden, um einem fachlich vorgebildeten Kaufmann eine Berufsarbeit und damit laufendes Einkommen zu verschaffen.

---

[80]) Terborgh, George, Leitfaden der betrieblichen Investitionspolitik (Business Investment Policy, Übersetzung: Horst Albach), Wiesbaden 1962.

3. Kapital- und Geldplan

a) Begriffe

Was als Kapital-, Kredit- und Geldplanung bezeichnet wird, kann unter dem Begriff „Finanzplan“ zusammengefaßt werden. Finanzpläne[81]) sind das Ergebnis der Überlegungen, inwieweit die vorhandenen Finanzmittel für die Betriebsanforderung ausreichen oder ob durch die Beschaffung von Eigen- oder Fremdkapital dem Unternehmen weitere Mittel dauernd oder vorübergehend zugeführt werden müssen. Der Plan für die laufenden Dispositionen oder der *kurzfristige* Finanzplan ist von dem *langfristigen* Kapitalplan bei besonderen Anlässen (Gründung, Betriebserweiterung, Umstellung usw.) zu unterscheiden.

b) Kurzfristiger Finanzplan

Der laufende, kurzfristige Finanzplan als eine *Liquiditäts*feststellung hat besondere Bedeutung in Groß- und Einzelhandelsbetrieben, in denen infolge saisonmäßiger Schwankungen der Betriebsleistungen Zeiten größerer Liquidität mit Zeiten starker Anspannung der Geldmittel abwechseln. Wenn es hier auf Grund eines sorgfältig aufgebauten Planes gelingt, die finanzielle Anspannung nach Termin und Umfang der Beanspruchung der Zahlungsmittel einige Zeit vorher zu bestimmen, so können auch die Gelddispositionen entsprechend rechtzeitig getroffen und Zahlungstermine richtig festgelegt werden.

Der kurzfristige Finanzplan kann aber nur dann der Unternehmungsleitung für ihre Dispositionen eine wirkliche Hilfe gewähren, wenn die *Angaben des Planes umfassend und genau* sind und *laufend eine Vorschau* auf jeweils die allernächste Zukunft gewähren. Die Zeitspanne, auf die sich der Plan bezieht, kann je nach den besonderen Verhältnissen der Unternehmung abgesteckt sein. Es ist auch möglich, daß *zwei Pläne* nebeneinander bestehen: Der eine bezieht sich etwa auf einen Monatsabschnitt und enthält im einzelnen genau den gesamten Bedarf, aufgeteilt nach zeitlichen Unterabschnitten, und die entsprechenden liquiden Mittel; der andere bezieht sich lediglich auf die Fälligkeiten in einer sehr kurzen und genau übersehbaren Zeitspanne sowie auf die jeweils verfügbaren Gelder.

Für *Großhandelsbetriebe* hat der kurzfristige Finanzplan als Liquiditätsplan im allgemeinen eine größere Bedeutung als für Einzelhandelsbetriebe, weil dort durch die längeren Kreditfristen beim Verkauf Liquiditätsspannungen eher möglich sind.

Von der Rationalisierungsgemeinschaft des Handels ist ein Formular zur *Liquiditätskontrolle* im *Einzelhandelsbetrieb* entworfen worden. Es wird den Betrieben vorgeschlagen, die Übersichten jeweils für Wochen oder Dekaden aufzustellen. In dem

[81]) Schmalenbach, E., Die Aufstellung von Finanzplänen, Leipzig 1931.

Formular sind die einzelnen Planposten drei Gruppen zugeordnet, deren Beträge geschätzt oder aus verfügbaren Belegen zusammengetragen werden können.

1. Gruppe:	Liquide Mittel
2. Gruppe:	Eingänge aus Forderungen (Wechsel, Debitoren, sonstige)
Summe:	Kurzfristig verfügbare Mittel
3. Gruppe:	Kurzfristige Schulden (Bank, Wechsel, Kreditoren, sonstige)
Unterschied:	Liquiditäts-Überschuß oder Liquiditäts-Fehlbetrag

Im *Großhandelsbetrieb* fließen die *Einnahmen* in der Hauptsache aus den Debitoren, seltener aus Barumsätzen, und aus etwaigen nicht durch Warengeschäfte verursachten Zahlungen; dazu kommen die im ganzen geringfügigen Vorauszahlungen.

Bei einer Schätzung der für Zahlungen verfügbaren Mittel in den Zeitabschnitten der Liquiditätsplanung sind folgende Einzelheiten zu berücksichtigen:

1) Flüssige Mittel und Debitoren zu Beginn der Schätzungsperiode, aufgeteilt nach Fälligkeiten;
2) Absatzbeträge für den ganzen Zeitabschnitt der Planung;
3) konditionsentsprechende Zahlungsfristen;
4) erfahrungsmäßige Fristüberschreitungen bei den Zahlungen;
5) kurzfristige Zahlungen (in der Regel unter Ausnutzung des Skontos);
6) Zahlungsersatz durch Hereinnahme von Wechseln;
7) wahrscheinliche Ausfälle von Schuldnern;
8) Einnahmen ohne Verkauf.

Bei der Schätzung der *Ausgaben* müssen ebenfalls mehrere Einzelposten berücksichtigt werden:

1) Bestehende Verpflichtungen zur Zahlung zu Beginn der Schätzungsperiode, aufgeteilt nach Fälligkeiten.

   Für den Planungsabschnitt:
2) Ausgaben für fixen Betriebsaufwand;
3) Ausgaben für veränderlichen Betriebsaufwand;
4) Einkaufswerte, die durch Sofortzahlungen beglichen werden müssen;
5) Einkaufswerte, die konditionsgemäß beglichen werden;
6) Einkaufswerte, für die offener Kredit über den Fälligkeitstag hinaus in Anspruch genommen wird;
7) Einkaufswerte, für die Akzepte gegeben werden;
8) Ausgaben für Sonderzwecke.

Ein kurzfristiger Liquiditätsplan kann auch jeweils auf bestimmte Zahlungstage abgestellt sein. Das ist dann notwendig, wenn Tage für die Begleichung aller Fakturen festgelegt sind. Man kann sogar so weit gehen, daß für jeden Tag eines Monats die Liquiditätslage vorausgeschätzt wird.

Aus den vorstehenden Einzelangaben sowohl für den Einzelhandels- als auch für den Großhandelsbetrieb geht hervor, daß die liquiditätsmäßige Planungsrechnung mit allen anderen Planrechnungen des Betriebes und der Unternehmung verzahnt ist, soweit sie Zahlungsbewegungen betreffen. *Betriebsstatistische* Arbeiten erstrecken sich auf die *Sammlung* des Zahlenmaterials aus verschiedenartigen Unterlagen und auf das *Schätzen* von Zahlengrößen. Die Vorschaurechnung basiert auf der Erfassung der Vermögens- und Schuldenlage zu Beginn der Planungsperiode und berücksichtigt für den nachfolgenden Planungsabschnitt die sicheren und geschätzten Veränderungen beim Vermögen und beim Kapital durch Einnahmen und Forderungen, durch Ausgaben und Schulden. Die Liquiditätsrechnung läuft also *neben der Erfolgsrechnung.* Sie kann daraus allerdings abgeleitet werden, doch verlangt sie besonders geartete Überlegungen. Das gilt vor allem bei der Beurteilung der Einnahmeseite, für die Umsatzbeträge ausschlaggebend sind, unbekümmert um die erzielte Handelsspanne und den Gewinn, die für die Erfolgsrechnung Bedeutung haben. Bei der Schätzung der Ausgaben muß dem Betriebsaufwand besondere Aufmerksamkeit zugewandt werden, weil er zu einem Teil zwangsweise Geldbewegungen auslöst.

Für die Ausgabenseite ist auch wichtig, daß es hier Bewegungen gibt, die durch die Betriebsleistung nicht unmittelbar in dem Zeitabschnitt der Ausgabe bestimmt werden. Dazu können Ausgaben für den fixen Betriebsaufwand (Gehälter, Miete), aber auch Teile der Ausgaben des veränderlichen Betriebsaufwandes gehören. Beide zuletzt genannten Ausgabegruppen müssen nach den Erfahrungen in vergangenen Zeitabschnitten geschätzt werden. Aufwandsposten ohne Ausgaben interessieren hier nicht.

Einnahmen und Ausgaben hängen in Handelsbetrieben in der Hauptsache mit Verkäufen und Einkäufen zusammen. Die entsprechenden Zahlen müssen in der Regel nach einem der in Kapitel E I 6. behandelten Schätzungsverfahren zunächst für einen etwas längeren Zeitabschnitt, etwa für ein Jahr, vorausschauend ermittelt werden. Die Verteilung der Jahresgrößen auf die kürzeren Zeitabschnitte, die Vierteljahre oder Monate, setzt die Kenntnis des jahreszeitlichen Rhythmus voraus. Sie ist im Einzelhandelsbetrieb und in manchem Großbetrieb möglich, weil dort das Betriebsgeschehen erfahrungsgemäß nach einer erkennbaren, fast strengen Gesetzmäßigkeit abläuft.

In denjenigen Großhandelsbetrieben, in denen ein gleichbleibender Rhythmus des Betriebsablaufs nicht besteht, müssen auf Grund besonderer Überlegungen Schätzungszahlen gewonnen werden, die allerdings häufig infolge der wirksamen Zufallskräfte nur sehr begrenzt genau sein können.

Die Schätzungszahlen in den besprochenen Finanzplänen können natürlich mannigfache *Irrtümer einschließen.* Infolgedessen ist es notwendig, daß die Pläne immer wieder überprüft werden, indem die Zahlen der Wirklichkeit mit den Planzahlen verglichen werden. Für die festgestellten Abweichungen müssen die Erklärungen gefunden werden. Nach solchen Überlegungen wird dann für die weitere Zukunft der Plan abgeändert.

c) Langfristiger Finanzplan

Der langfristige Finanzplan (Kapitalplan) wird für *Investitionsjahre* aufgestellt. Er entsteht nach den größeren Planungen und ist das Ergebnis umfassender Überlegungen über das ganze Unternehmungsprogramm. Der langfristige Finanzplan wird weitgehend in der Leitung der Unternehmung selbst geführt. Statistische Vorarbeiten zum Sammeln der Zahlen sind in Großunternehmungen notwendig, in denen mehrere Abteilungen an der Planung und deren Durchführung beteiligt sind. Der statistischen Zentralstelle für den Kapitalplan müssen die Angaben über Investitionsvorhaben zur Aufstellung des Planes zugeleitet werden. Die Stelle muß auch die Anlageausführung und die noch offenen Planungsabschnitte nach der finanziellen Seite überwachen können.

Die *statistischen Arbeiten* für die Aufstellung eines langfristigen Finanzplans im Zusammenhang mit dem Investitionsplan in Großunternehmungen des Handels weisen kaum Besonderheiten auf. Es geht um die Schätzung der Planungszahlen, die eine gewollte Rentabilität auf das einzusetzende Kapital und die finanzielle Sicherheit des Unternehmens erwarten lassen[82]). Die *Planungszeit* ist in Handelsgruppen, die unmittelbar im Verkehr mit Verbrauchern stehen, verhältnismäßig kurz; Verbraucher verlangen eben einen schnellen Wechsel der Betriebsformen. Diesem Verlangen müssen die Pläne für Investitionen und die davon abhängigen für Finanzierung zeitlich unterworfen werden. Es geht dabei um ein Planungsbündel, das als Ergebnis der zahlenmäßigen Beurteilung aller Unternehmungs- und Betriebsvorgänge, die auf Erfolg und Liquidität der Wirtschaftstätigkeit in der Planungszeit wirken, anzusehen ist[83]). Gegen diese Forderung verstößt nicht die Tatsache, daß *Großunternehmen* oder Teile davon gegründet und erweitert werden nach einem Muster, das grundsätzliche, neue Überlegungen erübrigt. Hier ersetzen Erfahrungen, die vielleicht gar nicht günstige Verhältnisse umfassen, zweckgerichtete besondere statistische Feststellungen und Schätzungen.

Wichtig ist, daß in *Klein- und Mittelbetrieben* bei der langfristigen Planungsrechnung die Forderung der Rentabilität des Eigenkapitals ganz in den Hinter-

---

[82]) Prion, W., Die Lehre vom Wirtschaftsbetrieb, Berlin 1935, Zweites Buch: A Der Wirtschaftsplan, S. 1–26; B VI Sicherheit - Liquidität - Rentabilität, S. 70 ff.

[83]) Albach, Horst, Investition und Liquidität.

grund tritt. Andere Ziele werden dem Unternehmen gestellt, nach denen die langfristige Finanzierungsplanung auszurichten ist. Klein- und Mittelbetriebe des Handels sollen in der Regel vor allem dem *Betriebsinhaber* den Erwerb eines *Arbeitseinkommens* für längere Zeit sichern. Das ist aber nur möglich, wenn der Verkauf eine Größe erreicht, die durchschnittlich mehrere Arbeitskräfte beansprucht. Alleintätige können im Handelsbetrieb heute - von einzelnen Zweigen abgesehen - in der Regel nicht eine dem Zeiteinsatz entsprechende Existenzsicherung finden. So ist der Ausgang für die Schätzung des Investitionsbetrages und eines Kapitalbedarfs in einem kleineren Handelsunternehmen angedeutet: Das Kapital muß einem Vermögen entsprechen, das einen Verkauf in einem Zeitabschnitt gestattet, dessen absolute Handelsspanne kalkulatorisch dem Betriebsinhaber das gewünschte Arbeitseinkommen verschafft.

Für langfristige Finanzpläne in Klein- und Mittelbetrieben, vor allem des Einzelhandels, bieten die *statistischen Zahlen des Betriebsvergleichs* die Grundlage. Viele Wege der Schätzung können beschritten werden, um die Einzelgrößen für den Kapitalplan zu gewinnen: Der Betriebsinhaber, der eine Vorstellung von seinem jährlich angestrebten Arbeitseinkommen besitzt, schätzt nach der statistischen Betriebsvergleichszahl die entsprechende Umsatzgröße. Anschließend leitet er nach den statistischen Kennziffern Planungsgrößen für Investitionen ab:

Kennziffer:	*Abgeleitete Schätzungsgröße:*
Absatz je beschäftigte Person	Umfang des Fremdpersonals und laufender Aufwand dafür
Absatz je qm Geschäftsraum Absatz je qm Verkaufsraum	Investition in Anlagen und Verkaufsraum
Kreditverkauf in % des Gesamtverkaufs Außenstände am Ende des Jahres	Investition in Kundenschulden
Lagerbestand je Beschäftigten Umschlagshäufigkeit des Warenbestandes	Wertgröße des Lagers

Nach den Schätzungen auf Grund der vorstehenden Kennziffern kann die Vermögensübersicht bis auf den notwendigen Durchschnittsbestand an liquiden Mitteln erstellt werden. Dieser ist zu bemessen nach den Personalausgaben für einen Zeitraum der Gehaltsabrechnung als fixem Ausgabenteil und nach einem Bruchteil des Monatsumsatzes für laufende Ausgaben. Aus der *Übersicht des notwendigen Vermögens* erwächst der Finanzplan: Das *Lager* kann zum Teil mit Lieferantenkredit kurzfristig finanziert werden. Zur Beurteilung seiner Höhe sind die üblichen Zahlungsbedingungen maßgebend. Wenn z. B. mit einem Zahlungsziel von einem Monat und einer Lagerdauer von 3 Monaten gerechnet wird, dann wird im Durchschnitt ein Drittel des Lagerbestandes durch den Lieferanten kreditiert. Der Rest des Lagers muß durch anderes Kapital gedeckt werden. *Debitoren* können durch Bankkredit und die *Anlagen* durch Darlehen der Einrichtungsabteilung eines Kettengroßhändlers finanziert werden. Der noch *fehlende Rest* an Kapital muß anderweitig aufgebracht werden. *Es gibt keine Regel für die dafür anzuschlagenden Quellen.* Die Zusammensetzung des Kapitals hängt von den individuellen Zufälligkeiten und Geschicklichkeiten des planenden Unternehmers und der Bereitwilligkeit von Kreditgebern aller Art ab. Verwandte und Bekannte können sich bereit finden, ein langfristiges Darlehen zu gewähren; Lieferanten können in Einzelfällen die Zahlungsfristen für ihre Forderungen verlängern oder einen Teil des Lagers in Kommission stellen; selbst Banken können zu der persönlichen Leistungsfähigkeit eines Unternehmers ein so großes Vertrauen besitzen, daß sie bereit sind, reinen Personalkredit zu gewähren. Eine „goldene Bilanzregel" gibt es für eine Finanzierungsplanung in den hier ins Auge gefaßten Fällen nicht.

Aber der planende Unternehmer wie seine Kreditgeber müssen ohne langwierige und schwierige Rechenarbeit die Gefahren erkennen, die mit einer relativ großzügigen und risikobehafteten Finanzierung verbunden sind. Im Hinblick darauf kann eine Bilanz, die tatsächlich die Relationen von Vermögens- und Kapitalteilen und das Verhältnis der Finanzteile zueinander erkennen läßt, *Grundlage der Beurteilung des Finanzplanes* sein. Das kann sie sein trotz der Erkenntnis, daß nicht in jeder Situation gewisse Aufbauregeln beim Vermögen und Kapital den vernünftigen Weg der Finanzierung weisen. „Konstruktionsgebrechen (der Unternehmung) können durch die Bilanz i. e. S. unmittelbar und zuverlässig offengelegt werden"[84]).

Natürlich kann ein bestimmter Bilanzaufbau keine unabdingbare Forderung sein. „Jeder Unternehmung (ist) ein besonderes Finanzierungsbild eigentümlich", und es kommt darauf an, daß der Verantwortliche im Unternehmen „das jeweils günstigste für den besonderen Fall" findet[85]).

4. Umsatzplan

a) Langfristiger und kurzfristiger Umsatzplan

Umsatzpläne oder Absatzpläne oder Verkaufspläne sind für den Handelsbetrieb deswegen so bedeutungsvoll, weil die Gesamtorganisation des Betriebs auf eine bestimmte Umsatzgröße eingerichtet ist und weil bei dem Überwiegen der fixen Betriebskosten jede Veränderung des Umsatzvolumens eine Verbesserung oder

---

[84]) Le Coutre, W., Praxis der Bilanzkritik, Bd. II, Berlin 1926, S. 311.
Sellien, Helmut, Finanzierung und Finanzplanung, 2. Aufl., Wiesbaden 1964.

[85]) Prion, W., Die Lehre vom Wirtschaftsbetrieb, Zweites Buch, S. 96.

Verschlechterung der Kostengestaltung und damit des Wirtschaftserfolges nach sich zieht[86]).

Ein *langfristiger* Umsatzplan wird bei der Gründung und bei der Umstellung der Handelsunternehmung erarbeitet. Dabei müssen verschiedene Feststellungen im Vordergrund stehen: über die *Marktverhältnisse* (erreichbare Käuferschaft, Umfang des Bedarfs, erreichbarer Marktanteil), ferner über die *eigene Kapitalkraft,* über den wahrscheinlichen *Entwicklungszeitraum* nach der Betriebseröffnung. Langfristige Umsatzpläne, insbesondere bei Neugründungen, sind von vielseitigen Kräften, die von der Unsicherheit der Schätzung ausgehen, beeinflußt.

Der *kurzfristige* Umsatzplan wird in der Regel für ein zukünftiges Jahr aufgestellt. Die in den Verkaufsplan einzusetzenden Absatzbeträge im ganzen und für die einzelnen Verkaufsabteilungen können in Groß- und Einzelhandelsbetrieben in der Hauptsache nur aus Erfahrungen erwachsen. Diese stützen die Überlegungen über den Umfang der möglichen Käuferschaft, über deren Verhalten bei Werbemaßnahmen und bei Sonderangeboten, über die Leistungskapazität der Verkaufseinrichtungen sowie über die Abhängigkeiten des eigenen Betriebes von den Wettbewerbsbetrieben. Mannigfach und verhältnismäßig fest sind die oberen Grenzen für die statistische Schätzung des Verkaufsumfangs. Unterhalb dieser Grenze aber ist die Unsicherheit der Schätzung auf kurze Sicht nicht sehr groß, weil Handelsbetriebe im allgemeinen auf eine *eingewöhnte Kundschaft* rechnen können, und zwar im Einzelhandel mehr als im Großhandel. Die Schätzung des geplanten Jahresumsatzes (Mengen oder Werte) ist in der Regel auf Grund der bekannten Umsatzzahlen der gleichen Zeit der Vorjahre möglich. Dabei ist zu berücksichtigen, inwieweit außerbetriebliche Kräfte im neuen Jahr die Umsatzhöhe beeinflussen können (Veränderung des Einkommens, der Mode, der Wettbewerbsverhältnisse).

Im allgemeinen genügt die Schätzung des Umsatzes für ein ganzes Jahr nicht. Mit Rücksicht auf die kurzfristige Betriebskontrolle müssen die Umsätze für kürzere Zeitabschnitte, für Monate oder Vierteljahre, geschätzt werden. Dann ist die statistische Aufteilung der für den Jahresumsatz geschätzten Zahlengröße auf die einzelnen kürzeren Zeiträume notwendig. Dabei leisten die Saisonindexziffern (Seite 133 und 187) wertvolle Dienste.

Wird beispielsweise der Umsatz in einem Möbelgeschäft für das kommende Jahr auf 175 000 DM geschätzt, so ist dieser Umsatz auf die einzelnen Teilabschnitte mit Hilfe der S. 188 angegebenen Saisonindexzahlen folgendermaßen zu verteilen:

---

[86]) Gutenberg, E., Grundlagen der Betriebswirtschaftslehre, II. Band, Drittes Kapitel: Die Absatzplanung.

Derselbe, Die Absatzplanung als Instrument der Unternehmensführung, in: Absatzplanung in der Praxis, Wiesbaden 1962, S. 285 ff.

Übersicht 26

Schätzung des Umsatzes für Monate

Monat	Saison-indexziffer	Jahresumsatz, verteilt auf Monate	
		im Monat	kumulativ
Januar	75,4	10 950	10 950
Februar	66,2	9 600	19 550
März	95,4	13 910	33 460
April	98,7	14 400	47 860
Mai	112,3	16 450	64 310
Juni	91,8	13 400	77 710
Juli	97,4	14 200	91 910
August	98,0	14 300	106 210
September	106,6	15 500	121 710
Oktober	111,9	16 350	138 060
November	104,3	15 250	153 310
Dezember	142,0	21 690	175 000
insgesamt		175 000	

In dem nachfolgenden Formblatt sind Spalten für die Planzahlen und für die Istzahlen, also die Zahlen der Wirklichkeit, vorgesehen. Nach Ablauf der Zeitabschnitte können die Istzahlen mit den Sollzahlen verglichen werden. Wichtig ist weiter, daß im unteren Teil des Formblattes Raum für die Eintragung von Zahlen jeweils aus abgelaufenen Zeitabschnitten gegeben ist. So ist es möglich, Störungen aus der Rechnung auszuschalten, die durch Zufälligkeiten (Zahl der

Übersicht 27

Formblatt für den Umsatzplan

Zeit	19..		19..		19..		usw.
	Plan	Ist	Plan	Ist	Plan	Ist	
Januar Februar usw. Dezember							
Insgesamt							
Januar Januar bis Februar usw. Januar bis Dezember							

Verkaufs- und Arbeitstage im Monat, Lage von Festen, Witterung) in die Umsatzbewegung hineingetragen werden.

Das sind die gleichen Überlegungen, die auch für die kumulierten Zahlen in der letzten Spalte der Übersicht 26 gelten.

Anwendungsgebiete für die statistische Betriebsarbeit bieten insbesondere auch die modernen Verfahren zur planmäßigen Marktbeurteilung, Marktforschung und Marktbeeinflussung zwecks Förderung des Umsatzes.

b) Marktuntersuchung im Dienst des Umsatzplanes

aa) Wesen von Marktbeurteilung und Marktforschung

Marktbeurteilung stützt sich auf die verschiedenen Anzeichen zur Charakteristik eines Marktes. Diese Anzeichen können in Form von festgestellten Zahlen, Aussagen beteiligter Menschen, Schätzungsgrößen für Verhältnisse gegeben sein. Der *statistischen* Marktbeurteilung muß eine Bereitstellung von Zahlenmaterial vorangehen. Diese erfolgt in der *Marktforschung* oder der *Markterfassung.* Bei der *Marktforschung* handelt es sich um ein planmäßiges, wissenschaftliches Analysieren, bei der *Markterfassung* geht es um ein begrenztes, interessenbestimmtes Beschreiben der Marktgegebenheiten. Beide Verfahren befassen sich – in unterschiedlicher Stärke – mit der „Untersuchung eines ganz konkreten Teilmarktes in einem bestimmten räumlichen Gebiet und in einer bestimmten Periode“ [87]).

Es werden auf der einen Seite wirtschaftliche Sachgegebenheiten und Sachbeziehungen, „in denen sich wirtschaftliches Verhalten niederschlägt“, untersucht und beobachtet. *Beispiel:* Ein Großhandelsbetrieb interessiert sich für die Zahl gleichartiger und verwandter Verkaufsbetriebe in dem Absatzbereich; ein Textileinzelhandelsbetrieb erkundet die Zahlen der möglichen Verbraucher für eine bestimmte Warengattung.

Behrens bezeichnet diese Art der Marktforschung als *sachbezogene.* Demgegenüber steht die *subjektbezogene Marktforschung,* bei der eine Antwort auf die Fragen nach dem Verhalten der beteiligten Menschen auf dem Markt erwartet wird. *Beispiel:* Ein Einzelhändler fragt, wie Verbraucher auf eine Werbemaßnahme je nach Alter, Geschlecht, Beruf, Einkommenshöhe usw. reagieren. Ein Großhändler stellt die Frage, welche Wirkung auf Kundenauswahl und Auftragszusammenlegung eine bestimmte Rabattstaffel gehabt hat in ländlichen, mittelstädtischen und großstädtischen Bezirken, in Zeiten einer Krise oder eines wirtschaftlichen Aufschwungs. In allen Fällen können statistische Zahlen in die

---

[87]) Behrens, K. Chr., Marktforschung, Wiesbaden 1959, S. 12.

Beurteilung einbezogen sein, brauchen es aber nicht. Deshalb gehören Marktforschung und Markterfassung im ganzen nicht zur betriebswirtschaftlichen Statistik, sondern nur die auf Zahlen ausgerichteten Vorgänge[88]).

bb) Marktforschung zur Beschaffung von statistischen Zahlen

Groß- und Einzelhandelsbetriebe wenden ihr Interesse an den Märkten der Absatzseite und der Beschaffungsseite zu. Das Interesse nach beiden Seiten ist nicht überall und zu jeder Zeit gleich. Grundsätzlich wird es durch den Grad der Schwierigkeiten bestimmt, die der Beschaffung oder dem Absatz von Waren entgegenstehen. Bei der *Marktforschung* werden möglichst alle vorhandenen und zukünftigen Gegebenheiten im Beschaffungs- und Absatzbereich für die Verkaufswaren des Betriebs erfaßt und in ihrer Bedeutung für den Absatz beurteilt[89]).

Die statistischen Zahlen können ein *Zustandsbild* des Marktes oder Vorstellungen von *Bewegungen* der Marktkräfte, von den Veränderungen der Marktgegebenheiten, verschaffen. Zustandsbilder von Märkten haben zwar zunächst nur einen Erkenntniswert für einen Zeitpunkt, können aber darüber hinaus auch grundsätzliche Bedeutung für Vergleiche haben; denn es ist zu berücksichtigen, daß einzelne Eigenarten der Formung eines Marktes über längere Zeitabschnitte als gesichert gelten können, z. B. Verbraucherdichte, Bevölkerungsaufbau, Konkurrenzverhältnisse, Berufsschichtung der möglichen Käufer. Im Rahmen der Marktforschung und Markterfassung werden solche Strukturerkenntnisse durch die *Marktanalyse* gewonnen; mit Bewegungen und Veränderungen auf den Märkten befaßt sich die *Marktbeobachtung*. Die statistischen Arbeiten sind dabei auf folgende Teilgebiete gerichtet:

Sammlung, Bearbeitung, und Auswertung vorhandener statistischer Zahlen über Marktgrößen, Wettbewerber, Struktur der Käuferschaft, räumliche Verteilung der Käuferstandorte, Umfang des Bedarfs nach Waren und Warengruppen, Entwicklungstendenzen für zukünftige Marktgebiete.

Die wichtigen Quellen für Marktzahlen sollen aufgeführt werden:

Veröffentlichungen Statistischer Ämter

Die hier bereitgestellten Zahlen geben zunächst in großem Ausmaß Unterlagen für die Beurteilung *struktureller Marktverhältnisse*. Da sie weitgehend die statistischen Bilder vollständig geben sollen, können sie in der Regel nur mit Ver-

---

88) Hundhausen, C., Marktforschung als Grundlage der Absatzplanung, Ztschr. f. Betriebswirtschaft 1952/12, S. 685 ff.

89) Schäfer, Erich, Grundlagen der Marktforschung.

spätung zur Auswertung vorgelegt werden. Infolgedessen haben die Zahlen Bedeutung für regionale Vergleiche, und zwar nur dann, wenn die Verhältnisse nach dem Erhebungszeitpunkt sich nicht grundsätzlich geändert haben. Im übrigen können sie *Hilfsdienste bei Schätzungen* für zeitnahe Marktgegebenheiten leisten. Von besonderer Bedeutung sind kurzfristige und wiederkehrende Zahlenveröffentlichungen. Aus ihnen lassen sich fast immer für Marktangaben Entwicklungstendenzen ermitteln, von denen häufig anzunehmen ist, daß sie sich in der Zukunft fortsetzen werden. An erster Stelle muß für die BRD das *Statistische Bundesamt* genannt werden. Auf dessen Veröffentlichungen ist bereits in Kapitel D IV hingewiesen worden. Gegenüber der amtlichen Bundesstatistik sind die Veröffentlichungen der Statistischen *Stellen der Länder* für die Marktbeurteilung nicht von gleich hoher Bedeutung. Die Statistischen *Ämter der Groß- und Mittelstädte* und die Statistische *Abteilung des Deutschen Städtetages* aber bieten in ihren Veröffentlichungen, insbesondere für Einzelhandelsbetriebe, Zahlenmaterial für die Beurteilung von Stand und Entwicklung der Bevölkerung – und damit der Käuferschaft – in lokalen Märkten.

Großhandelsbetriebe – insbesondere Ex- und Importbetriebe – finden für *Auslandsmärkte* Zahlenmaterial in den amtlichen statistischen Veröffentlichungen der betreffenden Staatsstellen.

Die für die Vereinheitlichung statistischer Methoden und für die Bereitstellung von Vergleichsmaterial zur weltweiten wirtschaftlichen, soziologischen und kulturellen Planung wichtigen internationalen Statistischen Organisationen – vor allem im Rahmen der Vereinten Nationen — haben für einzelne Handelsbetriebe weniger Bedeutung, weil sie eher wissenschaftliche Erkenntnisse untermauern und der internationalen Vertragspraxis von Regierungen Dienste leisten sollen.

Sonstige statistische Veröffentlichungen

Bei dem sonstigen statistischen Zahlenmaterial handelt es sich um die vollständige oder auszugsweise Wiedergabe von amtlichen Statistiken, um ausgewertete amtliche statistische Ergebnisse oder um Zahlen, die aus besonderen Erhebungen und Feststellungen stammen.

Groß- und Einzelhandelsbetriebe gewinnen daraus Zahlen zur Beurteilung von *Struktur* und *Änderungen* der *Beschaffungs- und Absatzmärkte* im In- und Ausland.

Nur auf Gruppen solcher Veröffentlichungen kann hier hingewiesen werden:

Berichte der internationalen Gremien, wie Bank für Internationalen Zahlungsausgleich, Montanunion, UNO usw.;

Berichte zentraler Bankinstitute, der Lastenausgleichsbank, der privaten Großbanken;

Wirtschaftsberichte der Tageszeitungen und der Zeitschriften;

Geschäftsberichte großer Aktiengesellschaften;

Berichte der Industrie- und Handelskammern, der Handwerkskammern, der Genossenschaftsverbände, der Landwirtschaftsverbände;

Berichte der Verbände des Handels und der Industrie.

cc) Sondermaterial aus der demoskopischen Untersuchung

Nicht alle zur Marktbeurteilung zu stellenden Fragen können auf der Grundlage von bereits vorhandenen statistischen Ergebnissen beantwortet werden. Es gibt Fragen, die einen besonders abgegrenzten regionalen oder sachlichen oder zeitlichen Bereich betreffen. Außerdem geht es häufig um Fragen nach dem Urteilen, Planen, Entscheiden und Verhalten von Menschen und Menschengruppen bei irgendwelchen Marktgegebenheiten und bei deren Änderungen. Allgemeine statistische Zahlen spiegeln die menschlichen Reaktionen nicht ohne weiteres wider. Vielmehr müssen hier Sonderuntersuchungen durchgeführt werden.

Der Ort für solche Materialbeschaffungen durch statistische Erhebungen kann der eigene Verkaufsbetrieb sein. Es werden dann zahlenmäßige Feststellungen getroffen über zeitliche Verteilung der Verkaufsmengen, der Einkäufe von Käufergruppen, über Reaktion von Käufern auf absatzpolitische Maßnahmen, über Zusatzkäufe usw.

Darüber hinaus wird Material in dem größeren Bereich der Sozialforschung gesammelt. Alle diese Sonderuntersuchungen im Rahmen der Marktforschung gehören zur „Demoskopischen Marktforschung“[90]).

In der demoskopischen Marktuntersuchung werden *äußerlich in Erscheinung tretende Tatsachen,* z. B. Verbrauch oder Einkaufszeit, und Äußerungen, z. B. Urteile über Waren, bei den auf Märkten handelnden Menschen erfaßt; die Zahlenergebnisse werden Gruppen zugeordnet, die gebildet sind z. B. nach Alter, Geschlecht, Wohnung oder Zugehörigkeit zu Einkommens- bzw. Berufsgruppen bei den zu beobachtenden Menschen. Oder es werden *seelische Gegebenheiten* und *Eigenarten* der vorbezeichneten Menschen zu Markterscheinungen in Beziehung gesetzt, z. B. Meinungen, geistige Geschmacksrichtung, Aufmerksamkeit, Wissen um die Vorgänge, politische Einstellung, wirtschaftliche Grundrichtung, modebestimmte Wunschrichtung, Gefühlsabhängigkeit. Als *Methode* zur Beschaffung von statistischem Material gilt in der Hauptsache die Befragung (siehe Kap. E I 3). Es sollen gegenseitige Abhängigkeiten von Ursachen und Wirkungen oder Parallelen bei Markterscheinungen und menschlich-seelischen Gegebenheiten festgestellt werden. „Die demoskopische Marktforschung interessiert sich ... zwar nicht für Preisänderungen ... und Werbeappelle als solche, jedoch dafür,

---

[90]) Behrens, K. Chr., Demoskopische Marktforschung, S. 16 ff.

ob diese Gegebenheiten von den Wirtschaftssubjekten ... wahrgenommen werden, im Bewußtsein haften, welcher Art die Meinungen darüber oder die Einstellungen dazu sind ..." [91]).

Demoskopische Marktforschung beschafft wertvolles statistisches Material zur Ergänzung der sachbezogenen Zahlenangaben bei der Vorbereitung unternehmerischer Entscheidungen. Sie ist insbesondere für die *Beurteilung der Absatzmärkte* bedeutungsvoll, und zwar für Einzelhandelsbetriebe sicherlich mehr als für Großhandelsbetriebe, weil jene in viel größerem Umfang von dem Verhalten einer Masse von Käufern abhängen.

Beispiele für die Beschaffung von Marktzahlen in der demoskopischen Marktforschung sind Feststellungen in einem repräsentativen Bereich über Wirkungen von bereits erfolgten oder beabsichtigten Werbungen, Zugaben, Preisänderungen, Umstellungen im Wartensortiment, Einkommensänderungen usw.[92]). Dazu gehören also nicht nur Erfassung und Entwicklung von Kaufinteressen, sondern auch die Anpassung der Verkaufsorganisation und des ihr dienenden Instrumentariums an die Marktkräfte.

Die *statistische* Marktforschung kann in Groß- und Einzelhandelsbetrieben *alle Unternehmungsmaßnahmen* fördern, die Verkaufsmöglichkeiten schaffen; sie bildet also auch den Ausgang für die Anwendung von Maßnahmen zur Gestaltung der Marktkräfte, z. B. durch Kreditgewährungen; sie beschafft Zahlenunterlagen für die Beurteilung einer Einengung oder einer Ausweitung des Verkaufsbereichs; sie bereitet die Aufstellung marktabhängiger Absatz-, Lager-, Einkaufs- und Werbepläne vor. Alle diese Vorgänge und Handlungen werden in der modernen Literatur als *„Marketing"* bezeichnet. Dabei wird die statistische Arbeit der Marktbeurteilung fortgeführt[93]).

5. Werbeplan

Der Werbeplan im ganzen ist selten ein langfristiger, weil sich die Grundlagen, die bei der Werbung zu beachten sind, durchweg in kürzeren Zeiträumen einstellen oder ändern.

Die *Überlegungen* bei der Aufstellung eines kurzfristigen Werbeplanes umschließen die Menschengruppen, auf die Werbung wirken, die Waren, für die Werbung gemacht werden soll, umschließen ferner Zeitpunkt, Dauer und Umfang der Werbung sowie die Werbemittel. Für alle diese Planungsteile hat die

---

[91]) Behrens, K. Chr., Demoskopische Marktforschung, S. 22.

[92]) Behrens, K. Chr., Demoskopische Marktforschung, S. 144 ff.

[93]) Simmons, Harry, Marketing, Stuttgart 1960.

Statistik die Zahlen zu liefern, die eine *verständige Entscheidung* für die Werbedurchführung ermöglichen. In dem Gesamtrahmen der Werbeplanung nimmt der *finanzielle Werbeplan* eine besondere Stellung ein.

Während es bei der Aufstellung fast aller Pläne in erster Linie darauf ankommt, Kontrollzahlen für die Istzahlen zu gewinnen, handelt es sich bei dem Werbeplan um die Festlegung einer *systematischen Verteilung* der Werbeausgaben und Werbekosten auf die verschiedenen Zeiten des Jahres und die einzelnen Werbearten. Es besteht hierbei ein gewisser Zusammenhang mit der Planung der Kostenverteilung auf die einzelnen Zeitabschnitte. Die statistische Arbeit setzt bei der Bestimmung des Planbetrages für die Werbung in einem *Rechnungsabschnitt,* also mindestens in einem Jahr, ein. Der so nach verschiedenen Überlegungen, insbesondere nach der Beurteilung des für jede Branche und jeden Betrieb unterschiedlichen Werbezwecks, festgesetzte Werbebetrag ist dann auf die einzelnen Werbearten planmäßig umzulegen [94]).

Die weitere *Untergliederung auf Monate* erfolgt vor allem nach den Saisonschwankungen der Umsatzgestaltung und nach den Erfahrungen, in welchem Grade sich die Werbung an die Umsatzbewegung anpassen muß.

Nach der Werbung erfolgt die *statistische Kontrolle* des Werbeerfolges. Dabei handelt es sich durchweg nur um ein Auszählen der auf irgendeine Weise systematisch erfaßten Angaben der Besteller oder Käufer, auf Grund welcher Werbung die Geschäftsbeziehung aufgenommen worden ist, und um eine Auswertung der so ermittelten Ergebnisse für einen zukünftigen Werbeplan. In Einzelfällen ist es auch möglich, den Werbeerfolg durch die statistische Erfassung von Steigerungen des Umsatzes bzw. des Bestellungseinganges zu kontrollieren.

6. Einkaufsplan

In den weitaus meisten Fällen ist der Einkauf vom Absatz abhängig. Auf Grund der Erfahrungen vergangener Jahre ist das Verhältnis von Einkauf und Umsatz in den einzelnen Zeitabschnitten bzw. die Zeitspanne, die zwischen Einkauf und Umsatz liegt, bekannt. Das Budget muß sich sowohl auf die *Warengruppe* als auch auf die *Preislagen* (Qualitäten) innerhalb dieser Gruppen erstrecken. Grundlage für die Einkaufsbudgetierung und für die Dispositionen hinsichtlich Art, Menge und Preis der einzukaufenden Ware ist die *Statistik des Lagereingangs.* Umsatz- und Einkaufsbewegungen zeigen im allgemeinen ein gewisses Nacheinander. Auch wenn keine Fehldispositionen eintreten, können in dem natürlicherweise zu erwartenden Nacheinander Verschiebungen sowohl im Vergleich zu den Vorjahren als auch zu dem darauf aufgebauten Voranschlag eintreten. Solche

[94]) Seyffert, Rudolf, Allgemeine Werbelehre, 4. Aufl., X. Kap., Wiesbaden 1952.

Abweichungen können notwendig sein, wenn sich bei den Vorstufen (Großhandel, Industrie) Verzögerungen zeigen oder wenn zu erwartende Preissteigerungen eine Voreindeckung geboten erscheinen lassen usw.

Übersicht 28

Umsatz- und Einkaufsplan für ein Jahr

(in 1000 DM)

Text	Januar		Februar		usw.		November		Dezember	
	Plan	Ist	Plan	Ist	Plan	Ist	Plan	Ist	Plan	Ist
I. Umsatz (Einkaufspreis)	12	13	10	9,5			18	19	17	16
Einkauf	10	11	12	13			20	20	14	11
Einkauf in % des Umsatzes	83	85	120	137			111	105	82	69
II. Umsatz im abgelaufenen Jahresabschnitt	12	13	22	22,5			124	124,5	141	140,5
Einkauf im abgelaufenen Jahresabschnitt	10	11	22	24			127	130	141	141
Einkauf in % des Umsatzes	83	85	100	107			102	104	100	100

In der vorstehenden Übersicht sind die Planzahlen des Einkaufs in Abhängigkeit von denjenigen des Umsatzes gezeigt; gleichzeitig dient die statistische Übersicht dem nachherigen Vergleich der Istzahlen mit den Planzahlen. Entspricht in einzelnen Monaten der Istumsatz nicht dem Planumsatz, dann müssen Überlegungen über die Wirkung auf den Einkaufsplan für die nächsten Monate angestellt werden. Wird die Abweichung als eine zufällige und einmalige Erscheinung, die auf eine deutlich erkennbare besondere Kraft zurückzuführen ist, gewertet, dann kann angenommen werden, daß sich die Abweichung in der Folgezeit wieder ausgleicht; die Planungszahlen des Einkaufs brauchen *nicht abgeändert* zu werden. Werden die Abweichungen aber als endgültig und fortwirkend beurteilt, dann müssen die Planzahlen des Einkaufs auch *geändert* werden. Im besonderen muß dabei auch geplant werden, ob eine veränderte Lagerhaltung notwendig ist, wodurch *zusätzliche* Änderungen der Einkaufszahlen bewirkt werden müssen.

So werden durch den Einkaufsplan die Grenzen der Beträge, die „Limite“, bestimmt, bis zu denen in einem bestimmten Zeitabschnitt durch Einkäufe *Verpflichtungen zur Zahlung* entstehen. Damit ist angedeutet, daß der Einkaufsplan nicht nur mit dem Absatzplan, sondern auch mit dem Liquiditätsplan zusammenhängt[95]).

Für die einzelne Unternehmung ist die Beurteilung der Kräfte, die eine Änderung der Zahlen von Einkaufsplänen notwendig machen, nicht einfach. Deshalb gewinnt bei dieser Planungsarbeit und bei der laufenden Kontrolle des Einkaufsplans der Betriebsvergleich eine besondere Bedeutung, weil beim Betriebsvergleich die Erkenntnisse aus mehreren Betrieben ausgewertet werden können (vgl. S. 118 ff.).

7. Lagerplan

Die vorgenannten Teilpläne bilden die *Grundlage* für den Lagervoranschlag, der von größter Bedeutung für die Kostenüberwachung der Betriebe ist. Für die Aufstellung des Lagerplanes ist die Kenntnis der *Umschlagshäufigkeitsziffer* bei den einzelnen Warengruppen wichtig. Anhand des Budgets muß dann laufend kontrolliert werden, ob die erwartete Umsatzschnelligkeit auch erzielt wird. Wird sie in einem Zeitabschnitt nicht erreicht, so muß nach dieser Feststellung rechtzeitig mit geeigneten Maßnahmen der Umsatz gesteigert oder das Lager vermindert werden, um eine angemessene Rentabilität beim Lagerkapital zu erwirtschaften.

Die *Umschlagshäufigkeitsziffer* wird errechnet, indem der Lagerabgang beim Warenverkauf in einem Jahr durch den durchschnittlichen Lagerbestand dividiert wird. Eine solche Ziffer kann zur Kontrolle des Lagers einmal im Jahr nach der Lagerinventur

Übersicht 29

Monatliche Ermittlung von Umschlagshäufigkeiten

Text		Plan	Ist
Bestand am 31. 12.		51,3	51,3
Januar:	Zugang	10,0	11,0
	Stand	61,3	62,3
	Abgang	12,0	13,0
	Stand	49,3	49,3
	Umschlagsziffer	2,92	3,16
Februar:	Zugang	12	13
	usw.		

[95]) Die Berechnung der verschiedenen Arten von Limiten ist dargestellt in: Ruberg, Carl, Der Einzelhandelsbetrieb, Essen 1951, S. 69.

ermittelt werden. Sie ist dann aber von Zufälligkeiten beeinflußt. Deshalb werden die Betriebsverantwortlichen bemüht sein müssen, durch Lagerfortschreibung den Bestand häufiger festzustellen und ihn zum Lagerabgang in einem kürzeren Beobachtungszeitraum in Beziehung zu setzen. Der Wert solcher statistischen Lagerkontrollen wird erhöht, wenn sie sich nicht auf ein ganzes gemischtes Lager beziehen, sondern auf Teillager, und wenn die Istrechnung mit der Planrechnung verbunden wird. Beispiel: Übersicht 29, Seite 178.

Bei der *kurzfristigen Rechnung* muß die Verkaufszahl auf einen Jahresbetrag umgerechnet werden. Für die vorstehende Übersicht ist der Monatsverkauf als Durchschnitt, also als ein Zwölftel des Jahresverkaufs, angenommen; statistisch genauer müßte der Durchschnitt zunächst unter Berücksichtigung der Saisonindexziffer errechnet werden. Wenn beispielsweise der Saisonindex des Verkaufs für Januar 90 wäre, dann wäre – nach der vorstehenden Übersicht –

der Durchschnitt beim Plan: $\frac{12{,}0 \cdot 100}{90} = 13{,}33;$

der Jahresverkauf: $12 \times 13{,}33 = 159{,}96;$

die Umschlagshäufigkeit: $159{,}96 : 49{,}3 = 3{,}24$ (statt: 2,92).

Solche statistischen Kontrollen des Lagers lohnen sich in Groß- und Einzelhandelsbetrieben, weil mit der Erhöhung der Umschlagsziffer des Lagers die Lagerkosten relativ abnehmen: Kosten des Lagerkapitals, des Verderbs, der Lagerhüter. Der Handelskaufmann wird deshalb stets die gegenseitigen Abhängigkeiten von Handelsspanne und Umschlagshäufigkeit im Auge behalten müssen[96].

Bei *hoher Handelsspanne* besteht die Gefahr eines geringen Lagerumschlags und eines verminderten Reingewinns; *niedrige Handelsspanne* kann zur Erhöhung der Umschlagshäufigkeit und zu einer Steigerung des Reingewinns führen. Diese möglichen Abhängigkeiten ergeben aber *keine statistischen Gesetzmäßigkeiten,* weil immer die Geschäftspolitik im ganzen erst den Erfolg bestimmt.

8. Kostenplan

Die Aufstellung des Kostenplans ist nur nach einer statistischen Kostenanalyse möglich. Sonst kann nämlich nicht beurteilt werden, wie sich die Kosten bei schwankendem Umsatz verhalten; auch können nur bei genauer Kenntnis der Kostengruppen diese auf die einzelnen Betriebsabteilungen verteilt werden. Vorteilhaft ist es, wenn neben dem Voranschlag der Kosten für die sehr kurzen Zeitabschnitte auch Voranschläge für die *akkumulierten Kosten* längerer Perioden, z. B. der abgelaufenen Jahresabschnitte (vgl. S. 170), aufgestellt werden. Die Kontrolle der wirklichen Kosten an den Planziffern hat einen bedeutsamen Einfluß auf *Kalkulation* und *Preisstellung.* Ist das Verhältnis von Kosten und Umsatz infolge des zunehmenden Umsatzes oder der zunehmenden sonstigen Be-

[96]) Mellerowicz, K., Die Handelsspanne bei freien, gebundenen und empfohlenen Preisen, S. 37 ff.

triebsleistung günstiger als im Voranschlag vorgesehen, so ist eine Minderung der Kalkulationsspanne und damit eine Verbesserung der Stellung des Betriebes beim Verkauf möglich. Das gilt gleichermaßen für Groß- wie für Einzelhandelsbetriebe mit den relativ hohen fixen Gemeinkosten.

Das an dem Kostenplan ausgerichtete Streben muß auf eine günstige Gestaltung des Verhältnisses von Umsatzbetrag und Kosten abgestellt sein. Da in der Mehrzahl der Handelsbetriebe in den einzelnen Monaten des Jahres die Betriebsleistungen erheblich schwanken, bedingt eine gleichmäßige Verteilung der fixen Kosten auf die verschiedenen Teilabschnitte des Jahres eine ungleiche Höhe des prozentualen Anteils der Kosten am Umsatz in diesen Zeiträumen. Das bedeutet, daß die Plan- und die Istzahlen der Kosten in den nacheinander folgenden Zeitabschnitten weder miteinander verglichen noch aneinander kontrolliert werden können. Aber der *Plan-Istvergleich* bietet jeweils eine Kontrollmöglichkeit. In die nachfolgende Übersicht können für die einzelnen Monate sowohl Monatszahlen als auch kumulierte Beträge für den jeweils abgelaufenen Jahresabschnitt oder auch für jeweils zwölf Monate eingesetzt werden. Werden für die Kontrolle längere Zeitabschnitte gewählt, so wirken sich Zufälligkeiten in der Umsatzbzw. Kostengestaltung nicht mit dem gleichen Gewicht wie in den einzelnen Monaten aus. Die Betriebsüberwachung wird stetiger; die Urteile sind mehr gesichert.

Übersicht 30

Umsatz- und Kostenplan im Einzelhandelsbetrieb
(Jahr . . . .)

Bezeichnung	Januar		Februar		März		usw.
	Soll	Ist	Soll	Ist	Soll	Ist	
Umsatz in DM							
Fixe Kosten in DM							
Abschreibung							
Zinsen							
Gehälter							
usw.							
Veränderl. Kosten in DM							
Reklame							
usw.							
Kosten insgesamt in DM							
Kosten in % d. Umsatzes							

In den einzelnen Betrieben wird es nicht notwendig sein, die *gesamten* Kosten zu veranschlagen bzw. nachher zu kontrollieren. Es genügt häufig, daß aus dem gesamten Kostenplan Teile herausgegriffen werden, z. B. die Kosten, die mit *laufenden Ausgaben* verbunden sind (Personalkosten).

In den Bereich der statistischen Planungsarbeit ist auch die *Plankostenrechnung* als eine Kostenplanung für Kostenstellen einzuordnen, bei der in besonderen Ermittlungen die Kosten eines zukünftigen Zeitabschnittes nach einer Schätzung geplant werden. Die Plankosten können also nicht allein durch die Übertragung von Erfahrungszahlen gewonnen werden (vgl. S. 55); vielmehr müssen sie bei Aufstellung des Kostenplanes auf Grund genauester Feststellungen über Einsatzmengen und deren Preise, über Arbeitsdauer von Menschen sowie über die Kosten ihrer Leistungen, ferner über die anteiligen Gemeinkosten rechnungsmäßig neu geformt werden. Hier ist der Platz des *statistischen Sammelns* und vor allem des *Schätzens,* wobei die Möglichkeit der Irrung in erster Linie durch die Veränderung der Wirtschaftskräfte im Betrieb und in der Gesamtwirtschaft bestimmt wird.

Die Plankostenrechnung ist in der Literatur hauptsächlich in der Ausrichtung auf Industriebetriebe behandelt worden, und zwar mit dem Ziel der Betriebskontrolle durch Vergleich der tatsächlichen Kosten mit den geplanten Kosten.

In Handelsbetrieben nehmen im allgemeinen die fixen Betriebskosten, die für eine gewählte Betriebskapazität sowohl in der Planungsrechnung als auch in der Istrechnung gelten, einen höheren Anteil an den Gesamtkosten ein als im nicht automatisierten Produktionsbetrieb. Deshalb tritt im Handelsbetrieb die *laufende Kostenüberwachung gegenüber der Kontrolle der Kalkulationssätze* zurück. Das gilt auch für die Plankostenrechnung. Diese wird in Handelsbetrieben vor allem zur Begrenzung des Risikos ausgenutzt, das mit der Bestimmung der Handelsspanne verbunden ist. Kalkulationssätze, die in der Plankostenrechnung für den ganzen Betrieb oder dessen Abteilungen ermittelt werden, bieten zunächst den Ausgang der Kalkulation. Betriebliche und außerbetriebliche Kräfte können aber sehr leicht Umsatz- und Einkaufsmengen, Erlöse und Einstandspreise, Lagerumschlag und einzelne Kostenpositionen günstig oder ungünstig beeinflussen. Das bedeutet, daß das aus der Plankostenrechnung erwachsende Kalkulationsverfahren im *Blickwinkel der Wirklichkeit* falsch wird. Daraus ist zu folgern, daß in Groß- und Einzelhandelsbetrieben die Plankostenrechnung *elastisch* sein muß. So ergeben sich für die statistische Kostenverteilung auf Abteilungen und Umsatzeinheiten die Eigenarten der Schlüsselung von Kosten, die durch Überlegungen über die Wirkung von rhythmischen und zufälligen Schwankungen der Betriebsleistungen, durch das Hineinwachsen der Handelsbetriebe in die Ausnutzung einer Vollkapazität bestimmt werden. Hinzu kommt, daß bei der Bestimmung der Kalkulationssätze für die einzelnen Verkaufsgruppen und -abteilungen einmal die *gegenseitigen Abhängigkeiten* der verkaufspolitischen Maßnahmen und ihrer Wirkungen in dem ganzen Unternehmen und zum anderen die *ungleichartige Reagibilität* der einzelnen Warengruppen auf die Änderung der äußeren Wirtschaftskräfte (Einkommensbewegung, Mode) berücksichtigt werden müssen.

Die statistische Aufgabe bei der Plankostenrechnung besteht in der Analyse der erwarteten Kostenarten, in der Ermittlung der fixen und variablen Kostenteile und in der Schätzung der Kostenänderungen bei ungleicher Ausnutzung der Betriebskapazität. Nach solchen Überlegungen ist das nachfolgende Formblatt (Übersicht 31) entworfen worden[97]).

Übersicht 31

Jahres-Kostenplan für verschiedene Leistungsstufen
(Großhandelsbetrieb)

Kostenarten (in 1000 DM)	Jahresumsatz (in 1000 DM)				
	4000	3700	3400	usw.	2500
I. Fixe Plankosten					
Miete und Pacht	4,8	4,8	4,8	·	4,8
Abschreibung:					
auf Anlagen	3,6	3,6	3,0	·	3,0
auf Inventar	2,2	2,2	2,2	·	2,2
auf Lastwagen	14,0	14,0	14,0	·	11,0
usw.	·	·	·	·	·
Insgesamt	75,2	75,2	72,6	·	60,4
% des Umsatzes	1,80	2,03	2,14	·	2,42
II. Fixe Plankosten (Ausg.)					
Dauerpersonal	54,0	54,0	54,0	·	47,0
% des Umsatzes	1,35	1,46	1,59	·	1,88
III. Geplante variable Kosten					
Aushilfspersonal	23,0	21,0	20,0	·	15,0
Reisespesen	14,0	16,0	18,0	·	22,0
usw.	·	·	·	·	·
Insgesamt	187,0	180,0	172,0	·	143,0
% des Umsatzes	4,60	4,87	5,06	·	5,72
Plankosten insgesamt	316,2	309,2	298,6		250,4
% des Umsatzes	7,91	8,36	8,60		10,02

[97]) Ruberg, C., Plankostenrechnung im Betrieb bei allgemeinen Wirtschaftsschwankungen, in: Beiträge zur empirischen Konjunkturforschung, Festschrift, Berlin 1950, S. 360 ff.

Für jede Leistungsstufe kann aus den Jahreszahlen der vorstehenden Übersicht der Kostenplan und damit der Plan der *Kostensätze* für die einzelnen Monate abgeleitet werden: Der Umsatz und die allgemeinen fixen Kosten werden nach Saison-Indexziffern, die übrigen Kosten nach dem Ausgabenanfall verteilt. Dadurch werden Plankostensätze nicht für eine exakte Kostenrechnung, wohl aber für einen *Vergleich* von Kalkulationssätzen der Plan- und Istrechnung gewonnen. Ändern sich im Laufe des Jahres die Betriebsleistungen erheblich, dann empfiehlt es sich, die Planungsrechnung entsprechend abzuwandeln, um auf diese Weise eine elastische Kontrolle der Kalkulationssätze zu ermöglichen.

Den Zusammenhang zwischen dem Umsatz- und dem Kostenplan bietet die Ermittlung eines *„erfolgsneutralen Punktes"* der Umsatzhöhe. Darunter wird die geschätzte Größe des Verkaufsbetrages während des Ablaufs von Monaten in einem Jahr verstanden, bei der durch die Handelsspanne bei den umgesetzten Waren die *fixen Betriebskosten des ganzen Jahres* und die *veränderlichen Kosten* in dem abgelaufenen Jahresabschnitt gedeckt werden.

Voraussetzung für diese Rechnung ist die Zerlegung der Handelsspanne in den Aufschlag für fixe bzw. veränderliche Kosten und Gewinn. Bis zur Erreichung des erfolgsneutralen Punktes stehen aus der Handelsspanne die für fixe Kosten und Gewinn angesetzten Teile für die Deckung der fixen Kosten des ganzen Jahres zur Verfügung[98]).

---

[98]) Deutsch, Paul, Grundfragen der Finanzierung im Rahmen der betrieblichen Finanzwirtschaft, Wiesbaden 1962, S. 53.

J. Schluß

Der leitende Gedanke für die Ausführungen in diesem Buche ist die *Forderung einer vielseitig organisierten zahlenmäßigen Kontrolle* des Geschehens in den Betrieben des Handels. Dabei geht es um grundsätzliche Überlegungen über die Methoden, die für die Erreichung der besonders erstrebten Ziele zur Verfügung stehen können, und über deren Fähigkeiten, Aussagen im Einzelfall vorzubereiten. Die Darstellung einzelner Techniken, die mit der Erfassung von Zahlen, mit deren Auswertung und Beurteilung zusammenhängen, mußte wegen der Veranschaulichung von Zusammenhängen, wegen der gegenseitigen rechnerischen Abhängigkeiten der Zahlen und wegen einzelner Beweisführungen mit im Interessenbereich der Untersuchung stehen.

Es ging um ein sehr weites Gebiet des betrieblichen Lebens; die wissenschaftliche Statistik sollte auf ein begrenztes betriebswirtschaftliches Teilgebiet angewandt werden.

Mit besonderer Aufmerksamkeit sind bei der Untersuchung und Darstellung der Probleme die Grenzen bestimmt, bis zu denen die Überlegungen geführt werden mußten, um einerseits wissenschaftlich vertretbare Ergebnisse, die für die Betriebskontrolle wirklich brauchbar sind, herauszuarbeiten und um anderseits für die Betriebspraxis auch in Klein- und Mittelbetrieben zumutbare Methoden vorzuführen.

Es muß damit gerechnet werden, daß insbesondere von patriarchalisch eingestellten Unternehmern im Groß- und Einzelhandel die statistische Betriebskontrolle in allseitiger und gehobener Form mit dem Hinweis abgelehnt wird, daß in Handelsbetrieben mit ihren Besonderheiten einer sehr schnellen Wandlung der von außen wirkenden Wirtschaftskräfte nur die in langer Erfahrung gewonnenen Betriebskenntnisse zur Kontrolle geeignet machen. Danach sind alle planmäßig eingesetzten Verfahren der Auswertung von Zahlen im Betrieb überflüssig.

Eine solche Ablehnung einer statistischen Kontrolle im Betrieb kann häufig berechtigt sein, nämlich dann, wenn der Betriebsverantwortliche seiner Veranlagung und seiner methodischen Erziehung nach wirkliche Fähigkeiten zur Betriebsführung besitzt und wenn er sich mit nur begrenzten Betriebsüberwachungen begnügen will.

An solche Handelskaufleute ist bei der Abfassung des Buches nicht gedacht.

Dieses Buch gehört vielmehr in die Hand derjenigen Menschen, die im Handelsbetrieb, auch in mittleren Verantwortungsbereichen, tätig sind und wissen, daß sie zur Erhaltung des Betriebes im scharfen Wettbewerb beitragen müssen, die erfaßt haben, daß die aus wissenschaftlichen Erkenntnissen erwachsenden Vorteile in verschiedenen Gruppen der Handelsbetriebe heute bei weitem nicht ausgenutzt sind.

Insbesondere sind Menschen hier angesprochen – einerlei, ob sie bereits in Handelsbetrieben arbeiten oder sich, vor allem auch in den Hochschulseminaren, darauf vorbereiten –, die bereit sind, wirkliche Mitarbeiter im Betrieb zu sein. Diese müssen sich mit ihrem Arbeitswillen durch Wissen und Können auch gegenüber Traditionalismus und Resignation durchsetzen; sie müssen an ihren Erfolg glauben.

Die betriebsverantwortlichen Menschen müssen bedenken, daß der Absatz allein nicht ihr Interesse beanspruchen darf, daß sie vielmehr auf alle Anzeichen reagieren müssen, die Risiko oder Chance, Gefahr oder Erfolg erwarten lassen. Dieses Buch enthält nicht alle Probleme, die für die Betriebskontrolle bedeutsam sind. Es ist systematisch eine Auswahl getroffen. Aber durch die Angabe von Literatur und durch mannigfache Hinweise sind weitere Probleme angesprochen. Insbesondere ist immer wieder darauf hingewiesen worden, daß in den Großbetrieben, vor allem auch unter Ausnutzung moderner Maschinen, die Kontrollen erweitert und vertieft werden können.

Anhang I

Ausschaltung von Saisonschwankungen

Das Verfahren zur Ausschaltung von Saisonschwankungen (zu Seite 133) soll beispielhaft an Umsatzzahlen vorgeführt werden.

Folgende Umsatzzahlen aus einem Möbel-Einzelhandelsbetrieb sollen den Ausgang für die Bereinigung einer betrieblichen Zahlenreihe von Saisonschwankungen bilden.

Übersicht 32

Umsätze im Möbelhandel
(in 1000 DM)

Jahr	Jan.	Febr.	März	April	Mai	Juni	Juli	Aug.	Sept.	Okt.	Nov.	Dez.	Summe	Durchschnitt
1.	314,7	283,5	408,3	398,5	513,9	354,4	400,6	400,5	458,2	441,1	383,3	524,4	4 881,4	406,8
2.	287,9	260,3	328,3	379,9	432,2	364,1	411,5	423,0	453,2	473,4	447,6	632,6	4 894,0	407,8
3.	323,2	318,9	458,9	435,2	490,6	426,9	420,2	470,4	497,1	523,4	505,7	674,3	5 544,8	462,1
4.	363,7	310,6	428,2	442,9	465,6	410,0	445,2	430,1	450,1	541,9	496,2	657,5	5 442,0	453,5
5.	339,4	258,9	442,9	476,9	519,2	431,9	424.4	394,1	442,1	441,4	427,0	583,5	5 181,7	431,8

Kurvenmäßig ergeben die vorstehenden Zahlen das Schaubild 18. Es läßt deutlich die Saisonbewegungen und außerdem Veränderungen in der Höhenlage von Jahr zu Jahr erkennen.

Schaubild 18

Umsätze im Möbelhandel
(in 1000 DM)

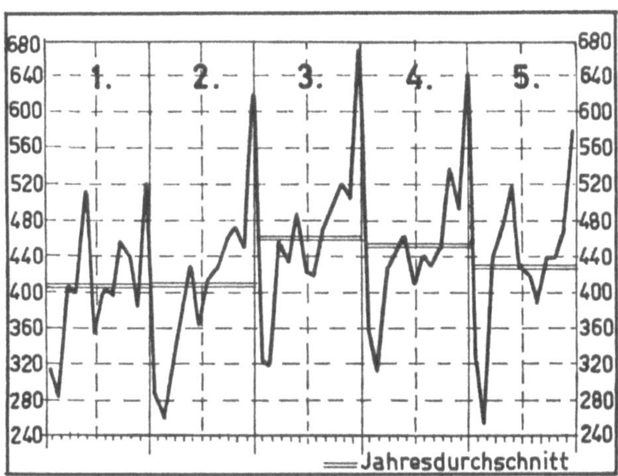

Der einfacheren Bearbeitung wegen werden diese absoluten Zahlen in Meßziffern umgerechnet.

Übersicht 33

Umsatzbewegung im Möbelhandel

(Monatsdurchschnitt im 1. Jahr = 100)

Monat/Jahr	1.	2.	3.	4.	5.
Januar	77,4	70,8	79,4	89,4	83,4
Februar	69,7	64,0	78,4	76,4	63,6
März	100.3	80,7	112,8	105,3	108,9
April	98,0	93,4	107,0	108,9	117,2
Mai	126,3	106,3	120,6	114,5	127,6
Juni	87,1	89,5	105,0	100,8	106,2
Juli	98,5	101,2	103,3	109,4	104,3
August	98,5	104,0	115,7	105,7	96,9
September	112,6	111,4	122,2	110,6	108,7
Oktober	108,4	116,4	128,7	133,2	108,5
November	94,2	110,0	124,3	122,0	105,0
Dezember	128,9	155,5	165,7	161,7	143,4

Werden aus den vorstehenden Zahlen nach dem auf Seite 138 gezeigten Verfahren die Saisonindizes errechnet, so ergibt sich folgende Reihe:

Übersicht 34

Saisonindex für den Umsatz in Möbeln

Jan.	Febr.	März	April	Mai	Juni	Juli	Aug.	Sept.	Okt.	Nov.	Dez.
75,4	66,2	95,4	98,7	112,3	91,8	97,4	98,0	106,6	111,9	104,3	142,0

Es empfiehlt sich, in einem Kurvenbild die Saisonbewegung für zwei Jahre darzustellen (Schaubild 19 auf der nächsten Seite), weil dann das Bild klar wird; insbesondere ist so der Übergang von Dezember zu Januar zu erkennen.

Bereinigt werden diese Meßziffern von Saisonschwankungen, indem die Januarwerte durch 75,4 dividiert und mit 100 multipliziert werden.

Beispiel: Januar des 1. Jahres:

$$\frac{77{,}4 \times 100}{75{,}4} = 102{,}7 \text{ (bereinigter Wert)}$$

Die Februarwerte werden durch 66,2 dividiert und mit 100 multipliziert. Nach der Bereinigung sämtlicher Meßziffern ergibt sich das in Übersicht 35 auf der nächsten Seite gezeigte Zahlenbild.

Schaubild 19

Saisonbewegung der Umsätze im Möbelhandel

(Saisonindex)

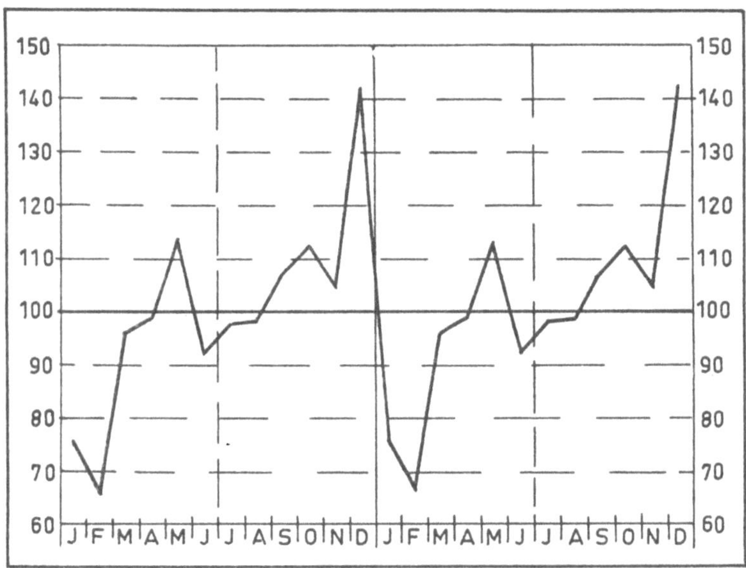

Übersicht 35

Umsatzbewegung im Möbelhandel (1. Jahr = 100)

Von Saisonschwankungen bereinigt

Monat/Jahr	1.	2.	3.	4.	5.
Januar	102,7	93,9	105,3	118,6	110,6
Februar	105,3	96,7	118,4	115,4	96,1
März	105,1	84,6	118,2	110,4	114,2
April	99,3	94,6	108,4	110,3	118,7
Mai	112,5	94,7	107,4	102,0	113,6
Juni	94,9	97,5	114,4	109,8	115,7
Juli	101,1	103,9	106,1	112,3	107,1
August	100,5	106,1	118,1	107,9	98,9
September	105,6	104,5	114,6	103,8	102,0
Oktober	96,9	104,0	115,0	119,0	97,0
November	90,3	105,5	119,2	117,0	100,7
Dezember	90,8	109,5	116,7	113,9	101,0

In Schaubild 20 ist die saisonbewegte Kurve durchgehend in die bereinigte hineingezeichnet worden.

Schaubild 20

Umsatzbewegung im Möbelhandel

(1. Jahr = 100)

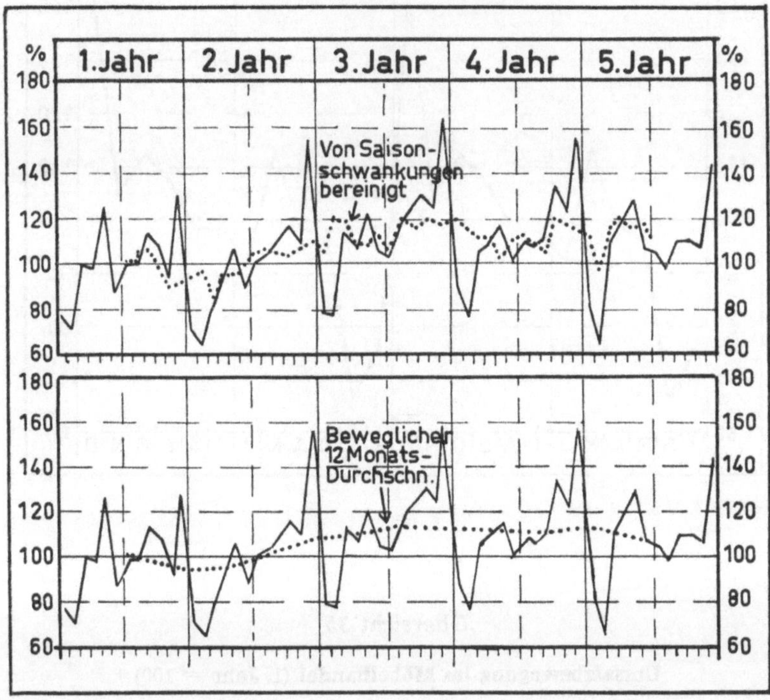

Trotz der Bereinigung weist die Kurve noch mehrere Schwankungen auf, **die auf *zufällige Kräftewirkungen* zurückzuführen sind. Diese können dadurch aus der Kurve ausgeschaltet werden, daß jeweils drei bereinigte Monats-Meßziffern addiert werden und daraus das Mittel gezogen wird, also: 102,7 + 105,3 + 105,1 = 313,1 : 3 = 104,4. Dieser Wert wird dem Monat Februar (mittlerer Monat!) zugewiesen. Der Märzwert wird dann so gefunden:**

105,3 + 105,1 + 99,3 = 309,7 : 3 = 103,5.

Durch diese beweglichen Dreimonatsdurchschnitte wird die Kurve „geglättet"; die von Saisonschwankungen und Zufallsbewegungen bereinigte Kurve ist dann deutlich zu erkennen.

Das gleiche Ziel wird auch erreicht, wenn aus den ursprünglichen Meßziffern der bewegliche Zwölfmonatsdurchschnitt berechnet wird. Das geschieht in der

Weise, daß die *Ziffern von zwölf aufeinanderfolgenden Monaten addiert werden und die Summe durch 12 dividiert wird.* Also:

$$\frac{\textit{Januar} + \textit{Februar} + \ldots\ldots\ \text{Dezember}}{12} = \text{Juliziffer}$$

$$\frac{\textit{Februar} + \textit{März} + \ldots\ldots\ \text{Januar}}{12} = \text{Augustziffer usw.}$$

Die in unserm Beispiel auf diese Weise errechneten bereinigten Meßziffern sind in dem Schaubild 20 in dem unteren Teil gezeichnet worden.

Die Ausschaltung der kurzfristigen Bewegungen aus Wirtschaftsreihen durch den beweglichen Zwölfmonatsdurchschnitt hat den Nachteil, daß die Reihe nur bis zur Mitte des letzten Jahres geht.

Anhang II

Einige Grundideen der mathematischen Statistik

Von Walter Thimm, Bonn *)

Die an einfachen Beispielen aus Handelsbetrieben behandelten Verfahren der mathematischen Statistik finden ihre Begründung in der Wahrscheinlichkeitsrechnung und sind nur bei Zufallsstichproben anwendbar.

I. Begriff der mathematischen Wahrscheinlichkeit

Der mathematische Wahrscheinlichkeitsbegriff ist aus dem Bestreben heraus entstanden, einen zahlenmäßigen Ausdruck für die Berechtigung von Erwartungen oder Vermutungen über das Eintreten bestimmter Ereignisse zu besitzen. Nun sind Ereignisse in mannigfacher Weise miteinander verknüpft; sie hängen voneinander ab, folgen auseinander, bedingen einander. Dieses Geflecht der Wirklichkeit soll sich widerspiegeln in Beziehungen zwischen den Wahrscheinlichkeitswerten, die für das Eintreten der Ereignisse festgesetzt werden. Derartige Relationen werden durch Rechengesetze und Formeln ausgedrückt; sie sind der Inhalt der Wahrscheinlichkeitsrechnung.

Die Wahrscheinlichkeitsrechnung erscheint als eine abstrakte Gedankenkonstruktion, die von einigen wenigen, unmittelbar erkennbaren Eigenschaften des Wahrscheinlichkeitsbegriffes ausgeht. Auf der Grundlage dieser Eigenschaften, der sogenannten „Axiome", erhebt sich das Gebäude der Wahrscheinlichkeitsrechnung, die nur aus Ergebnissen besteht, die aus den Axiomen, den beweislosen Voraussetzungen, mit logischen, d. h. mit folgerichtigen Schlüssen abgeleitet werden können.

Die Wahrscheinlichkeitsrechnung soll jedoch nicht nur ein abstraktes Gedankengebäude sein, sondern auch Anwendungen auf reale Sachverhalte erlauben; sie soll also ein Modell für einen Wirklichkeitsbereich sein. Ihr Anwendungsgebiet liegt – wie gesagt – überall da, wo Erwartungen oder Vermutungen zu beurteilen sind. Solche Vermutungen werden dort auftreten, wo keine Gewißheit über

*) Der Verfasser ist Herrn Professor Ruberg für die Anregung zu diesem Beitrag und für viele gute Ratschläge zu großem Dank verpflichtet.

den Ausgang eines Vorgangs besteht, wo also mehrere Ergebnisse möglich sind. In solchen Fällen ist man im täglichen Leben auf ein gefühlsmäßiges Abwägen der verschiedenen Möglichkeiten angewiesen; man empfindet eine gradmäßige Abstufung zwischen diesen.

Diese Abstufungen sollen durch Zahlen – Wahrscheinlichkeitswerte – gekennzeichnet werden. In manchen Fällen wird die Wahl dieser Wahrscheinlichkeiten durch eine Analyse des Sachverhaltes nahgelegt. Hat man z. B. einen guten Würfel, so wird man die sechs Möglichkeiten der Wurfergebnisse für gleich wahrscheinlich halten und jeder also den gleichen Wahrscheinlichkeitswert zuordnen. Die Formeln der Wahrscheinlichkeitsrechnung ergeben, daß man diesen gleich $^1/_6$ setzen muß. Indessen ist eine rein gefühlsmäßige Ausstattung oder Bewertung von Wahrscheinlichkeitsurteilen mit Zahlenwerten ziemlich sinnlos und eine reine Zahlenspielerei, wenn keine Möglichkeit einer Überprüfung besteht. Eine solche Kontrolle wird möglich, wenn sich unsere Wahrscheinlichkeitsaussagen auf den Ausgang von Vorgängen beziehen, die sich beliebig oft oder wenigstens sehr häufig wiederholen lassen. Das ist z. B. bei Glücksspielen, wie Würfelspielen, Zahlenlotto oder Roulett, der Fall. Um einen charakteristischen Ausdruck zu haben, wollen wir einen Vorgang, der sich beliebig oft oder wenigstens sehr häufig wiederholen läßt, ohne daß sich vorhersehen oder berechnen läßt, welches Ergebnis er zeitigen wird, als „Zufallsexperiment" bezeichnen.

Wir fassen nun einen seiner Ausgänge ins Auge und bezeichnen diesen als „Ereignis E". Beim Würfeln kann das Ereignis E z. B. das Werfen einer „6" bedeuten. Als Wahrscheinlichkeit für das Eintreten des Ereignisses E werde der Zahlenwert W (E) (gesprochen: Wahrscheinlichkeit von E) festgesetzt. Bedeutet E z. B. das Werfen einer „6" mit einem guten Würfel, so wird man für W (E) den Wert $^1/_6$ wählen. Mit dem Wahrscheinlichkeitswert W (E) vergleichen wir die Ergebnisse einer Serie von Zufallsexperimenten. Nach jeder Realisierung des Zufallsexperimentes können wir feststellen, ob das Ereignis E eingetreten ist oder nicht. Nachdem wir für das Eintreten des Ereignisses E den Wahrscheinlichkeitswert W (E) festgesetzt haben, so ist das mindeste, das wir von dieser Wahrscheinlichkeitsbewertung verlangen müssen, folgende Eigenschaft: „Wenn die Wahrscheinlichkeit W (E) des Ereignisses E sehr klein ist, so tritt das Ereignis E sehr selten ein."

Dieser Satz des französischen Statistikers Cournot (1843) leitet hin zu der Anwendung der Wahrscheinlichkeitsrechnung in der praktischen Statistik. Eine logische Folgerung aus der abstrakten Wahrscheinlichkeitsrechnung und dem Satze von Cournot ist das „Gesetz der großen Zahl", das von der relativen Häufigkeit des Eintretens des Ereignisses E handelt.

Nehmen wir nun an, unser Zufallsexperiment sei wiederholt ausgeführt worden. Die Anzahl der Versuche werde mit n bezeichnet. Nach Abschluß der Versuchsreihe können wir abzählen, wie oft das Ereignis E unter den n Versuchen eingetreten ist; diese Anzahl sei h. Dann ist die „relative Häufigkeit" für das Eintreten von E in unserer Versuchsreihe gleich h/n.

Haben wir z. B. bei 60 Würfen mit einem Würfel 12mal eine „6" geworfen, so ist die relative Häufigkeit für das Werfen einer 6 in dieser Wurfserie gleich $^{12}/_{60} = {}^{1}/_{5}$. Selbstverständlich hängt dieser Wert von der Wurfserie ab, und es ist zu erwarten, daß andere Versuchsreihen zu anderen Werten der relativen Häufigkeit führen.

Nun ist es eine Erfahrungstatsache, daß bei zunehmender Anzahl von Versuchen die relativen Häufigkeiten sich immer weniger voneinander unterscheiden. Dieser Sachverhalt findet seinen Ausdruck im „Gesetz der großen Zahl"; es lautet: Ist die Wahrscheinlichkeit für das Eintreten des Ereignisses E gleich W (E), so werden Abweichungen bestimmter fester Größe zwischen der relativen Häufigkeit h/n und W (E) um so seltener sein, je größer die Anzahl n der Wiederholungen des Zufallsexperimentes ist.

Auf diesen Satz gründet sich die Deutung von Wahrscheinlichkeitswerten in der Praxis: Die Aussage „Die Wahrscheinlichkeit für das Eintreten des Ereignisses E ist gleich W (E)" wird in der praktischen Statistik folgendermaßen verstanden: Man erwartet, daß in einer langen Reihe von n Wiederholungen des Zufallsexperimentes das Ereignis E ungefähr n · W (E)-mal eintreten wird.

Bei einem guten Würfel erwartet man demnach, daß ungefähr in einem Sechstel aller Würfe eine „6" geworfen wird; bei z. B. 300 Würfen soll die „6" also etwa $^{300}/_{6} = 50$mal auftreten. Beobachtet man beim Würfeln große Abweichungen von dieser Erwartung, so schließt man daraus, daß der Würfel nicht gut sein kann. Wie man dann umgekehrt von den relativen Häufigkeiten auf die Wahrscheinlichkeit zurückschließen kann, wird im Abschnitt IV über statistische Schätzungen gezeigt werden.

Das folgende Beispiel[1]) ist hervorragend dazu geeignet, das Gesetz der großen Zahl zu veranschaulichen.

Beim Roulett werde mit E das Treffen einer ungeraden und mit F das Treffen einer geraden Zahl (ohne die 0) bezeichnet. Die Zahlen (siehe Übersicht auf Seite 196) stammen aus den Veröffentlichungen des Salzburger Spielkasinos über eine längere Spielserie.

Der völligen Unregelmäßigkeit und Nichtvorhersagbarkeit der Ergebnisse von Einzelspielen steht das zunehmende „Stationärwerden" der relativen Häufigkeiten gegenüber, die dem Grenzwert $0{,}500 = {}^{1}/_{2}$ zuzustreben scheinen, ohne daß man jedoch in der Lage ist, irgendwelche präzisen Angaben über die Stärke der Annäherung an $^{1}/_{2}$ zu machen.

---

[1]) Entnommen aus: Schmetterer, Einführung in die mathematische Statistik, Wien (1956).

Veränderung der relativen Häufigkeit bei Zunahme von Wiederholungen

n (Zahl der Spiele)	h (E) (Ungerade Zahlen)	h (F) (Gerade Zahlen)	$\frac{h(E)}{n}$ (Sp. 2 im Verh. zu Sp. 1)	$\frac{h(F)}{n}$ (Sp. 3 im Verh. zu Sp. 1)
1	2	3	4	5
50	29	21	0,5800	0,4200
100	52	48	0,5200	0,4800
500	243	257	0,4860	0,5140
1000	502	498	0,5020	0,4980
2000	998	1002	0,4990	0,5010

Es ist wichtig, darauf hinzuweisen, daß ein Wahrscheinlichkeitsurteil niemals eine Aussage über ein Einzelereignis gestattet. Wenn die Wahrscheinlichkeit für ein Ereignis auch noch so klein ist, ist es nicht unmöglich, daß dieses Ereignis schon beim nächsten Versuch wirklich eintritt.

Die wichtigste Anwendung des Wahrscheinlichkeitsbegriffes in der Statistik konzentriert sich in dem Begriff der Sicherheitsschranke.

II. Die Sicherheitsschranke

Wir wollen die folgende Situation beurteilen: Ein Großkaufmann empfängt laufend Lieferungen unsortierter Waren. Diese hat er nach der Güte zu sortieren und danach an seine Kleinabnehmer weiterzugeben. Er weiß aus langjähriger Erfahrung, daß in einer Lieferung etwa 20 % der Ware zur besten Sorte gehören. Er hat wieder eine Lieferung von 1000 Stück erhalten und findet darin nur 150 Stück der besten Sorte, während er doch eigentlich ungefähr 200 Stück erwartet hatte. Dieses Mißverhältnis erweckt in ihm den Verdacht, daß man einige von den besten Stücken vorher heraussortiert hat. Ist dieser Verdacht berechtigt oder kann eine solch große Abweichung vom Gewohnten auch durch den Zufall zustande gekommen sein?

Um diese Frage zu beantworten, gestalten wir ein wahrscheinlichkeitstheoretisches Modell von der Sachlage. Wir stellen uns das Auslieferungslager, das den Großkaufmann beliefert, als eine Urne mit sehr vielen Kugeln vor, die einander, abgesehen von ihrer Farbe, völlig gleichen. Den Waren bester Sorte ordnen wir im Gedankenexperiment weiße, den übrigen schwarze Kugeln zu. Entsprechend der langjährigen Erfahrung des Großkaufmanns sollen 20 % der Kugeln weiß sein. Ist der Inhalt der Urne gut durchmischt, so ist die Wahrscheinlichkeit dafür, eine weiße Kugel zu ziehen, gleich 0,2. Der neuesten Lieferung von 1000 Warenstücken entspricht eine Zugserie von 1000 Kugeln aus der Urne, von denen aber nur 150 weiß sind. Wenn das Ziehen dieser Kugeln nach der Art eines Zufallsexperimentes vor sich geht (vgl. S. 194), so spricht man von einer Zufallsstichprobe. Das bedeutet, daß jeder Kugel die gleiche Chance gegeben wird, in die Auswahl zu kommen. In diesem Fall läßt sich die Wahrscheinlichkeit der Zugserie berechnen. Diese Rechnung soll hier nicht erklärt werden. Das Ergebnis der Rechnung wird in der Ausdrucksform des Gesetzes der großen Zahl formuliert. Unter etwa 30 000 Zufallszugserien von 1000 Stück kann man eine erwarten, die 150 oder weniger weiße Kugeln enthält. Mit diesem Ergebnis hat das Modell seinen Dienst getan; wir übernehmen es für das Problem des Großkaufmanns.

Zunächst ist der Begriff der Zufallsstichprobe zu übertragen. Hat bei der Zusammenstellung der Lieferung jedes Stück des Auslieferungslagers die gleiche Chance, in die Auswahl zu kommen, so bezeichnen wir die Lieferung als Zufallsstichprobe. Es ist übrigens in der Praxis nicht einfach, die Bedingung der gleichen Chance zu erfüllen; dazu sind vielmehr umfangreiche Vorsichtsmaßregeln zu ergreifen, um Bequemlichkeit und Trägheit bei der Auswahl abzuwehren. Man kann sagen, daß bei keiner anderen Methode von Stichprobenentnahmen so wenig der Willkür überlassen wird wie bei einer Zufallsstichprobe[2]). Als Ergebnis der Rechnungen am Urnenmodell stellen wir nun fest: Unter 30 000 Zufallsstichproben von 1000 Stück ist eine zu erwarten, die 150 oder weniger Stücke der besten Sorte enthält. Ist angesichts dieser Feststellung der besprochene Verdacht des Kaufmanns in bezug auf die Aussortierung berechtigt? Auf diese Frage kann auch nach der Wahrscheinlichkeitsberechnung objektiv weder mit „ja" noch mit „nein" geantwortet werden[3]); denn ein Wahrscheinlichkeitsurteil erlaubt keine Aussage über ein Einzelereignis.

Da eine objektive Antwort auf die Frage nach der Aussortierung nicht möglich ist, muß der Großkaufmann zu einer subjektiven Antwort gelangen. An gewisse Zusammenstellungen der Lieferungen ist er gewöhnt. Andere nimmt er mißtrauisch noch hin, auch wenn sie als „Zufallsstichprobe" sehr wenig wahrscheinlich sind. Bei bestimmten Zusammensetzungen glaubt er nicht mehr an einen Zufall, da sie zu unwahrscheinlich sind. Es gibt für ihn einen Wahrscheinlichkeitswert, eine sogenannte Sicherheitsschranke S, mit folgender Bedeutung: Lieferungen, deren Zusammensetzung eine Wahrscheinlichkeit größer oder gleich S ($\geqq$ S) haben, können seiner Ansicht nach allein durch den Zufall zustande gekommen sein. Dagegen sind für ihn Zusammensetzungen mit einer

---

[2]) Elisabeth Noelle, Umfragen in der Massengesellschaft, Hamburg (1963).

[3]) Von der Möglichkeit, am Ort des Auslieferungslagers Nachforschungen anzustellen, wird hier natürlich abgesehen.

kleineren Wahrscheinlichkeit als S praktisch unmöglich. Erhält der Großkaufmann eine solche Lieferung, so hält er sich subjektiv für falsch bedient.

Die Größe der Sicherheitsschranke S hängt vom Großkaufmann persönlich ab. Je mißtrauischer er ist, ein um so größeres S wird er bevorzugen. In keinem Fall ist durch einen derartig statistisch begründeten Verdacht jeder Zweifel behoben; bei statistisch begründeten Entscheidungen ist die Möglichkeit eines Irrtums nicht ausgeschlossen.

Entscheidet der Großkaufmann für die Annahme einer absichtlichen Aussortierung bei seiner Belieferung, weil die Wahrscheinlichkeit der Zusammensetzung kleiner als S ist, so kann er sich irren; die beanstandete Lieferung kann nämlich trotz der Unwahrscheinlichkeit der ungünstigen Zusammensetzung doch durch den Zufall zustande gekommen sein. Indessen bleibt die Wahrscheinlichkeit hierfür und also auch die Irrtumswahrscheinlichkeit unter dem Werte von S. Es ist also immer die Irrtumswahrscheinlichkeit für eine statistische Entscheinung höchstens gleich der Sicherheitsschranke, mit der diese Entscheidung begründet wird.

Die Sicherheitsschranke mißt das Risiko, das jemand für die Falschheit einer Entscheidung einzugehen gewillt ist. Ihre Größe ist in sein Belieben gestellt. Sie hängt von der Fragestellung ab, auch von der Wichtigkeit der Entscheidung und von Vereinbarungen. In den Wirtschaftswissenschaften wählt man häufig S = 0,05 (5 %), gelegentlich auch S = 0,01 (1 %). Wird für die statistischen Entscheidungen S = 0,05 angenommen, so muß damit gerechnet werden, daß unter 20 derartigen Entscheidungen ungefähr eine falsche vorkommen kann, bei 0,01 ist das Verhältnis 1 : 100.

Zu den wichtigsten Anwendungen des Wahrscheinlichkeitsbegriffes gehören die Testverfahren.

III. Statistische Prüfverfahren

Wir knüpfen an das Beispiel des vorigen Abschnittes an. Nachdem der Großkaufmann in einer Lieferung von 1000 Stück nur 150 Stück der besten Sorte vorfand, hat er die Frage zu beantworten, ob eine Aussortierung erfolgt sei oder nicht. Gehen wir von seiner langjährigen Erfahrung aus, daß in einer Lieferung etwa 20 % der besten Sorte sind, so können wir das Problem auch so stellen: Kann die verdächtige Lieferung eine Zufallsstichprobe aus einem Auslieferungslager sein, das 20 % der besten Sorte enthält? Geben wir die Möglichkeit einer Zufallsstichprobe zu, so kann unsere Frage so formuliert werden: Handelt es sich um eine Zufallsstichprobe aus einem Auslieferungslager mit 20 % Stücken bester Sorte, oder muß angenommen werden, daß der Prozentanteil der besten Stücke anders als 20 % gewesen ist? Eine Aussortierung wirkt wie eine Veränderung des Auslieferungslagers vor der letzten Lieferung. Damit läuft unser Problem auf folgende Alternative hinaus:

H_0: Das Auslieferungslager enthält 20 % der besten Sorte.

H_1: Das Auslieferungslager enthält nicht 20 % der besten Sorte.

Zur Entscheidung wird ein statistisches Prüfverfahren, eine sogenannte Testmethode, verwandt; diese arbeitet nach der Art eines indirekten Beweises. H_1 wird bewiesen sein, wenn H_0 widerlegt ist. Dazu wird gezeigt, daß die Annahme der Richtigkeit von H_0 unter Berücksichtigung der Beobachtungen zu wenig wahrscheinlichen Konsequenzen führt. Die Wahrscheinlichkeit wird an einer Sicherheitsschranke S gemessen.

Es wird also H_0 zunächst als richtig angenommen. Man bezeichnet H_0 als Nullhypothese des Testverfahrens. Die Grundlage für die Entscheidung zwischen H_0 und H_1 sind die Beobachtungsergebnisse. Bei unserem Beispiel bestehen diese aus der Zufallsstichprobe von 1000 Stück mit 150 Stücken der besten Sorte. Dem beobachteten Sachverhalt kommt unter der Annahme der Richtigkeit von H_0 eine bestimmte Wahrscheinlichkeit zu. Diese Wahrscheinlichkeit kann auch mittels der Formeln der Wahrscheinlichkeitsrechnung berechnet werden. Allerdings ist diese Rechnung meistens sehr schwierig.

Deswegen geht man einen anderen Weg. Man berechnet nach einer bestimmten Vorschrift aus den beobachteten Werten eine Prüfzahl Z, deren Wahrscheinlichkeit unter der Annahme der Richtigkeit von H_0 leichter zu beurteilen ist.

Bei unserem Beispiel wird diese Prüfzahl folgendermaßen berechnet:

n sei die Anzahl der Stücke in einer Versuchsserie (im Beispiel $n = 1000$),

p sei der zu prüfende Wahrscheinlichkeitswert in der Nullhypothese (im Beispiel $p = 0{,}2$),

k sei die Beobachtungsanzahl aus der Stichprobe (im Beispiel $k = 150$).

Mit diesen Bezeichnungen lautet die Formel für die Prüfzahl:

$$Z = \frac{n \cdot p - k}{\sqrt{n \cdot p \cdot (1 - p)}}$$

Setzen wir hier $n = 1000$, $p = 0{,}2$ und $k = 150$ ein, so erhalten wir:

$$Z = \frac{1000 \cdot 0{,}2 - 150}{\sqrt{1000 \cdot 0{,}2 \ . \ 0{,}8}} = 3{,}95.$$

Die Beurteilung der Prüfzahl Z erfolgt durch Vergleich von Z mit einem sogenannten Schrankenwert $\overline{Z}$. Dieser Schrankenwert ist eine Zahl, bei deren Berechnung die Nullhypothese und die Sicherheitsschranke eine Rolle spielen; er wird charakterisiert durch die folgende Eigenschaft: Unter der Voraussetzung der Richtigkeit der Nullhypothese H_0 ist die Wahrscheinlichkeit dafür, einen Wert der Prüfzahl Z zu erhalten, der größer als $\overline{Z}$ ist, gerade gleich der vorgegebenen Sicherheitsschranke S. Man findet die Schrankenwerte in statistischen Tabellenwerken und Lehrbüchern.

Hat man durch die Rechnung aus den Beobachtungswerten einen Wert der Prüfzahl Z erhalten, der größer als $\overline{Z}$ ist, so darf man H_0 für widerlegt halten; denn der berechnete Wert Z ist unter der Annahme von H_0 für uns zu unwahrscheinlich, eben deswegen, weil seine Wahrscheinlichkeit kleiner als S ist. Ist dagegen die Prüfzahl kleiner als $\overline{Z}$, so ist uns die statistische Widerlegung der Nullhypothese H_0 nicht gelungen. In diesem Fall ist die Nullhypothese H_0 mit dem beobachteten Sachverhalt vereinbar. Das bedeutet jedoch keineswegs, daß die Nullhypothese nun etwa bewiesen sei; denn es kann auch durchaus sein, daß die Alternative H_1 mit den Beobachtungsergebnissen vereinbar ist.

In unserem Beispiel liefert die Tabelle bei der Sicherheitsschranke S = 0,05 den Schrankenwert $\overline{Z}$ = 1,96. Für die Prüfzahl Z wurde der Wert 3,95 berechnet. Dieser Wert ist bei weitem größer als der Schrankenwert 1,96. Wir dürfen also bei einer Sicherheitsschranke von S = 0,05 die Nullhypothese H_0 für widerlegt halten. Diese Widerlegung ist selbst noch bei der Sicherheitsschranke S = 0,001 möglich, zu welcher der Schrankenwert $\overline{Z}$ = 3,891 gehört. Nach dem Ergebnis dieses Testverfahrens ist der Großkaufmann also zuverlässig berechtigt, an eine vorherige Aussortierung zu glauben. In der Tat kann er sich trotz allem seiner Sache nicht ganz sicher sein, weil immer noch eine kleine Wahrscheinlichkeit des Irrtums bestehenbleibt; diese ist indessen kleiner als 0,001.

In der mathematischen Statistik kennt man für viele andere Sachverhalte Prüfverfahren. Im Prinzip gleichen sie alle unserem Beispiel, wenn auch die Vorschriften zur Berechnung der Prüfzahlen völlig andere sind. Sehr oft genügt es nicht, einen bestimmten Wert zu testen, sondern es wird Auskunft über seine Größe verlangt. Damit kommen wir zum Problem der statistischen Schätzung.

IV. Das Problem der statistischen Schätzung

Wir untersuchen den folgenden Sachverhalt: Ein Obstgroßhändler erhält eine große Lieferung von Apfelsinen. Er möchte gerne wissen, welcher Anteil davon (ausgedrückt in Prozent) verdorben ist. Eine genaue Bestimmung des unbekannten Prozentanteiles (p) verbietet sich, da dazu alle Apfelsinen untersucht werden müßten. Der Obstgroßhändler muß sich damit begnügen, eine Stichprobe zu entnehmen, um aus dieser den Prozentsatz der verdorbenen Früchte, also den Wert von p, zu schätzen. Das Problem der statistischen Schätzung besteht darin, mittels einer Stichprobe Auskunft über eine Eigenschaft der Gesamtheit aller Untersuchungsgegenstände zu erhalten. Wird diese Eigenschaft durch eine Zahl ausgedrückt, so nennt man sie „Parameter“ der Grundgesamtheit. Bei unserem Beispiel ist p ein solcher Parameter. Wir können p/100 als Wahrscheinlichkeit für verdorbene Früchte in der Lieferung deuten. Um p zu schätzen, nimmt der Obstgroßhändler 250 Apfelsinen aus der Lieferung heraus. Der Statistiker sagt: Er macht eine Stichprobe des Umfanges $n = 250$. Die genaue Untersuchung dieser Stichprobe ergebe 20 schlechte Früchte.

Dieses Ergebnis muß dazu dienen, einen Schätzwert für p (den Anteil verdorbener Früchte in der Gesamtlieferung) zu berechnen. Zweifellos ist es das Nächstliegende, als Schätzwert für p den prozentualen Anteil der 20 verdorbenen Früchte an der Stichprobe von 250 Apfelsinen zu nehmen, also $\frac{20}{250} \cdot 100 = 8\,\%$. Mit diesem Schätzwert wird jedoch im allgemeinen keineswegs der richtige Wert von p getroffen sein, denn die Auswahl der Stichprobe ist zufällig erfolgt. Andere Stichproben führen meistens auch zu anderen Werten der prozentualen Häufigkeit und damit bei dem besprochenen Rechenverfahren zu verschiedenen Schätzwerten für p.

Unsere Überlegungen müssen folgendes berücksichtigen: Eine Stichprobe wird einen um so besseren Schätzwert für p liefern, je mehr ihre Zusammensetzung derjenigen der ganzen Lieferung ähnlich ist. Daher ist die Methode der Stichprobenentnahme von entscheidender Bedeutung für das Funktionieren des Schätzverfahrens. Keine Methode allerdings garantiert die Übereinstimmung von Schätzwert und Parameter. Deswegen muß versucht werden, eine Zuverlässigkeitsbeurteilung des Schätzwertes zu finden. Eine solche Fehlerabschätzung ist jedoch nur möglich, wenn die Stichprobenauswahl nach dem Zufallsprinzip geschieht. Zufallsauswahl bedeutet bei dem Beispiel, daß jeder Apfelsine der Lieferung die gleiche Chance gegeben wird, in die Stichprobe zu gelangen.

Bei Zufallsstichproben erhält man folgendermaßen eine Zuverlässigkeitsbeurteilung der Schätzung des Parameters p durch die prozentuale Häufigkeit (r %): Man gibt einen Bereich – Konfidenzintervall oder Vertrauensbereich genannt – an, in dem mit großer Wahrscheinlichkeit der gesuchte Wert des Parameters p liegt. Dabei hat man es in der Hand, diese Wahrscheinlichkeit festzusetzen. Man wählt zu diesem Zweck eine Sicherheitsschranke S, z. B. $S = 0{,}05$. Die Grenzen des Konfidenzintervalles sind aus Tabellen oder graphischen Darstellungen in statistischen Lehrbüchern oder Tabellenwerken zu entnehmen. Diese Tabellen sind nach dem Wert der Sicherheitsschranke S geordnet. Zu gegebenem Stichprobenumfang n und gegebener prozentualer Häufigkeit r % findet man in der

Tabelle zwei Zahlen, von denen die eine Zahl kleiner und die andere größer als r ist. Sie sind untere und obere Grenze des Konfidenzintervalles, das wir für den Parameter p festsetzen. Zur Veranschaulichung wird ein Auszug aus einer Tabelle für S = 0,05 gegeben.

Konfidenzintervalle für prozentuale Häufigkeiten bei S = 0,05

Beobachteter Wert der prozentualen Häufigkeit r %	Stichprobenumfang (n) 100		250		1000	
	%	%	%	%	%	%
5	2	11	3	9	4	7
8	4	15	5	12	6	10
10	5	18	7	14	8	12
12	6	20	8	17	10	14
20	13	29	15	26	18	23
50	40	60	44	56	47	53

Entnommen aus G. W. Snedecor, Statistical Methods, Ames (Iowa) 1950.

Bei unserem Beispiel finden wir für S = 0,05, n = 250, r = 8 % die beiden Zahlen 5 und 12. Das Konfidenzintervall für p erstreckt sich also zwischen 5 % und 12 %; es ist: 5 % $\leqq$ p $\leqq$ 12 %. Die Grenzen des Konfidenzintervalles hängen von der Zusammensetzung der Stichprobe ab. Z. B. ergibt sich für S = 0,05, n = 250, r = 10 % das andere Konfidenzintervall: 7 % $\leqq$ p $\leqq$ 14 %. Da also kein bestimmter, fester Vertrauensbereich zu erwarten ist, erhebt sich die Frage nach der Bedeutung dieser Zuverlässigkeitsaussagen. Um sie zu klären, bedient man sich eines Gedankenexperimentes.

Nehmen wir an, daß uns irgendwoher der wahre Wert des prozentualen Anteils der verdorbenen Früchte in der Lieferung, d. h. also der Wert des Parameters p, bekannt sei; z. B. sei p = 7 %. Wir machen nun eine große Anzahl von Zufallsstichproben, immer des gleichen Umfanges 250, stellen in jeder den prozentualen Anteil (r %) der verdorbenen Früchte fest und bestimmen in der Tabelle das dazugehörige Konfidenzintervall. Da wir nun wissen, daß in der Lieferung 7 % schlechte Früchte sind, können wir nach jeder Schätzung des Parameters feststellen, ob sie richtig oder falsch ist. Eine Schätzung ist richtig, wenn das Konfidenzintervall den wahren Wert 7 % umfaßt; ist das nicht der Fall, so ist sie falsch. Unsere beiden Feststellungen für r = 8 % und r = 10 % ergeben richtige Schätzungen von p. Dagegen erhalten wir für r = 12 % die falsche Schätzung: 8 % $\leqq$ p $\leqq$ 17 %. Die Aussage: „Das Konfidenzintervall gehört zur Sicherheitsschranke S = 0,05“ besagt, daß die Wahrscheinlichkeit für falsche Schätzungen höchstens 0,05 beträgt. Nach dem Gesetz der großen Zahl werden also bei vielen Zufallsstichproben des Umfanges 250 etwa 5 % zu falschen Schätzungen von p führen; 95 % der Schätzungen werden richtig sein. Die Methode der Konfidenzintervalle ist für viele andere Probleme der statistischen Schätzung verwendbar. Man kann Konfidenzintervalle für Mittelwerte und andere statistische Maßzahlen berechnen. Obgleich die Rechenmethoden sehr verschieden sind, bleiben das Prinzip und die Deutung in allen Fällen die gleichen wie bei dem Beispiel. Festzuhalten ist dabei immer, daß die gewonnenen Erkenntnisse nur auf Zufallsstichproben anwendbar sind.

V. Statistische Qualitätskontrolle

Kehren wir zum Beispiel des vorigen Abschnitts zurück, so erhebt sich für den Obstgroßhändler die Frage, ob er die Lieferung zum vereinbarten Preis abnehmen soll oder ob er berechtigt ist, ihre Annahme zu verweigern oder wenigstens ihren Preis herabzusetzen. Die Antwort auf diese Frage hängt von rechtlichen Bestimmungen oder von seinen Vereinbarungen mit den Lieferanten über die garantierte Qualität der Lieferung ab. Die Entscheidung kann dann von einer Qualitätskontrolle abhängig gemacht werden, wie sie anschließend beschrieben wird.

Nehmen wir an, daß der Obstgroßhändler aus Gründen der Kalkulation und mit Rücksicht auf seine Konkurrenz nur solche Lieferungen zum vereinbarten Preis abnehmen kann, die nicht mehr als 6 % schlechte Früchte enthalten. Er verlangt daher als Gütegarantie, daß in einer Lieferung mindestens 94 % der Früchte gut sind. Nehmen wir weiter an, daß auch der Lieferant des Obstgroßhändlers mit dieser Gütegarantie einverstanden ist. Da nun aber keine Lieferung vollständig untersucht werden kann, müssen sich der Obstgroßhändler und sein Lieferant über ein Prüfverfahren mittels Stichproben einigen. Dazu gehört zunächst die Festsetzung der Stichprobengröße. Bei dieser Wahl spielen Kostenfragen eine Rolle. Eine Stichprobenuntersuchung ist um so billiger, je kleiner sie ist. Andererseits sind Stichproben um so zuverlässiger, je größer sie sind. Nehmen wir bei unserem Beispiel an, daß sich der Obstgroßhändler und sein Lieferant auf Zufallsstichproben von 250 Apfelsinen geeinigt haben.

Wie wir in dem Abschnitt über die statistische Schätzung gesehen haben, braucht eine solche Stichprobe keineswegs ein sehr getreues Abbild der Lieferung zu sein. Selbst wenn die Lieferung gut ist, d. h. nicht mehr als 6 % schlechte Früchte enthält, können in einer solchen Stichprobe mehr als 6 % (also $\frac{250}{100} \cdot 6 = 15$) schlechte Früchte sein, denn wir können ja bei der Auswahl zufällig besonders viele schlechte Früchte angetroffen haben. Eine Ablehnung der Lieferung nur deswegen, weil in der Stichprobe mehr als 15 schlechte Früchte sind, würde demnach der Lieferant des Obstgroßhändlers mit Recht als Benachteiligung empfinden und sicher nicht unwidersprochen hinnehmen. Er wird von dem Obstgroßhändler also noch die Abnahme von Lieferungen verlangen, wenn die entnommenen Stichproben von 250 Stück mehr als 15 schlechte Früchte enthalten, etwa 18 oder 20 oder vielleicht auch noch mehr. Er ist aber geneigt, sich mit dem Risiko einverstanden zu erklären, daß nicht mehr als 5 % gute Lieferungen abgelehnt werden. Nun kann mittels der Formeln der Wahrscheinlichkeitsrechnung berechnet werden, daß 95 % der Stichproben des Umfanges 250 aus einer guten Lieferung (mit höchstens 6 % schlechten Früchten) 22 oder weniger schlechte Früchte enthalten; nur 5 % dieser Stichproben enthalten 23 oder mehr schlechte Früchte.

Dementsprechend trifft der Obstgroßhändler mit seinem Lieferanten folgende Vereinbarung, die man als „Prüfplan" bezeichnet: Um zu entscheiden, ob eine Lieferung zu dem festgesetzten Preis abgenommen werden muß, ist aus der Lieferung eine Zufallsstichprobe von 250 Stück zu entnehmen. Enthält diese Stichprobe 22 oder weniger schlechte Früchte, so ist die Lieferung zum vereinbarten Preis anzunehmen. Enthält sie jedoch 23 oder mehr schlechte Früchte, so kann die Annahme abgelehnt bzw. kann ein Preisnachlaß verlangt werden.

Der Unterschied gegenüber den früher beschriebenen Testverfahren liegt darin, daß in jedem Fall eine Entscheidung gefällt werden muß. Deswegen sind jetzt zwei Arten des Irrtums möglich:

1) Obgleich eine Lieferung nicht mehr als 6 % schlechte Früchte enthält, also gut ist, wird sie als schlecht deklariert und abgelehnt. Man bezeichnet einen solchen Irrtum als Fehler 1. Art. Seine Wahrscheinlichkeit α wird Erzeugerrisiko oder Lieferantenrisiko genannt.

2) Obgleich eine Lieferung mehr als 6 % schlechte Früchte enthält, wird sie angenommen. Ein solcher Irrtum heißt Fehler 2. Art; seine Wahrscheinlichkeit β wird als Abnehmerrisiko bezeichnet.

In der Praxis geht man meistens so vor, daß man das Erzeugerrisiko α festlegt und im Prüfplan verankert. So ist es auch in unserem Beispiel geschehen. Die Wahrscheinlichkeit α dafür, daß eine Zufallsstichprobe von 250 Apfelsinen, die aus einer Lieferung mit höchstens 6 % verdorbenen Früchten stammt, mindestens 23 schlechte Früchte enthält, also das Lieferantenrisiko, ist kleiner als 0,05. Den Obstgroßhändler interessiert nun allerdings mehr die Frage nach dem Abnehmerrisiko. Diese Frage nach dem Risiko β kann nicht mit einem einzigen Zahlenwert beantwortet werden, denn das Abnehmerrisiko hängt von der wirklichen Zusammensetzung der Lieferung ab. Der (unbekannte) Prozentanteil der schlechten Früchte in der Lieferung sei p %. Ist p sehr viel größer als 6, so ist es sehr unwahrscheinlich, daß in einer Zufallsstichprobe von 250 Apfelsinen 22 oder weniger schlechte Früchte sind. Mit wachsendem p nimmt β also ab. Zum Beispiel ist für p = 12 β = 0,06, und für p = 20 ist β schon nahezu gleich Null.

Der Verlauf der Abhängigkeit des Abnehmerrisikos β von der Zahl p wird in Schaubild 21 angedeutet.

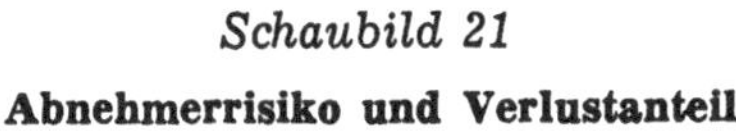

Schaubild 21

Abnehmerrisiko und Verlustanteil

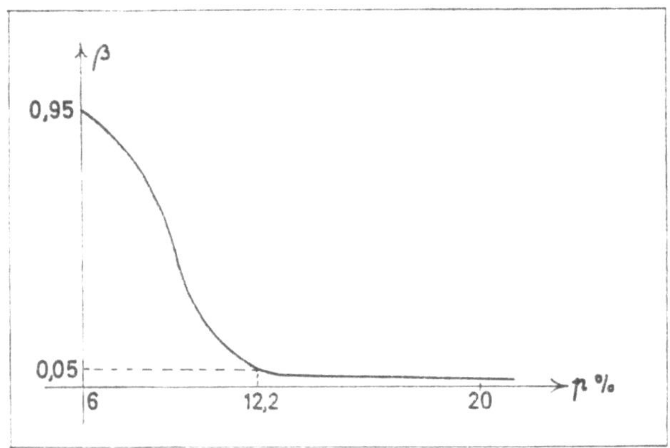

Man nennt dieses Diagramm „Operationscharakteristik des Prüfplanes“. Aus der Operationscharakteristik kann der Obstgroßhändler entnehmen, mit welchem Prozentsatz von verdorbenen Apfelsinen er bei vorgegebenem Abnehmerrisiko noch rechnen muß. Bei unserem Beispiel muß er bei einem Abnehmerrisiko von β = 0,05 noch Lieferungen in Kauf nehmen, die etwa 12,2 % verdorbene Früchte enthalten. Wenn ihm dieses Risiko zu groß erscheint, muß er auf eine Änderung des Prüfplans hinwirken. Verändern wir den Stichprobenumfang 250 oder die Abnahmeziffer 22, so ändert sich die Operationscharakteristik. Die mathematische Statistik hat Methoden zur Aufstellung eines „möglichst guten“ Prüfplanes entwickelt. In der Praxis spielen darüber hinaus wirtschaftliche und finanzielle Gesichtspunkte eine bedeutende Rolle. Zum Beispiel müssen, wie bereits gesagt, die Kosten der Prüfung berücksichtigt werden, die hauptsächlich von dem Umfang der Stichprobe abhängen.

Literatur-Hinweis

Anderson, Oskar, Probleme der statistischen Methodenlehre in den Sozialwissenschaften, 2. Aufl., Würzburg 1954.

Banse, K., Organisation und Methoden der betriebswirtschaftlichen Statistik, Berlin 1929 (mit ausführlichem Verzeichnis der älteren Literatur).

Buddeberg, Hans, Betriebslehre des Binnenhandels, Wiesbaden 1959.

Bruckhaus, Graff, Sieberts, Kein Buch mit 7 Siegeln, RGH, Köln 1963.

Donner, Otto, Statistik, Hamburg 1937.

Fechtner, Karl, Handbuch der Betriebsstatistik, Nürnberg 1950.

Gluth, Hellmuth, Praktische Betriebsstatistik, Stuttgart 1959.

Graf, Adolf, Betriebswirtschaftliche Statistik, 4. Aufl., Zürich 1946.

Graf, Adolf / Hunziker, Alois / Scheerer, Fritz, Betriebsstatistik und Betriebsüberwachung, Stuttgart 1958.

Gümbel, Rudolf, Die Sortimentspolitik in den Betrieben des Wareneinzelhandels, Köln und Opladen 1963.

Henzel, Friedrich, Statistik, Heft 39 in: „Die Verwaltung" (Giese), 4. Aufl., Braunschweig 1958.

Isaac, Alfred, Betriebswirtschaftliche Statistik, Berlin 1925 (mit ausführlichem Literaturverzeichnis).

Isaac, Alfred, Betriebswirtschaftliche Statistik, in: Die Handelshochschule, 26. bis 37. Lieferung, Wiesbaden 1950.

Klezl-Norberg, Felix, Allgemeine Methodenlehre der Statistik, 2. Aufl., Wien 1946.

Lorenz, Charlotte, Betriebswirtschaftsstatistik, Methode und Arbeitspraxis mit Anleitungen zur Aufgabenbearbeitung, Berlin 1960.

Mackenroth, Gerhard, Methodenlehre der Statistik, Göttingen 1949.

Mahlberg, Walter, Die Statistik im Betrieb, in: Grundriß der Betriebswirtschaftslehre (Mahlberg, Schmalenbach, Schmidt, Walb), Band 2, Leipzig 1926.

Most, Otto, Allgemeine Statistik, Frankfurt/M. 1953.

Nieschlag, Robert, Binnenhandel und Binnenhandelspolitik, Berlin 1959.

Ruberg, Carl, Der Einzelhandelsbetrieb, Essen 1951.

Seyffert, Rudolf, Wirtschaftslehre des Handels, 4. Aufl., Köln und Opladen 1961.

Sundhoff, Edmund, Absatzorganisation, Wiesbaden 1958.

Wagenführ, Rolf, Statistik leicht gemacht, 4. Aufl., Köln 1963.

Wallis, W. Allen und Roberts, Harry V., Methodenlehre der Statistik, Ein neuer Weg zu ihrem Verständnis (Übersetzer: von Waldheim, Harald), Freiburg i. Br. 1956.

Besonderer Literatur-Hinweis zu Anhang II

Graf, U. und H. J. Henning, Statistische Methoden bei textilen Untersuchungen, 2. Aufl., Berlin 1960.

Kellerer, H., Statistik im modernen Wirtschafts- und Sozialleben, Hamburg 1960.

Linder, A., Statistische Methoden für Naturwissenschaftler, Mediziner und Ingenieure, 3. Aufl., Basel 1960.

Pfanzagl, J., Allgemeine Methodenlehre der Statistik, Band I, 2. Aufl., Berlin 1964, Band II, Berlin 1962.

Van der Waerden, B. L., Mathematische Statistik, Berlin-Göttingen-Heidelberg 1957.

Sachverzeichnis